Ubiquitous Computing & Mobile Programming

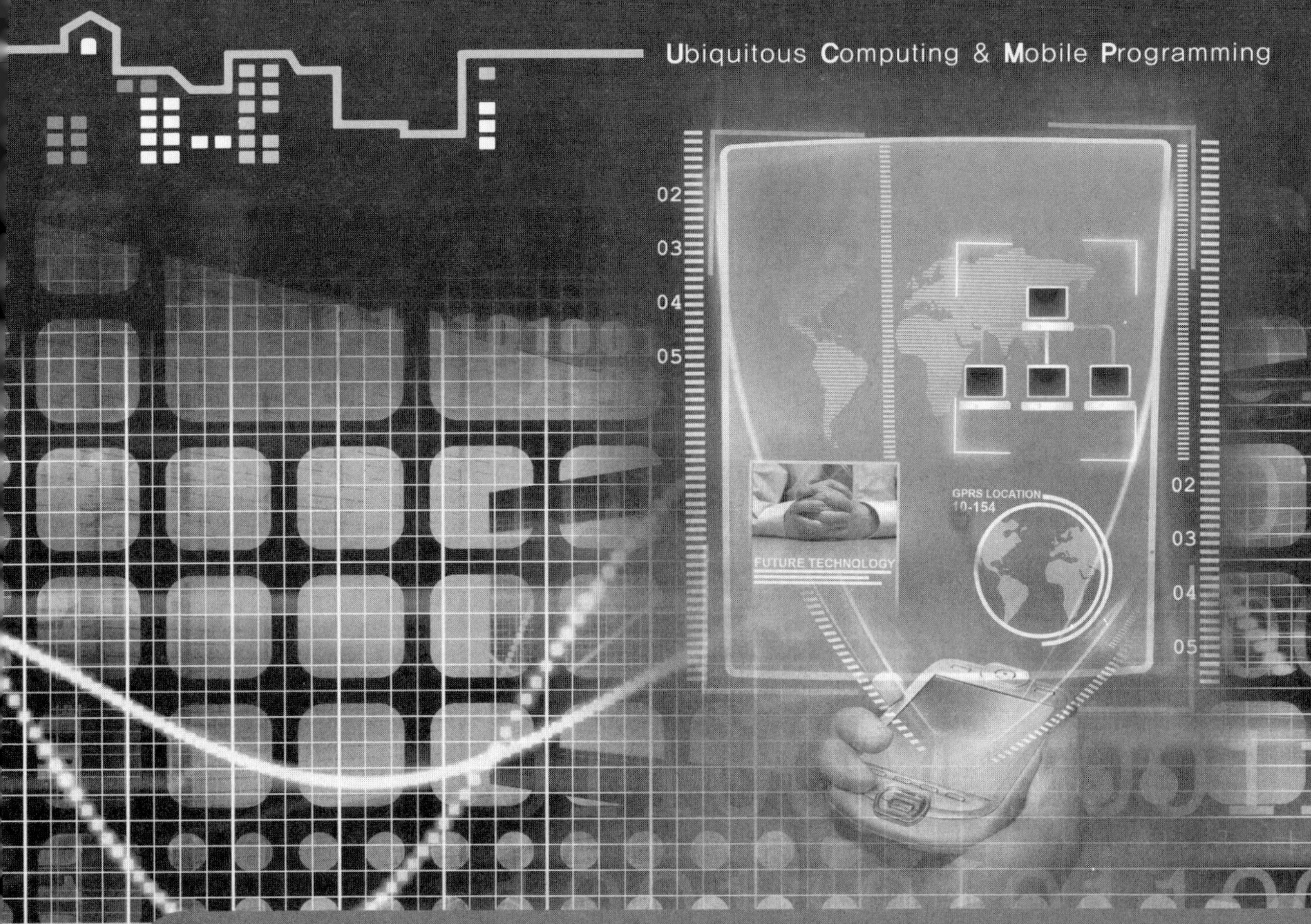

유비쿼터스 컴퓨팅과 모바일 프로그래밍

은성배 · 소선섭 · 김병호 · 전정호 공저

홍릉과학출판사

머리말

유비쿼터스 컴퓨팅은 컴퓨터가 실세계의 여기저기 어디에나 있어서 우리 일상생활을 편리하게 해준다는 의미이다. 이 용어는 마크 와이저가 1990년대 초반에 발표한 논문에서 처음 사용되었는데 그 이후로 많은 연구와 개발이 진행되었다. 최근들어 스마트폰이 활성화되면서 유비쿼터스 컴퓨팅의 오랜 문제인 휴대단말이 구체화됨으로써 유비쿼터스 컴퓨팅이 본격화되려는 시점이다.

유비쿼터스 컴퓨팅는 언제, 어디서나, 실세계에 장착된 컴퓨팅 요소들과 휴대단말이 상호 연동하여 우리의 일상생활을 편리하게 한다는 것인데 이를 위하여 크게 2가지 기술이 요구된다. 그 중 하나는 실세계 어디에나 장착되는 컴퓨팅 요소로서 RFID, USN, WPAN 통신 기술들이다. 두 번째는 언제 어디서나, 인터넷에 접속하고 주위의 컴퓨팅 요소들과 상호연동하는 휴대단말로서 스마트폰, 스마트패드 등을 예로 들 수 있다. 우리는 이미 스마트폰을 활용하여 언제, 어디서나 인터넷에 접속하여 다양한 서비스를 받을 수 있다. 하지만, 현장의 컴퓨팅 요소와는 아직 상호연동성이 부족한 것 또한 사실이다.

이런 시점에서 유비쿼터스 컴퓨팅의 2가지 핵심 기술인 RFID, USN, WPAN 기술과 스마트폰의 현장중심형 상호연동에 초점을 맞추어 본 저서가 기술되었다는 것은 매우 시기적절하다고 생각한다. 본 저서는 4부로 기술되었다. 1부는 유비쿼터스 컴퓨팅의 일반적인 이론 및 현황을 기술한다. 유비쿼터스 컴퓨팅의 모태인 임베디드 시스템의 개요, 구성, 응용 분야, 차세대 컴퓨팅 기술들을 소개한다. 또한 유비쿼터스 컴퓨팅의 정의, 기반 기술, 응용, 주요 프로젝트들을 소개한다. 2부에서는 USN 기술에 초점을 맞추는데 USN의 정의, 구성요소, 주요 이슈, 주요 응용 소개, 적용사례들을 소개한다. 3부에서는 모바일 컴퓨팅을 소개하는데 스마트폰의 개요, 시장동향, 스마트폰 플랫폼, 애플리케이션 마켓 등에 관한 최신 자료들을 수록하고 정리하였다. 4부가 본 저서의 핵심부분으로서 유비쿼터스 프로그래밍을 다루는데 유비쿼터스 컴퓨팅의 핵심인 현장 즉시형 응용 개발을 위한 기본 프로그래밍 기법을 소개하였다. 첫째로 PWW(Person Wide Web)이라는 개념을 소개하는데 이를 통하여 스마트폰과 현장의 컴퓨팅 요소인 USN이 상호연동할 수 있다. 그 이후엔 스마트폰 플랫폼으로서 대표적인 안드로이드 플랫폼을 기반으로 통신, 센서 제어, Web 연도, 웹서버, u-link 프로그래밍 등 실제적인 프로그램을 소개하였다.

이 책은 대학교 3~4학년의 이론 및 실습 교재로서 활용될 수 있을 것으로 판단한다. 또한, IT 학과의 대학원 교재로서 활용될 수 있을 것으로 판단한다. 유비쿼터스 컴퓨팅의 현장중심형, 실세계중심형 응용들은 이제 막 시작되고 있다. 따라서 유비쿼터스 컴퓨팅은 완성형이 아니라 진행형이라는 것이 분명하다. 본 저자들은 이 책이 현장즉시형 응용 개발의 물꼬를 트는 역할을 할 수 있기를 기대한다.

차 례

Part 01 유비쿼터스 컴퓨팅

Part 02 유비쿼터스 센서 네트워크

Part 03 모바일 컴퓨팅

Part 01
유비쿼터스 컴퓨팅

1. 임베디드 시스템
2. 유비쿼터스 컴퓨팅

Chapter 01

임베디드 시스템

1.1 임베디드 시스템의 개요

눈부시게 빠른 속도로 발전하는 반도체 기술과 컴퓨터 기술 그리고 네트워크 기술은 1980년대부터 시작된 PC 시대를 이끌어 냈으며 2000년대에는 임베디드 시스템을 주축으로 하는 Post PC 시대를 형성하게 되었다. 이제 우리는 감당할 수 없을 만큼 많은 양의 데이터와 정보를 소유하게 되었고 그 정보는 계속 증가 일로로 치닫고 있다. 예전에는 종이로 된 신문·잡지를 찾아야만 일어난 사건·사고들을 알 수 있었지만 이제는 인터넷을 통해서 빠르고 쉽게 정보를 얻을 수 있다.

매우 빠른 속도로 시대가 바뀌고 있는 것은 우리가 일상생활에서 많이 사용하는 공중전화와 휴대전화의 예를 살펴보면 바로 알 수 있다. 공중전화는 유선통신망을 사용하고 휴대전화는 이동통신망을 이용한다는 것을 제외하면 두 전화는 모두 통화를 가능하게 해주는 도구라는 공통점을 갖는다. 예전에는 공중전화 박스 앞에서 사람들이 줄을 서서 기다리는 풍경을 많이 볼 수 있었다. 그때에는 전화박스 앞에서 새치기하지 않는 것 그리고 혼자서만 전화를 너무 오래 사용하지 않는 것에 대한 공익 광고를 종종 볼 수 있었다. 그러나 공중전화는 휴대전화의 비해서 낮은 가격이나 우수한 통화품질 등의 장점에도 불구하고 이동성(Mobility)의 강점을 가진 휴대전화에게 그 자리를 내어주고 이제는 역사의 뒤안길로 사라져가고 있는 상황이다. 이 공중전화와 휴대전화의 비유가 우리에게 시사하는 바는 매우 크다. 즉, 통화품질의 문제 이전에 인간 중심의 서비스가(기계 중심의 서비스가 아니라) 사용자에게 큰 매력으로 작용한다는 것이다.

컴퓨터 분야에서도 전화기의 사례에서 본 것과 유사하게 변화하고 있다는 것을 느낄 수 있다. 다만 전화기를 포함하는 통신 시스템보다 컴퓨터가 응용 분야 면에서나 구조적인 측면에서 훨씬 복잡하고 다양해서 그 전화되는 속도가 더 느린 것뿐이지 곧 컴퓨터 분야에서도 유사한 상황이 연출될 것으로 예측된다. 1970년대의 메인프레임(Mainframe) 컴퓨터 시대, 그리고 1980~1990년대의 데스크 탑 PC 시대에서 사람과 컴퓨터 간의 관계를 살펴보면 그 시절에는 사람이 컴퓨터를 이용하기 위해서는 특정 장소의 컴퓨터를 찾아가야 했다. 그러다 컴퓨터 및 통신 기술들이 충분히 발전하면서 사람이 컴퓨터를 찾아가지 않고서도 사람이 있는 그 장소에서 원하는 일을 수행하게 할 수 있게 된다. 즉, 이동컴퓨팅(Mobile computing)이 구현되면 이전의 사람이 컴퓨터를 찾아가던 형식에서 탈피하여 사람이 지역이나 시간의 제한 없이 컴퓨터를 사용하고 싶을 때 그 즉시 서비스를 받을 수 있게 된다. 이동컴퓨팅은 유비쿼터스(Ubiquitous) 컴퓨팅, 편재형(Pervasive) 컴퓨팅, 상황 기반(Context-based) 컴퓨팅 등의 이름으로 우리나라에서는 물론 세계 각국에서 매우 활발하게 연구되고 있다.

이동컴퓨팅을 구축하기 위한 인프라(Infrastructure)는 컴퓨팅 자원의 값이 비싸지 않아야 하고, 상대적으로 고성능을 낼 수 있어야 하며, 크기도 작아서 일상생활을 영위하는 공간에 내장될 수도 있어야 한다. 다행스럽게도 무어(Moore)의 법칙에 따라서 반도체 기술이 계속 성장하고 있고, 많은 이동컴퓨팅 프레임워크(Framework)들이 실험되고 있기 때문에 수년 내에 이동컴퓨팅 서비스를 우리 주변에서 접할 수 있을 것으로 예상된다.

이동컴퓨팅의 주요 구성요소들이 바로 임베디드 시스템들이다. 먼저 살펴본 휴대전화는 통신분야에서 인간 중심의 서비스를 제공하였지만, 임베디드 시스템은 정보, 교육, 산업, 서비스 등의 많은 분야에서 인간 중심의 서비스를 제공하게 되고 이러한 맥락에서 21세기는 임베디드 시스템의 시대라고 많은 사람들이 예상하고 있다. 임베디드 시스템이 어떠한 분야에서 이용되는지는 이장의 마지막 부분에서 간략하게 설명한다.

1.1.1 임베디드 시스템이란?

전기, 전자, 컴퓨터 기술들이 발달하면서 이러한 기술들을 이용한 다양한 기기들이 우리의 생활 주변에 들어오게 되었다. 일상생활에서 사용되고 있는 TV, 냉장고, 세탁기, 전자레인지 같은 전자 가전제품뿐만 아니라 우리가 가지고 다니는 핸드폰, PDA, MP3, 그리고 요즘 첨단 아파트나 빌딩 등에 사용되는 홈 관리 시스템, 홈 네트워크 게이트웨이 장치, 주차관리 시스템, 엘리베이터 시스템, 교통관리 시스템 외에도 현금지급기(ATM), 항공관재 시스템, 우주선 제어장치, 군사용 제어장치 등 셀 수도 없이 많은 기술·제품들이 임베디드 시스템으로 구축되어 우리 생활에 도움을 주고 있다.

그러면 어떤 시스템이 임베디드 시스템이고 어떤 시스템이 임베디드 시스템이 아닌지의 여부가 궁금해진다. 위에서 열거한 것들의 개발환경을 생각해 본다면 임베디드 시스템에 대한 개념을 잡는데 상당히 도움이 될 것이다. 국내외의 유명한 산업체, 연구소, 그리고 대학의 많은 전문가들이 공감하는 임베디드 시스템의 정의는 다음과 같다.

임베디드 시스템이란 마이크로프로세서 혹은 마이크로 컨트롤러를 내장하여 원래 제작자가 의도했던 특정 기능만을 수행하도록 제작된 장치를 말한다. 즉, 미리 정해진 기능만을 수행하기 위하여 컴퓨터 하드웨어와 소프트웨어가 조합된 전자제어 시스템을 말하며, 필요에 따라서는 일부 기계가 포함될 수 있다. 만일 어떤 시스템에서 사용자가 프로그램을 바꿔가면서 그에 따라 여러 가지 기능들을 수행할 수 있다면 그 시스템은 대부분의 사람들이 임베디드 시스템으로 분류하지 않는다. 예를 들어 개인용 컴퓨터(PC)는 한글 워드프로세서를 실행시키면 한글 문서 편집기가 되고, 게임 프로그램을 실행시키면 오락기기가 되므로 PC를 임베디드 시스템이라고 분류하지는 않는다.

이와 같은 일반적인 분류 기준도 IT 기술의 급격한 발전으로 그 구분이 모호해져 가고 있다. PDA(Personal Data Assistant)로 유명한 Palm사의 Pilot 1000 Organizer는 1996년에 처음 시장에 등장했는데 그의 주요기능은 개인정보 관리용이었다. 그러나 이제는 PDA로도 메일, 전화, 웹 검색, 게임, 음악 감상, 영화 감상 등의 다양한 일들을 수행할 수 있게 되었으며, 이는 앞서 말한 임베디드 시스템의 정의와 상충되지만 PDA가 작기 때문에 PDA를 임베디드 시스템으로 생각하는 사람들이 있다. 임베디드 시스템의 정의를 바꿔야 할지 혹은 PDA를 임베디드 시스템에서 제외시킬지는 많은 전문가들의 공감대가 형성되어야 하므로 여기까지만 언급한다.

이제 임베디드 시스템은 어떻게 구성되어 있는지 그리고 임베디드 시스템에는 어떤 종류들이 있는지 함께 살펴보자.

그림 1.1은 임베디드 시스템이 많이 활용될 것으로 전문가들이 예측하는 응용 분야를 각 분야의 규모, 즉 문제의 크기(Scale)에 따라서 구분하였다. 각 구분은 구현에 필요한 서버, 클라이언트, 통신망, 그리고 서비스 유형으로 분류하였고 그 분류에 따라서 개인, 가정 및 사회에 적용할 수 있는 응용 분야들이 일목요연하게 설명되어 있다.

이러한 추세에 따라 2010년 이후가 되면 IT 기술의 고도화로 모든 사물에 컴퓨팅과 네트워킹 기술이 적용되어 도처에 존재하는 컴퓨팅 인프라를 통해 사람과 컴퓨팅 기기 및 환경이 서로 상호작용하여 컴퓨터가 사람의 필요사항을 알아서 처리하는 시대로 변화된다. 즉, 많은 컴퓨팅 디바이스가 산재해 있어 사용자가 인식하지 않는 중

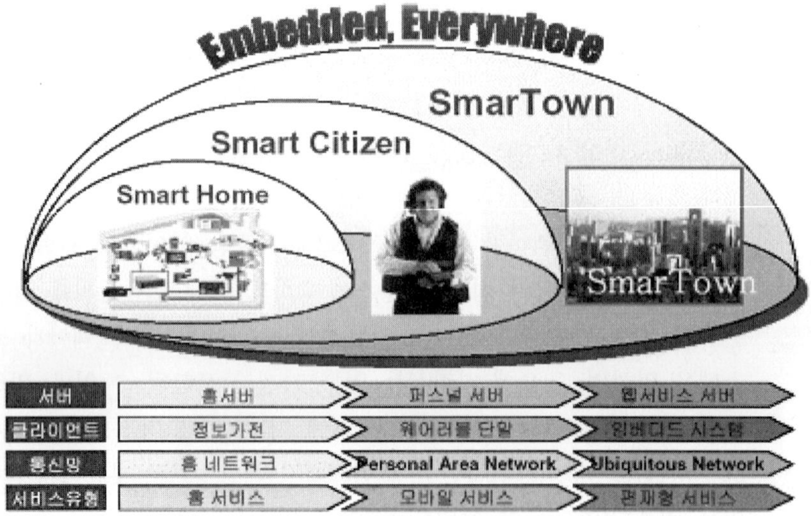

▮그림 1.1▮ 임베디드 시스템의 응용 예상 개념도

에도 언제 어디서나 다양한 서비스를 받을 수 있는 차세대 컴퓨팅 환경으로 유비쿼터스 컴퓨팅(Ubiquitous Computing) 시대로 접어드는 것이다.

Anytime, Anywhere, Anynetwork, Anydevice, Anyservice를 지향하는 유비쿼터스 컴퓨팅은 인간 생활을 둘러싼 모든 환경과 사물 속에 특정 용도와 기능 중심의 컴퓨터를 센서, 칩, 배지, 마이크로 머신 로봇 등과 같은 포스트 PC 형태로 내장시키고 이들을 유무선 네트워크로 연결함으로써 보이지 않은 컴퓨터를 통해 사람, 장소, 사물의 시시각각 변하는 상황 정보를 활용할 수 있는 미래 정보화의 핵심으로 부상하고 있다. 유비쿼터스 컴퓨팅의 현실화는 반도체 기술의 획기적인 발전에 따른 다양한 디바이스와 센서의 발전, 광대역 유무선 네트워크의 발전, 다양한 표준 인터넷 기술의 발전 그리고 임베디드 시스템 기술에 힘입은 바가 크다.

유비쿼터스 컴퓨팅 패러다임이 우리 생활에 지대한 영향을 미칠 것에 대비하여 미국, 일본, 유럽 등 세계 각국에서는 유비쿼터스 컴퓨팅 기술이 국가 정보화의 새로운 패러다임으로 수용되면서 국가별로 정부와 기업, 정보 통신 관련 학계와 연구소에서 유비쿼터스 컴퓨팅 환경을 실현할 수 있는 핵심 기술에 대해 활발한 연구가 진행되고 있다.

본 장에서는 임베디드 시스템을 중심으로 서술하고, 유비쿼터스 컴퓨팅은 다음 장에서 다룬다.

1.2 임베디드 시스템의 구성

1.2.1 임베디드 시스템 하드웨어의 특징

임베디드 시스템 하드웨어는 일반 컴퓨터와 같이 프로그램의 명령어를 처리하는 프로세서, 프로그램과 데이터를 저장하는 메모리, 시스템과 외부 장치(External Devices)들을 연결하는 주변장치로 구성된다. 임베디드 시스템이 컴퓨터와 다른 점은 컴퓨터는 범용이므로 다양한 종류의 주변장치와 비교적 큰 크기의 메모리 및 보조기억장치, 그리고 고성능의 프로세서를 탑재하지만, 임베디드 시스템은 응용 목적에서 필요로 하는 제한된 주변장치와 응용 프로그램을 저장할 수 있는 만큼의 최소한의 메모리 및 최소한의 성능의 프로세서를 가진다. 특히 보조기억장치는 예외적으로 몇몇 시스템에서만 사용되는 것이 일반적이다. 임베디드 시스템에서 남는 메모리와 필요 이상의 프로세서 파워는 낭비이며 설계 오류이다.

1.2.1.1 프로세서

프로세서의 기능은 프로그램의 명령어를 메모리로부터 가져와서(Fetch) 해석(Decode)하고 처리(Execute)하는 기능을 수행하며, 그 구조는 데이터부(Datapath Unit)와 제어부(Control Unit)로 양분할 수 있다. 임베디드 시스템의 제일 중요한 부분인 프로세서는 많은 반도체 회사에서 각각 많은 종류의 제품들이 시판되고 있다. 프로세서는 응용 분야에 알맞도록 수 MHz에서 부터 수십 혹은 수백 MHz의 클럭 속도를 가지며, 데이터 버스의 크기와 기본 연산의 단위에 따라서 8비트, 16비트, 32비트, 그리고 64비트 중에서 선택할 수 있다.

대개 PC를 설계할 때는 설계자가 선택할 수 있는 프로세서의 종류가 제한적이어서 보통 Intel사나 AMD사의 몇몇 마이크로프로세서 중에서 하나를 고르게 된다. 그러나 임베디드 시스템들은 응용 분야가 매우 다양하므로 이의 구현을 위한 프로세서의 종류도 매우 다양하다. 따라서 임베디드 시스템을 설계할 때에는 수많은 종류의 프로세서들 중에서 하나를 골라야만 한다. 또한 임베디드 시스템에서는 일반적으로 칩 내부에 데이터부와 제어부로 구성된 CPU 코어(core)만 포함하는 마이크로프로세서를 사용할 수도 있고 또는 CPU 코어에 여러 종류 및 크기의 메모리와 다양한 주변장치들까지도 포함하는 마이크로 컨트롤러를 사용할 수도 있다. 많은 종류의 마이크로프로세서 및 마이크로 컨트롤러들 중에서 가격대비 성능이 최적인 제품을 찾아내는 것은 매우 어려운 일이다.

1.2.1.2 메모리

임베디드 시스템에서는 어떤 종류의 메모리를 얼마만큼 사용할지 결정하는 것이 중요하다. 이러한 결정은 보통 어떠한 종류의 운영체제와 응용 소프트웨어를 사용할 것인지에 따라서 사용하게 될 메모리의 종류 및 크기가 결정된다.

PC에서와 마찬가지로 메모리의 주요 역할은 프로그램과 데이터를 저장하는 데 있다. 그러나 임베디드 시스템에서는 전원이 차단되더라도 메모리의 프로그램 또는 데이터가 없어지면 안 되는 경우가 있다. 이런 때에는 프로그램 또는 데이터를 비휘발성 메모리에 저장해야 한다. 비휘발성 메모리로는 ROM(Read Only Memory), PROM (Programmable Read Only Memory), 혹은 EPROM(Erasable Programmable Read Only Memory) 등에 저장해야 한다. 요즘에는 새로운 형태의 비휘발성 메모리인 플래시메모리가 많이 쓰이고 있다.

비휘발성 메모리는 PC에서 쉽게 찾을 수 있다. PC의 BIOS(Basic Input Output System) 프로그램은 EPROM에 상주하고 있으면서 전원이 처음으로 PC에 공급될 때 프로그램이 시작되어 PC의 각종 입출력장치 등의 주변장치(Peripheral Devices) 등을 초기화하는데 사용된다. 그 이후에 BIOS는 운영체제를 디스켓이나 하드디스크에서 읽어서 RAM(Random Access Memory)에 저장하고 그 이후에는 운영체제가 RAM에서 실행을 시작하게 된다. 이와 같은 일련의 과정을 부팅(Booting)이라 한다. 부팅이 되고 난 이후에 PC에서는 운영체제가 시작되고 곧이어 여러 응용 프로그램이 실행되어 사용자의 입력을 기다리는 상태가 된다.

RAM은 위에서와 같이 큰 용량의 프로그램이나 데이터를 저장하는 데 주로 사용된다. RAM은 DRAM과 SRAM(Static Random Access Memory)의 2가지 종류로 분류된다. 일반적으로 DRAM은 대용량이 필요한 경우에 많이 사용되고 SRAM은 소용량이지만 고속으로 읽고 써야 하는 경우에 주로 사용된다.

Random Access라는 말의 뜻은 원래 기억장치의 주소를 마그네틱테이프처럼 순서대로 읽지 않고 원하는 주소를 마음대로 읽을 수 있다는 뜻에 유래한다. 그러나 일반 사용자가 읽기만 할 수 있는 ROM과 대비해 보면, RAM에서는 읽고 쓰기를 원하는 대로(Random하게) 할 수 있기 때문에 붙인 이름으로 이해할 수도 있다.

1.2.1.3 입출력 장치

임베디드 시스템은 일반적으로 외부 입력에 반응하여 정해진 작업을 실행하며 지정된 출력을 발생하는 동작형태를 가진다. 입력장치에는 PC처럼 키보드, 마우스, 마이크 등도 간혹 사용되지만, 임베디드 시스템에서는 센서(Sensor)가 많이 활용된다.

센서는 외부에서 발생한 물리적인 현상, 즉 온도, 빛, 위치 등의 값(또는 변화량)들을 임베디드 시스템으로 읽어 들이는 역할을 수행한다. 예를 들어서 온도센서와 히터(Heater)를 이용하여 용액의 온도를 70℃로 일정하게 유지하는 간단한 임베디드 시스템을 고려해 보자. 용액의 온도가 65℃로 떨어진 경우에 이온도 변화량을 센서가 감지하게 되며 이 신호를 프로세서에 입력시킨다. 프로세서는 온도가 내려갔으므로 히터를 가동시킨 뒤 계속 온도를 감시하다가 온도가 70℃가 되었을 때에 히터의 가동을 중지시키게 된다.

센서에서 데이터를 주고받기 위하여 사용하는 입출력 신호에는 여러 가지 종류가 사용될 수 있다. 먼저 디지털 입출력 신호를 사용할 수 있다. 간단한 바이너리 신호를 들 수 있다. 여기서는 입력 온도센서와 출력 히터신호에 각각 한 비트를 할당해서 사용한다. 즉 입력 온도센서에서는 센서에서 지정된 온도보다 작은 온도가 검출되는 경우에는 '1' 신호를 발생하고 온도가 70℃를 유지하는 경우에 '0' 신호를 발생하는 간단한 회로라고 가정하자. 출력 히터신호는 '1'인 경우에 히터가 가동되고 '0'인 경우에 히터가 정지된다고 가정하자. 이러한 경우에 만일 용액의 온도가 떨어지면 입력 온도센서 값이 '1'이 되고 제어 프로그램은 히터로의 출력신호를 '1'로 만들어서 히터의 가동을 시작한다. 나중에 온도가 올라가서 온도센서의 값으로 '0'이 입력되면 제어 프로그램은 출력 히터신호를 '0'으로 만들어서 히터의 동작을 정지시키게 된다.

그러나 정밀한 값을 읽어야만 하는 시스템이라면 온도신호는 아날로그 신호이므로 아날로그 온도센서를 사용하는 것이 보통이다. 센서의 아날로그 데이터를 제어 프로그램이 처리하게 하기 위해서는 ADC(Analog-to-Digital Converter)가 필요하게 된다. ADC는 센서에서 읽은 아날로그 온도 값을 n-비트의 디지털 신호로 변환해서 시스템에 전달한다. 시스템의 제어 프로그램은 입력에 대해서 지정된 처리를 수행하고 출력을 디지털 데이터의 형태로 출력한다. 이 디지털 데이터는 디지털 신호를 아날로그 신호로 변환시켜주는 DAC(Digital-to-Analog Converter)를 이용해서 아날로그 신호로 변환한다. 변환된 아날로그 신호는 히터 제어부로 전달되어 예를 들면 입력된 신호의 크기만큼 제어부의 노즐을 잠그든지 열든지 하게 된다.

임베디드 시스템의 상태를 표시하는 용도로는 다양한 소자가 쓰일 수 있다. 단순히 출력신호의 on/off 상태를 표시하기 위해서는 LED가 사용되며, 숫자와 알파벳을 이용하여 표시하려면 7-segment display 소자들을 사용하여 표시한다. 더 많은 양의 정보를 표시해야 하는 경우에는 LCD(Liquid Crystal Display) 등을 사용된다.

PC와 임베디드 시스템 혹은 임베디드 시스템 간의 연결이 필요한 경우에는 통신 기능이 필요하다. 가장 간단하게 구현할 수 있는 통신방식인 직렬포트(Serial port)는

RS232라는 규격을 사용하며 근거리(몇 m 떨어진 곳)의 장치와 데이터를 저속으로 간단하게 주고받는 용도로 사용된다. 병렬포트(Parallel port)는 시리얼보다 더 근접한 위치의 주변장치를 위해서 사용되며 주로 프린터와 컴퓨터를 연결하는 목적으로 사용되어왔다.

최근에는 주변장치에서 많은 멀티미디어 데이터를 처리해야 하기 때문에 직렬이나 병렬 인터페이스로는 부족한 성능을 개선하려는 목적으로 USB(Universal Serial Bus) 및 IEEE 1394 표준이 새롭게 제안되었고 이를 따르는 장치들이 많이 출시되었다.

먼저 USB는 1.1규격에서는 최대 12Mbps까지 전송 속도를 낼 수 있으며(USB 2.0 규격에서는 480 Mbps의 전송 속도) 최대 127개의 주변장치들을 연결할 수 있다. 프린터, 스캐너, 키보드, 조이스틱, MP3 Player, 디지털 카메라 등과 같은 중/저속의 주변장치들에서 주로 USB가 사용된다.

한편 애플(Apple) 컴퓨터 회사의 Firewire란 이름의 인터페이스로 널리 알려진 고속직렬버스 표준인 IEEE 1394a는 최대 63개의 주변장치를 400Mbps까지의 전송 속도(IEEE 1394b 규격에서는 800Mbps의 전송 속도)를 낼 수 있는 표준이다. IEEE 1394는 하드디스크, CD/CD-RW, 디지털 카메라 및 비디오카메라 등의 제품에서 대용량의 데이터를 위한 고속 인터페이스(Interface)로 사용되기 시작하고 있다.

1.2.1.4 네트워크 장치

멀리 떨어진 곳의 주변장치는 네트워크 장치를 이용하게 된다. 먼저 근거리의 장치를 연결하기 위한 대표적인 장치로는 이더넷(Ethernet)이 널리 사용되고 있다. 이더넷은 IEEE 802.3 표준을 따르는 현재 시점에서 가장 많이 사용되는 근거리 통신망(Local Area Network 혹은 LAN) 기술이다. 가장 보편적인 이더넷은 10~100Mbps의 전송 속도를 낼 수 있는 10/100Base-T이며 CSMA/CD(Carrier Sense Multiple Access/ Collision Detect) 프로토콜을 구현한다. 요즘에는 1~10Gbps도 가능한 고속 이더넷을 함께 사용할 수 있는 제품들이 사용되기 시작하였다.

한편 무선 네트워크 방식으로는 CSMA/CA(CSMA/Collision Avoidance) 프로토콜을 지원하는 802.11a, 802.11b 규격이 사용되며 최근에는 802.11g가 승인되었다. 802.11a는 5GHz 대역에서 OFDM(Orthogonal Frequency Division Multiplexing) 변조방식을 사용하여 54Mbps의 전송 속도를 내며, 802.11b는 2.4GHz 대역에서 DSSS (Direct Sequence Spread Spectrum) 변조방식을 사용하여 11Mbps의 전송 속도를 낼 수 있다. 현재는 802.11b가 낮은 전송 속도에도 불구하고 낮은 대역으로 인한 넓은 지역(~300 feet : 802.11a는 ~60feet임)에서 사용할 수 있기 때문에 더 많이 사용되고

있으며 고속을 지원하는 802.11g도 사용되기 시작하는 추세이다.

1.2.2. 임베디드 시스템 소프트웨어의 특징

소프트웨어 측면에서 볼 때 임베디드 시스템과 일반 컴퓨터가 다른 점은 임베디드 시스템에서는 응용 소프트웨어를 보조기억장치에서 따로 읽어오지 않고 메모리에서 직접 수행한다는 점이다. 그 이외에는 운영체제 및 응용 프로그램이 필요한 것은 일반 컴퓨터와 같다. 한 가지 주의할 점은 임베디드 시스템은 응용 분야와 사용목적이 매우 다양하기 때문에 시스템의 구성도 다양하다는 점이다. 여기서 다루고자 하는 점은 어떤 특정한 분야의 한 임베디드 시스템이 아니라 일반적인 경우의 임베디드 시스템의 구성에 관련된 사항들이다.

1.2.2.1 운영체제(Operating System)

임베디드 시스템에서는 다양한 프로그램을 지원할 수 있는 범용 운영체제가 덜 매력적이다. 일단, PC에서 사용되는 리눅스, 마이크로소프트 윈도우 XP 혹은 윈도우 2000 등의 데스크 탑 운영체제는 다양한 장치와 다양한 작업들을 수행해야 하기 때문에 기본적으로 커다란 메모리를 필요로 한다. 그러나 임베디드 시스템은 각 제품이 가격 경쟁력을 갖추어야 하는데 많은 제품들이 원 단위의 가격 경쟁을 해야만 하는 실정이다. 그러므로 작은 크기의 메모리에도 원활하게 동작하는 운영체제가 설계자의 입장에서 바람직하다고 볼 수 있다.

또한 임베디드 시스템은 사용자가 어떤 데이터와 명령을 입력하던 지간에 시스템이 응답을 하지 않는 상태로 데스크 탑 PC처럼 재부팅을 해야만 하는 상황에 처하는 것을 용납하지 않는다. 또한 사용자의 입력에 즉각적으로 반응을 해야만 하는 상황이 있다. 예를 들어 빌딩의 화재 관리 임베디드 시스템을 생각해보면 재부팅과 즉각적인 반응의 필요성을 쉽게 이해할 수 있다.

따라서 임베디드 시스템의 운영체제로는 데스크 탑 운영체제 대신 소형화가 가능하며 즉각적인 응답을 보장하는 실시간 운영체제(RTOS : Real-time Operating System)가 많이 사용되며, 저가격화가 가능한 임베디드 리눅스가 주목받기 시작하였다. 최근에 한국전자통신연구원(ETRI)을 주축으로 가전 3사와 함께 국산 운영체제인 Qplus/Esto의 개발을 완료하였다(embenix.com/qplus/index.html). Qplus가 표준 운영체제로 도입될 경우에는 커널의 사용방법 및 제품 개발에 필요한 컴포넌트 및 라이브러리들을 표준화하여 국내기업에게는 저렴하게 혹은 무료로 제공하게 되며 plug-and-play가 가능하게 되므로 제품 개발이 간단해지고 개발기간이 단축되는 강점을 가지게 되어 매우 중요한 역할을 담당하게 된다. RTOS 분야에서는 현재는 VxWorks가 가장 널리 알려져 있지만, 그보다 핵심 기술적인 측면에서나 신뢰도 면에서 탁월한 국산 RTOS인 SROS(Scalable Real-time Operating System)가 국내에서 개발되어 현재 전국의 전화국에서 전자교환기의 운영체제로 사용되고 있다(www.rtplus.com).

1.2.2.2 시스템 소프트웨어(System Software)

일반 컴퓨터에서처럼 임베디드 시스템에서도 응용 프로그램을 개발하기 위한 시스템 소프트웨어를 필요로 한다. 시스템 소프트웨어란 컴퓨터 하드웨어를 관리하고 응용 소프트웨어를 실행하는데 필요한 프로그램들을 의미한다. 앞서 언급한 운영체제, 각종 하드웨어 및 주변장치들을 구동하는데 필요한 드라이버 프로그램, TCP/IP를 비롯하여 시스템을 네트워크로 연결하는 데 필요한 각종 소프트웨어, 프로그램을 개발하는데 사용되는 여러 프로그래밍 언어(예를 들면 C, C++, 어셈블리 언어) 컴파일러, 디버거, 프로그램 개발도구(예를 들면 마이크로소프트 비주얼 스튜디오, gdb, Qplus Esto) 등이 시스템 소프트웨어에 포함된다.

1.2.2.3 응용 소프트웨어

임베디드 시스템의 응용 소프트웨어는 운영체제와 시스템 소프트웨어를 이용하여 사용자에게 유익한 작업을 수행하는 소프트웨어를 말한다. 몇 가지만 생각해보면 타겟 시스템 제어/모니터링 소프트웨어, 가전기기 제어 소프트웨어를 꼽을 수 있다. 이러한 임베디드 시스템의 응용 소프트웨어는 PC에서처럼 대부분 RAM에서 동작한다. 그렇지만 특별하게 임베디드 시스템이 예상하지 못한 이유로 인하여 종료되더라도 데이터를 잃어버리지 않도록 ROM 혹은 플래시메모리에서 동작하게 설계하기도 한다.

임베디드 시스템의 종류는 매우 다양하다. 실제로 우리 주변에 임베디드 시스템이 없으면 생활에 많은 곤란을 초래할 정도로 우리 생활에 깊게 내장되어 있다.

1.3 임베디드 시스템의 응용 분야

임베디드 시스템은 PC 시장과는 비교할 수 없이 수많은 분야에서 매우 다양한 형태로 구성되어서 우리 사회의 구석구석에서 유용하게 사용된다. 그림 1.2는 임베디드 시스템이 사용되는 응용 분야들을 그림으로 설명하고 있다. 이들 분야를 중심으로 우

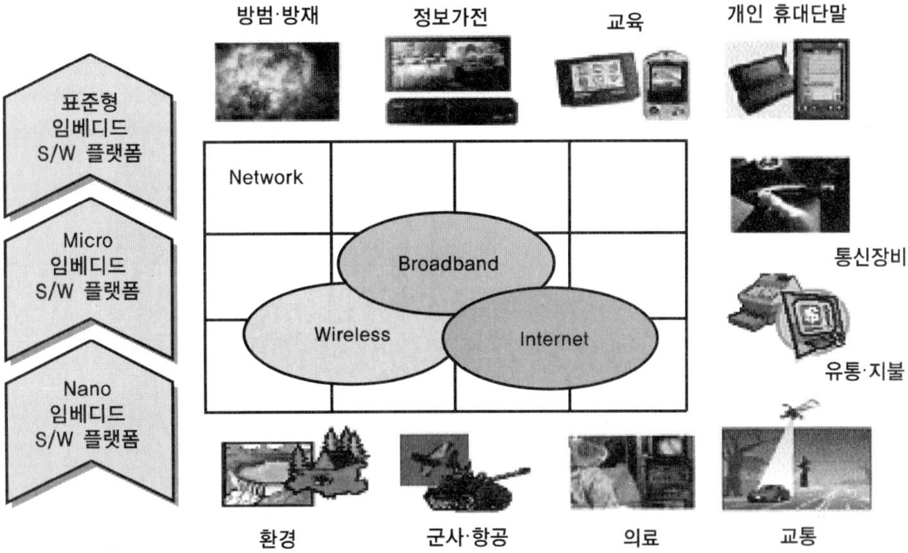

▌그림 1.2▐ 응용 분야에 따른 다양한 임베디드 시스템의 활용 예

리 주변에서 찾을 수 있는 임베디드 시스템을 알아보자.

1.3.1 정보가전

정보가전이란 TV, 냉장고, 세탁기, 청소기 등의 가전용품을 인터넷 등에 연동할 수 있게 만들어서 생활에 더 유용한 제품으로 만들어진 가전용품을 의미한다. 그림 1.3의 디지털 TV에서는 디지털 영상 및 음성 정보에 부가적인 디지털 데이터가 추가될 수 있으며 이 데이터에 프로그램에 관련된 정보 및 다른 부가서비스 관련 정보를 담을 수 있다. 디지털 TV에서는 VOD(Video On Demand), 양방향 TV 등이 가능해져서 사용자의 의견 혹은 선호도를 반영할 수 있게 된다.

▌그림 1.3▐ 정보가전 : 디지털 TV

▮그림 1.4▮ 정보가전 : 인터넷 냉장고

그림 1.4의 인터넷 냉장고는 15.1인치 액정화면(TFT LCD)과 LAN 포트를 장착해 인터넷에서 쇼핑, 양방향 화상통신, TV 방송 수신 및 e메일 송수신이 가능하다.

1.3.2 정보단말

정보단말에는 PDA, 휴대폰, 스마트폰, PDA폰, 영상전화기 등이 포함된다. PDA는 주로 개인 정보관리(PIM : Personal Information Management)와 일정관리의 용도로 많이 사용되어 왔으나 최근에는 셀룰러폰, PCS, 블루투스 및 무선 랜의 발전으로 무선네트워킹 기능이 추가되어 eBook, MP3, GPS 등의 개인 용도는 물론 기업용으로 물류, 각종 영업, 증권 단말의 용도로 많이 사용되고 있다. 그림 1.5는 (주)아이디닷컴에서 출시한 PC131 PDA로서 131MHz MIPS VR4212A 프로세서, 16Mbyte의 ROM과 16Mbyte의 RAM을 탑재하였고 운영체제는 Windows CE 3.0을 사용하고 있다.

스마트폰은 휴대폰과 PDA의 복합기로서 전화, PIM, 유무선 데이터 송수신, 게임, 사전, 등의 다양한 기능을 구현한다. 그림 1.6은 요피-3500 PDA폰과 MP3 프로그램의 실행 화면이다. 요피 3500은 206MHz 인텔 StrongARM CPU, 3.5인치 반사형 TFT LCD, 32Mbyte ROM, 128Mbyte RAM 그리고 일반 PC와 같은 구성의 'QWERTY' 배열의 자판을 탑재하며, 셀룰러 이동통신 및 무선 랜을 지원한다. 운영체제로는 ARM용 리눅스가 탑재되었다.

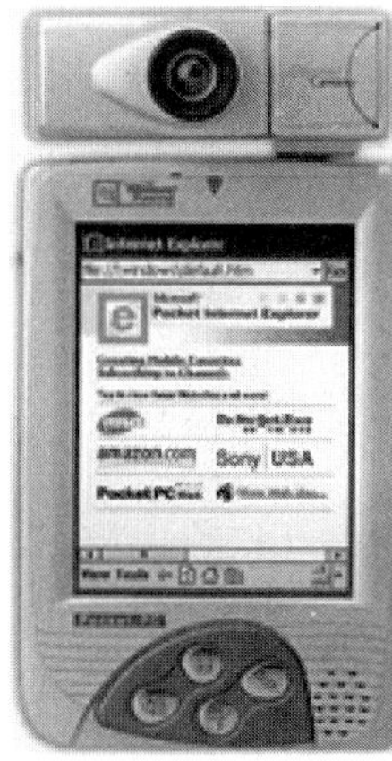

▌그림 1.5▌ 국내 벤처기업 (주)아이디닷컴의 PDA "PD131C"

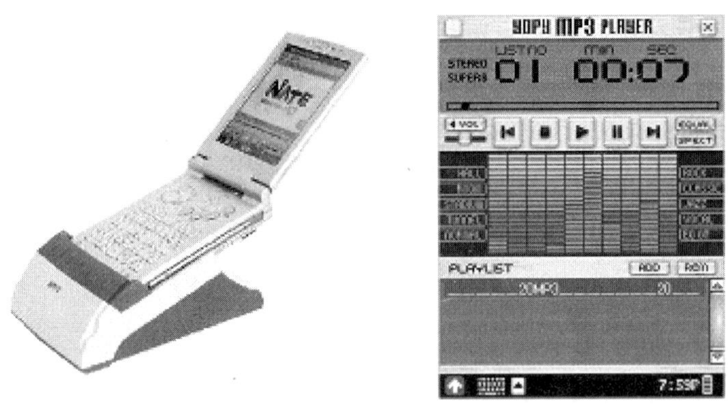

▌그림 1.6▌ 정보 단말 : 지메이트의 요피 3000 PDA폰과 MP3 실행 화면

1.3.3 통신 장비

디지털 교환기, 사설 자동 전화교환기 PABX(Private Automatic Branch Exchange), 라우터, 스위치 등의 네트워크 장비들도 임베디드 시스템으로 분류된다. 가입자, 기지국 등의 각 모듈들은 채널 제어 및 여러 가지 종류의 프로토콜 정합 또는 변환을 위한 목적으로 실시간 운영체제를 탑재한 마이크로프로세서 보드들로 구성된다. 그림 1.7의 사설교환 시스템 IP-PCX IAP(IP based - Private Communication eXchange Integrated Access Platform)는 ATM(Asynchronous Transfer Mode) 스위칭 기능 및 VoIP (Voice over IP) 기능을 가진 교환기로서 인터넷 및 VoIP 환경에 적합한 IP 기반의 통합 통신 시스템으로 PBX 단말 및 IP 단말의 통합 호(Call) 처리 및 통합관리가 가

▌그림 1.7▐ 통신 장비 : 삼성전자의 IP-PCXIAP PBX

능한 시스템이다.

그림 1.8의 VoIP 게이트웨이 장비는 인터넷에 접속해서 음성과 화상 서비스를 제공할 수 있는 VoIP 솔루션으로서 ITU-T VoIP 표준인 H.323을 지원하여 32개의 VoIP 채널과 8개의 팩스를 지원한다.

1.3.4 항공/군용

비행기, 군용 전자 통신 장비, 전자 제어 무기 등에서 임베디드 시스템이 광범위하게 사용된다. 그림 1.9는 하니웰(Honeywell Aerospace)의 전자동 항공기 관리 시스템인 Global Star 2100:이다. 이 시스템은 출발점에서 도착지점까지 조종사가 수행해야 할 비행, 통신, 유도 및 연료관리 등의 임무들을 자동으로 수행한다. 이 시스템에는 실시간 운영체제가 이용되어 모든 태스크가 실시간에 동작하게 구성되어 있다. 이 전

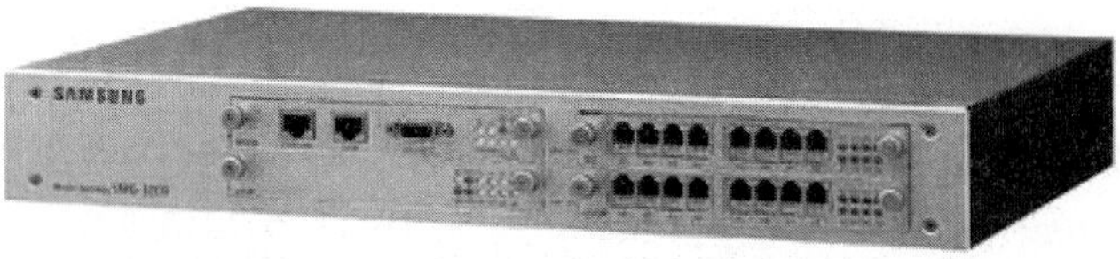

▌그림 1.8▐ 통신 장비 : 삼성전자의 SMG-3200 VoIP 게이트웨이

▌그림 1.9▐ 항공/군용 : 하니웰(HoneyWell)의 GlobalStar 2100 전자동 항공 관리 시스템

자동 항공기 관리 시스템은 자동조종장치와 연동하여 비행기의 승강키, 보조날개, 방향키 등을 제어하여 항공기를 운항한다.

1.3.5 물류/금융

물류분야와 금융분야에서도 수많은 임베디드 시스템이 사용되고 있다. 예를 들어

▌그림 1.10▐ 물류 : POS 단말기

▌그림 1.11▐ 금융 : ATM (Automatic Teller Machine)의 예

바코드 발급기, 바코드 리더 혹은 레이저 스캐너와 연동되는 POS(Point Of Sales) 단말기, RF 태그, 금융분야에서는 ATM, 순번 발행기, 스마트카드, ID 카드, 신용카드 등의 각종 카드 발급기 및 조회기 등이 있다. 그림 1.10의 POS 단말기는 PC와 유사하게 모니터, 고객용 표시장치, 바코드 리더, 레이저 스캐너, 그리고 영수증 프린터 등의 모듈을 장착하여 각 매장의 특성에 맞는 제품으로 제공된다.

금융 부문에 있어서는 자동 현금지급기 ATM(Automatic Teller Machine) 단말기가 은행 업무를 대행하고 있다. 그림 1.11의 ATM 단말기는 숫자와 기능키를 포함하는 키보드, 디스플레이 장치, 프린터, 그리고 카드 리더 모듈로 구성된다. ATM은 일반 은행업무 기능 외에도 지폐 중 오·훼손 지폐를 낱장 회수하는 첨단 지폐방출 기능, 지문인식, 음성안내, 감시카메라 기능 등을 추가하여 사용할 수도 있다.

1.3.6 차량/교통

자동차의 엔진 및 각종 제어 시스템, 무인 자동화 시스템, 지능형 교통 시스템(ITS : Intelligent Transport Systems) 등에도 임베디드 시스템이 광범위하게 사용된다. 이 중 지능형 교통 시스템은 도로, 자동차, 신호 시스템 등 기존의 교통 시스템에 전자, 통신, 제어기술을 연동하여 효율적이고 안전한 교통 시스템을 구축하는 것을 목적으

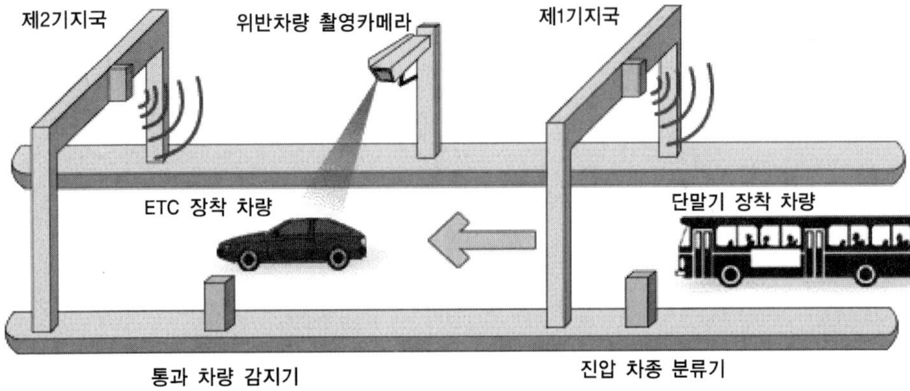

▮그림 1.12▮ 교통 : 자동요금 정산시스템

로 한다. ITS는 각종 센서가 장착된 단말기와 GPS 데이터를 이용하여 모든 도로의 교통상황 데이터를 수집한 후 유선 및 무선 통신 시스템을 이용하여 ITS가 교통정보, 도로정보 등을 알리는 시스템이다. 그림 1.12의 자동요금 정산시스템(ETC : Electronic Toll Collection)은 무선신호를 이용하여 차량을 톨게이트에서 정지시키지 않고 자동으로 통행료를 징수하는 시스템이다.

1.3.7 사무

사무분야에서는 프린터, 스캐너, 팩스, 그리고 복사기와 이들의 기능을 하나로 모은 복합기에서 임베디드 시스템의 특징을 찾을 수 있다. 그림 1.13에는 삼성의 SCX-5312F 프린터, 스캐너, 팩스, 그리고 복사기의 기능을 모두 수행하는 복합기가 나타나 있다.

▮그림 1.13▮ 사무 : 복합기(프린터, 스캐너, 팩스, 복사기 기능 보유)

1.3.8 산업/제어

산업분야의 공장자동화(FA : Factory Automation)는 생산 공정의 제어에 필요한 시스템으로서 이전에는 PLC(Programmable Logic Controller) 모듈을 이용하여 구현해왔다. 그러나 고성능이 필요한 경우, 즉 실시간으로 공정이 제어되어야 하거나 또는 매우 정밀한 값이 처리되어야 하는 공정에서는 실시간 운영체제를 갖춘 고성능의 임베디드 시스템을 사용해야 한다. 그림 1.14에는 산업용 로봇 장비가, 그리고 그림 1.15에는 공장 제어 시스템이 임베디드 시스템의 예로서 설명되어 있다.

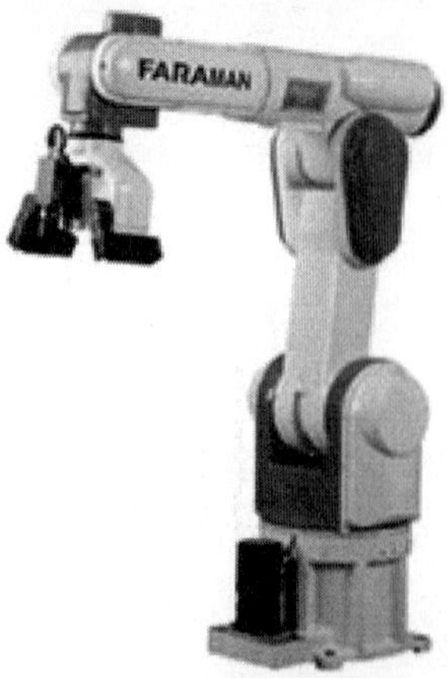

▌그림 1.14▐ 산업/제어: 산업용 로봇

▌그림 1.15▐ 산업/제어: 실시간 공장 제어 시스템

1.3.9 의료

게놈(Genome) 프로젝트의 한 연구팀은 모든 인간이 가지고 있는 31.8억 가지의 DNA를 정렬해서 유용한 정보를 찾기 위해 고성능의 컴퓨터를 사용하였다. 이 유전자 정보를 슈퍼컴퓨터에 입력시킬 수 있는 정보로 가공하기 위하여 Applied Biosystems라는 회사는 그림 1.16의 ABI PRISM 3700 DNA 분석기를 만들었다. 이 분석기는 68332 마이크로프로세서와 VxWorks RTOS를 이용한 임베디드 시스템으로서 이전에는 사람이 수개월 걸려서 처리하던 10만 개의 샘플작업을 단지 몇 시간 만에 수행할 수 있게 만들었다.

▮그림 1.16▮ 의료: ABI PRISM 3700 DNA 분석기

1.3.10 게임

게임기도 임베디드 시스템으로 분류되는데, 게임기가 다른 임베디드 시스템과 구별되는 점은 고성능 프로세서를 탑재한다는 점이다. 마이크로소프트의 Xbox, 소니의 플레이스테이션 2, 닌텐도의 nintendo64 게임기가 최근에 관심의 대상이 된다. 아래 그림 1.17에는 닌텐도에서 출시한 휴대형 게임기인 닌텐도 게임보이 어드벤스(Nintendo

▮그림 1.17▮ 게임 : 닌테도의 게임 보이 어드벤스

▌그림 1.18▐ 게임 : 소니의 플레이스테이션 2 게임기

Gameboy Advance)이다. 게임보이 어드벤스는 32-Bit ARM 프로세서를 사용하며 2.9 인치 TFT 스크린에서 32,768 색상을 지원하는 휴대형 게임 장치이다.

그림 1.18의 소니의 플레이스테이션 2 게임기는 Emotion Engine™이라는 멀티미디어 프로세서와 MIPS 프로세서를 탑재한 게임기이다.

1.4 차세대 컴퓨팅 기술

차세대 컴퓨팅 기술로는 '유비쿼터스 컴퓨팅(Ubiquitous computing)' '입는 컴퓨팅(Wearable computing)' '노매딕 컴퓨팅(Nomadic computing)' '퍼베시브 컴퓨팅(Pervasive computing)' '조용한 컴퓨팅(Silent computing)' '감지 컴퓨팅(Sentient computing)' '1회용 컴퓨팅(Disposable computing)' '임베디드 컴퓨팅(Embedded computing)' '엑조틱 컴퓨팅(Exotic computing)' 등이 있다.

1.4.1 유비쿼터스 컴퓨팅(Ubiquitous Computing)

먼저 'Ubiquitous'의 언어적 의미를 살펴보면 라틴어에서 유래한 것으로 '도처에 있다', '언제 어디서나 존재한다', '신은 어디에나 있다.'라는 의미로 사용되는 말이며, 일반적으로 물, 공기처럼 도처에 편재해 있는 자연자원이나 종교적으로는 신이 언제

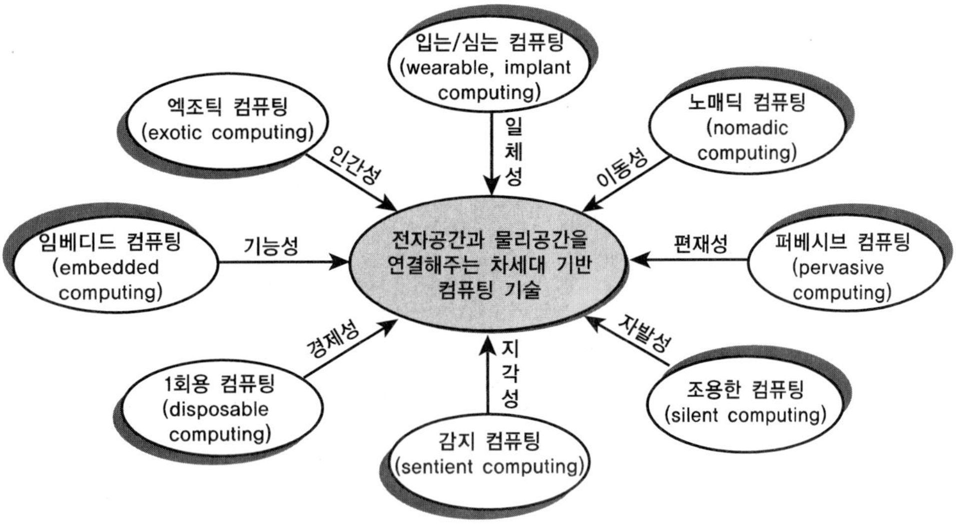

그림 1.19 차세대 컴퓨팅 환경

어디서나 시공을 초월하여 존재한다는 것을 상징할 때 이용하는 말이다.

유비쿼터스의 원천은 일본의 사카무라 켄 교수의 트론(TRON) 프로젝트를 통해 유비쿼터스에 대한 연구가 시작되었다, 그 후 유비쿼터스의 어원을 처음으로 컴퓨팅 환경에 적용한 사람은 미국, 제록스사 PARC(Palo Alto Research Center)의 연구책임자인 마크 와이저(Mark Weiser)이다. 마크 와이저는 1993년 발표한 논문 중에 컴퓨터의 진화과정을 컴퓨터 기술과 인간과의 관계(relationship) 변화를 중심으로, 제1의 물결인 메인 프레임 시대(1대의 고가의 컴퓨터를 다수가 공유), 제2의 물결인 퍼스널컴퓨터 시대(1인1대의 컴퓨터 사용), 그리고 광역분산 컴퓨팅을 제공하는 인터넷 시대를 거쳐 제3의 물결인 Ubiquitous 사회(다양한 사람들이 내장형의 다양한 컴퓨터를 의식하지 않고 네트워크를 통해 사용)로 나누는 동시에 컴퓨터 기술에 있어 제3의 물결(Ubiquitous computing names the third wave in computing, just now beginning)로 정의하였다.

그는 우리 생활 중의 주요한 컴퓨터 인터페이스 기술이 비가시적 인터페이스(in-

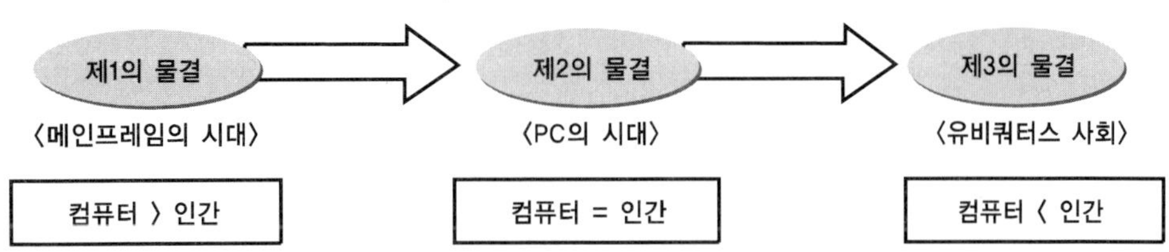

그림 1.20 컴퓨팅 환경의 변화

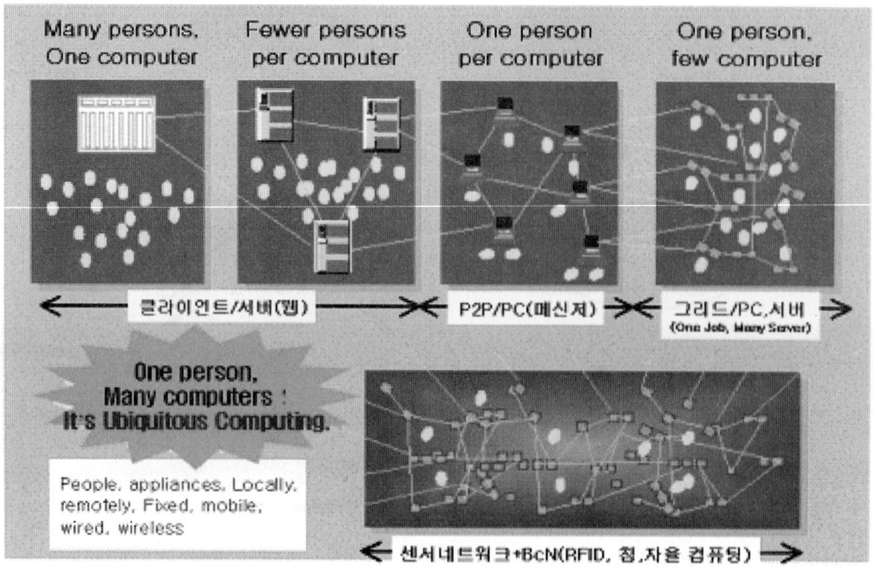

그림 1.21 ▌ 유비쿼터스 컴퓨팅의 기본 개념

visible interfaces)를 사용하는 인간화 기술(calm technology)의 등장을 언급하면서, 이러한 기술변화를 통해 새로운 문화(Culture = 유비쿼터스 컴퓨팅)의 출현을 주장하였다. 그리고 2005년에서 2020년 사이에 본격적으로 유비쿼터스 컴퓨팅 중심의 컴퓨팅 환경이 일반화될 것으로 추정하였다.

또한 유비쿼터스 컴퓨팅을 「Computing access will be everywhere」로, 어디서나 네트워크로부터 자신이 필요한 정보를 얻을 수 있는 환경으로 정의하였다. 마크 와이저는 유비쿼터스 컴퓨팅을 어디에 가더라도(네트워크에 접속된) 컴퓨터를 자신의 것으로 사용할 수 있는 환경을 실현하는 것으로 제창하였다. 이것을 정리하면 여러 종류의 다양한 컴퓨터가 현실세계의 사물과 환경 속으로 스며들어 상호 연결되어 언제, 어디서나 이용할 수 있는 인간, 사물, 정보 간의 최적화된 컴퓨팅 환경을 유비쿼터스 컴퓨팅이라고 정의할 수 있다.

유비쿼터스 컴퓨팅의 특징을 마크 와이저는 다음과 같이 언급하였다.

첫째, 유비쿼터스 컴퓨팅 환경하의 모든 컴퓨터는 네트워크에 연결되어 있어야 한다.

둘째, 인간화된 인터페이스(calm technology)로서 눈에 보이지 않아야(invisible) 한다.

셋째, 가상공간이 아닌 현실 세계의 어디서나 컴퓨터의 사용이 가능해야 한다.

넷째, 사용자 상황(장소, ID, 장치, 시간, 온도, 명암, 날씨 등)에 따라 서비스가 변해야 한다.

사람이 어디에 있든지 컴퓨터의 지원을 받을 수 있는 환경을 구현하는 방법으로 두 가지를 생각할 수 있다.

첫째는 모든 곳에 컴퓨터를 내장시키는 방법
둘째는 사람 자신이 네트워크와의 통신기능을 가진 소형 컴퓨터를 가지고 다니는 방법

첫째 방법이 마크 와이저가 언급한 모든 곳에 편재하는 컴퓨터이며, 둘째 방법이 어디에나 가지고 갈 수 있는 컴퓨터라고 생각할 수 있다. 기술이 발전하면서 유비쿼터스 컴퓨팅의 단어는 여러 방면에 사용되어 온 동시에 의미도 조금씩 변하여 왔으며 휴대전화가 폭발적으로 보급되면서 둘째 방법도 포함하여 유비쿼터스 컴퓨팅의 의미를 크게 확장시켰다. 이 의미는 휴대전화를 시작으로 모바일 단말에 컴퓨터 칩을 내장하면 어디서나(everywhere) 컴퓨터를 사용할 수 있게 되어 유비쿼터스가 실현된다고 볼 수 있는 것이다. 또 컴퓨터의 칩이 여러 가지 정보가전기기에 내장되어 네트워크로 제어되면, 이것도 유비쿼터스라고 부를 수 있다. 모든 장소에 컴퓨터가 존재하며 자유롭게 사용할 수 있다는 의미가 어디나 컴퓨터를 가지고 걸어가면서 사용하거나 우리 주위에 컴퓨터가 내장된 다양한 기기가 네트워크로 제어 된다 는 의미로 확장되었다. 그래서 요즘은 마크 와이저가 당초 제창한 유비쿼터스 컴퓨팅의 의미가 변하여 휴대전화, 가전, AV기기 등 우리 주위의 다양한 기기를 컴퓨터로 제어하고 네트워크에 연결하는 기술로 통용되고 있으며 유비쿼터스 컴퓨팅과 유비쿼터스 네트워크, NT, BT와의 융합이 가져다 줄 차세대 IT 혁명으로서의 사회경제적 변혁의 총체로 의미가 확대되어 적용되고 있다.

본 장에서는 유비쿼터스 컴퓨팅의 정의와 특징만을 간단히 살펴보았다. 좀 더 구체적인 기반 기술이나 응용 등의 내용은 다음 장에서 기술한다.

1.4.2 입는 컴퓨팅(Wearable Computing)

입는 컴퓨팅은 유비쿼터스 컴퓨팅 기술의 출발점으로 컴퓨터를 옷이나 안경처럼 착용할 수 있게 함으로써 컴퓨터를 인간 몸의 일부로 만드는 기술이다. 사전적인 의미로 Wear라는 단어는 "입고, 신다, 쓰다, 끼다, 휴대하다" 등의 뜻을 가지고 있다.

입는 컴퓨팅은 미국 MIT(Massachusetts Institute of Technology)에서 1960년대부터

본격적으로 연구하기 시작하였다. 입는 컴퓨팅 기술은 앞으로 체내 이식형 컴퓨팅 (implant computing) 기술로 발전해 나갈 것이다. 입는 컴퓨터의 입력장치로는 적외선을 이용한 키보드, 두루마리처럼 말 수 있는 키보드, 한 손으로 타이핑할 수 있는 하프키보드 등이 있는데 모두 휴대할 수 있는 작은 크기이어야 한다.

입는 컴퓨터에 관하여 다수의 특허를 갖고 있고 제품을 출시한 미국 자이버넛(Xybernaut)사는 입는 컴퓨터를 '몸에 부착해 컴퓨터 행위를 할 수 있는 모든 것'이라고 규정하고 있다.

입는 컴퓨터는 초기에 군사용으로 주로 개발됐지만 현재는 모든 분야로 그 영역을

▌그림 1.22▐ MIT 입는 컴퓨팅 개발 예

▌그림 1.23▐ 입는 컴퓨팅 예

넓히고 있으며, 기존 컴퓨터 개발업체에 국한되어 있던 연구기관이 의류업체로까지 확대되고 있다. 예로 1999년에는 기업들을 중심으로 한 입는 컴퓨터 개발 컨소시엄이 결성되었으며, 컨소시엄의 공동개발 참여자는 스포츠용품 업체 아디다스, 청바지 업체 리바이스, 패션 디자이너 브랜드 쿠레주, 섬유 업체 베킨텍스, 컴퓨터 업체 바소 데이터 시큐리티, 전자 업체 렉시텔 등 7개 업체이다. 현재는 의류뿐만 아니라 액세서리 등과 같이 몸에 착용하는 것에까지 컴퓨팅 기능을 추가하여 개발하였으며 2000년 12월에는 IBM에서는 패션 액세서리에 컴퓨팅 기능을 부여한 '디지털 주얼리'를 선보였다. '디지털 주얼리'는 심장박동 소리에 따라 반짝이는 귀고리로 혈압을 측정하고, 반지를 문질러 웹 사이트를 검색하는 장면들로 관객들의 관심을 끌었다.

1.4.3 노매딕 컴퓨팅(Nomadic Computing)

30여 년 전 미디어 학자 마셜 맥루헌은 "사람들은 빠르게 움직이면서 전자제품을 이용하는 유목민이 될 것이다. 세계 각지를 돌아다니지만 어디에도 집은 없을 것"이라고 내다보았다.

노매딕 컴퓨팅(Nomadic Computing)에서 노마드(nomad)란 노트북이나 휴대폰과 같은 기기를 통해 언제 어디서든 외부와 접속하며 이동하는 부류 즉, 전자 유목민을 말하는 것으로 각종 전자기기들을 이용하며 이리저리 돌아다니는 새로운 형태의 사회현상을 말한다. 사실 휴대폰을 사용하면서 대부분의 사람은 디지털 유목민, 도시 유목민의 성향을 일부 경험하고 있다고 할 수 있다.

노매딕 컴퓨팅은 네트워크의 이동성을 극대화해 특정장소가 아니라 사용자가 자유자재로 이동하면서 어디서든지 컴퓨터를 사용할 수 있게 하는 기술로 이른바 '어디서든 연결된(always connected)' 환경을 말하며, 사용자가 오피스나 회의실 등으로 이동하고 있을 때에도 LAN과 같은 통신망이 연결되는 것을 의미한다.

▌그림 1.24▐ 노매딕 컴퓨팅 예

노매딕 컴퓨팅은 "유비쿼터스 컴퓨팅"과도 일맥상통하나 "유비쿼터스 컴퓨팅"은 네트워크라는 기술적인 측면으로 접근한 개념이며, 노매딕 컴퓨팅은 사회적인 현상으로부터 그 어원이 생성이 되었다. 하지만, 그것을 구현하기 위한 실질적인 기술은 거의 일치한다고 볼 수 있다.

'핫스팟(Hot Spot)'이라고 불리는 무선 인터넷 가능 지역은 현재 서비스되고 있는 노매딕 컴퓨팅 기술의 근간이 되고 있다. 국내에서 서비스하고 있는 KT의 '넷스팟'과 하나로 통신의 '하나포스 애니웨이'는 노매딕 컴퓨팅 환경의 적절한 예라고 볼 수 있다.

또, 새로운 자동차 문화를 열고 있는 텔레매틱스도 노매딕 컴퓨팅의 예이다. 텔레매틱스란 통신(Tele-communication)과 정보과학(Infor-matics)의 합성어로 자동차·이동통신·단말기·콘텐츠와 애플리케이션이 유기적으로 연관된 '자동차용 차세대 정보제공 서비스'로 자동차 안에서 언제, 어디를 가든 컴퓨팅을 할 수 있는 환경을 제공한다.

1.4.4 퍼베이시브 컴퓨팅(Pervasive Computing)

퍼베이시브(Pervasive)라는 사전적 의미는 "퍼지는, 널리 미치는 스며드는"으로 퍼베이시브 컴퓨팅은 "널리 퍼지고 스며드는 컴퓨팅" 정도로 해석이 가능하다. 이러한 의미는 "어디에나 있는"이라는 뜻을 가진 유비쿼터스와도 사전적 의미가 비슷하다며 동일하게 적용되고 있다.

퍼베이시브 컴퓨팅은 PC의 핵심기능들이 다른 종류의 기기에도 널리 퍼진다는 개념이며 네트워크에 연결된 무수한 기기들로부터 언제 어디서든 네트워크에 액세스가 가능해지고, e-비즈니스까지 수행할 수 있는 환경을 목표로 하고 있다.

퍼베이시브 컴퓨팅 기술은 1999년 IBM에서 제안한 개념으로써 유비쿼터스 컴퓨팅 개념과 거의 비슷하다. 그러나 퍼베이시브는 IBM에서 제안한 개념이라는 측면에서 유비쿼터스와는 다른 개념을 포함하고 있다. 이 말의 의미는 개념은 비슷한데 제안한 주체가 다르다는 것이며 연구 분야라기보다는 사업전략적인 측면이 강한 개념이라는 뜻이다.

IBM은 사업전략적인 브랜드 개념으로써 퍼베이시브라는 단어가 사용되고 있으며, 이러한 것들은 IBM의 홈페이지를 보면 퍼베이시브라는 것을 하나의 전략 상품으로써 취급하고 있다는 것을 잘 알 수 있다.

IBM은 퍼베이시브 컴퓨팅을 실현하기 위해 서버 시스템, 미들웨어 등 기반 제품의 제공, 디바이스 소프트웨어나 반도체 등 기기 안에 내장되는 요소 기술의 개발, 시스템 구축 등 종합 솔루션의 제공에 힘을 기울이고 있으며 현재의 e-비즈니스 환경을 좀 더 확장시킨 개념으로 생각할 수 있다.

IBM은 제시한 퍼베이시브 컴퓨팅 비즈니스 모델로서 임베디드 솔루션, 무선, 크로스오버의 세 가지 방향을 제시했다.

첫째, **임베디드 솔루션** : 자동차, 핸드헬드 디바이스 등 각종 기기 안에 통합된 솔루션이다. IBM은 텔레매틱스, 음성인식 솔루션 등 디바이스 매니지먼트 솔루션을 개발해 하드웨어 업체들에게 공급하고 공동 사업을 전개하고 있다. 이 개념은 이제 단순한 컴퓨터로써의 시장이 아니라 각종 기기들에 컴퓨터를 내장시킴으로써 새로운 시장영역을 개척하려는 것으로 보인다.

둘째, **무선** : 무선영역으로 확장할 수 있게 해 주는 미들웨어 사업이다. 로터스, 티볼리, DB2, 웹스피어 등 이미 개발한 미들웨어를 이제는 무선 기반으로 업그레이드하고 있다. 이것은 갈수록 늘어나는 휴대 및 이동하는 사용자에게도 서비스를 제공할 수 있도록 하기 위한 것으로 보인다. 움직이는 사무실을 구현하기 위해서는 이러한 무선영역으로의 확장은 필수이다.

셋째, **크로스오버** : IBM은 기술, HW, SW, 서비스 등 IBM이 추진해 온 독립된 사업 영역들이 서로 교차, 융합(convergence)하면서 새로운 비즈니스 모델을 창조해 내는 일을 고민하고 있다. 이 개념은 모든 기업들이 새로운 차기 수익모델을 찾기 위해서 노력하는 것으로써, IBM 역시 미래의 수익원을 찾기 위한 방안으로써 여러 가지 사업영역 등을 융합하고자 하는 시도인 것으로 보인다.

1.4.5 조용한 컴퓨팅(Silent Computing)

조용한 컴퓨팅은 사물에 심어진 컴퓨터들이 주인이 의식하지 않아도 마치 하인처럼 정해진 일을 묵묵히 수행하는 것을 실현하는 컴퓨팅 기술이다. 마크 와이저는 “The Coming Age of Calm Technology”이라는 논문에서 기술자체가 중요한 것이 아니라 인간과의 관계가 더욱 중요한 요소라고 하였다. 우리들의 생활에 맞는 기술이 중요하며 그러한 접근 기술을 “Calm Technology”라 하였다.

1.4.6 감지 컴퓨팅(Sentient Computing)

감지 컴퓨팅은 센서 등을 통해 신선한 정보를 컴퓨터가 미리 감지해 사용자가 필요로 하는 정보를 제공하는 기술이다. 감지 컴퓨팅은 센터 네트워크를 통해 그 능력이 더욱 확대된다. 이러한 감지 컴퓨팅을 통하여 유비쿼터스 서비스를 제공할 수 있다. 유비쿼터스 서비스는 u-커뮤니케이션 서비스, u-정보제공 서비스, u-상황고지 서비스, u-행위제안 서비스, u-지능형 서비스의 형태로 제공된다.

1.4.7 1회용 컴퓨팅(Disposable Computing)

1회용 컴퓨팅 기술은 모든 사물에 컴퓨터를 심을 수 있도록 컴퓨터를 1회용 종이만큼이나 저렴하게 만드는 기술이다. 이 기술이 실현되기 위해서는 RF-태그 기술이 더욱 발전하여 RF칩이 고성능, 초저가로 모든 사물에 장착이 가능해져야 한다.

1.4.8 임베디드 컴퓨팅(Embedded Computing)

임베디드 컴퓨팅은 컴퓨터가 수행해야 할 기능을 미리 프로그래밍해서 심는 기술이다. 임베디드 컴퓨팅 기술을 활용하면 빌딩 기둥 속에 건물의 안정성을 스스로 진단하고 문제를 사전에 조치할 수 있는 컴퓨터를 심을 수 있다.

1.4.9 엑조틱 컴퓨팅(Exotic Computing)

엑조틱 컴퓨팅은 그야말로 스스로 생각해 물리공간과 전자공간의 연계를 수행하는 컴퓨팅 기술이다. 엑조틱 컴퓨팅 기술을 통해 집에서 일어나는 모든 상황과 해야 할 작업들이 지능적으로 파악되고 실제로 수행되는 것이 가능해진다.

Chapter 02

유비쿼터스 컴퓨팅

2.1 유비쿼터스 컴퓨팅

인터넷의 빠른 확산은 언제 어디서나 접근이 가능한 유비쿼터스 네트워킹의 필요성을 제기하고 있다. 이동전화와 무선 랜의 급성장에서 알 수 있듯이 유선통신에 비해 무선통신은 사용자의 이동성을 보장하기 때문에 고객들로부터 큰 호응을 얻고 있다. WWW(World Wide Web) 서비스가 등장하면서 인터넷이 보편화되고 대부분의 사무실과 가정에서 인터넷을 사용하고 있으며 최근에는 휴대폰과 PDA를 이용하여 전자우편을 사용하거나 제한된 웹 브라우징을 이용하고 있다.

유비쿼터스(Ubiquitous)는 사용자가 컴퓨터나 네트워크를 의식하지 않고 장소에 상관없이 자유롭게 네트워크에 접속할 수 있는 환경을 말한다. 일반적으로는 유비쿼터스 컴퓨팅은 유·무선 네트워크 접속기능을 갖춘 컴퓨터뿐 아니라 네트워크와의 교신능력을 가진 초소형 칩을 TV 냉장고 전자레인지 등 가전기기, 자동차 진열대 등 모든 기기와 사물에 내장해 각종 정보를 손쉽게 송·수신, 생활을 보다 편리하게 해주는 것을 의미한다.

유비쿼터스(Ubiquitous)는 1988년 미국의 사무용 복사기 제조회사인 Xerox PARC (Palo Alto Research Center)의 와이저(Mark Weiser)가 '유비쿼터스 컴퓨팅'이라는 용어를 사용하면서 처음으로 등장하였다. 그는 유비쿼터스 컴퓨팅의 원전이라고 불리는 '21세기를 위한 컴퓨터(The Computer for the 21st Century)'라는 논문을 미국의 대표적 과학저널의 하나인 'Scientific American', 1991년 9월호에 게재했다. 당시 와이저는 유비쿼터스 컴퓨팅을 메인 프레임과 퍼스널컴퓨터(PC)에 이어 제3의 정보혁명을 이끌 것이라고 주장하였는데, 단독으로 쓰이지는 않고 유비쿼터스 통신, 유비쿼터스 네트워크 등과 같은 형태로 쓰인다고 말했다. 곧 컴퓨터에 어떠한 기능을 추가하는

▌그림 2.1▐ 마크 와이저(1952년 7월 시카고 출생. 1999년 4월 위암으로 사망)

것이 아니라 자동차·냉장고·안경·시계·스테레오장비 등과 같이 어떤 기기나 사물에 컴퓨터를 집어넣어 커뮤니케이션이 가능하도록 해 주는 정보기술(IT) 환경 또는 정보기술 패러다임을 뜻한다. 하지만 일본에서는 마크 와이저 이전에 이미 일본의 한 학자에 의해 유비쿼터스 개념이 정립됐다고 주장한다. 바로 일본의 사카무라 켄 도쿄대 교수이다. 사카무라 켄 교수는 지난 1984년 도쿄대가 추진한 '트론(TRON : The Real-time Operating system Nucleus)' 프로젝트를 주도한 사람이다. 사카무라 켄 교수는 트론에 '모든 물건에 컴퓨터를'이란 개념을 도입했다. 트론 프로젝트는 아래에서 좀 더 살펴보기로 하겠다.

유비쿼터스 컴퓨팅은 '언제, 어디서나' 사용하는 컴퓨팅 환경을 지칭하며 다양한 종류의 컴퓨터가 사람·사물·환경 속에 내재되어 있고, 이들이 서로 연결되어 필요한 곳에서 컴퓨팅을 구현할 수 있는 환경으로 전기나 수도와 마찬가지로 자유롭고 쉽게 컴퓨터를 사용하는 환경을 제공하는 것이 궁극적인 목표이다. 유비쿼터스 컴퓨팅은 '장소에 구애 받지 않는 컴퓨팅', '자연스러운 컴퓨팅', '자율적 컴퓨팅' 등의 개념으로 사용하기도 한다. 현재까지의 컴퓨팅은 계산이 중심이며, 기계를 사용하기 위해 사용자가 기계를 배워야 하는 구조이지만 유비쿼터스 컴퓨팅은 기계가 사용자의 행동을 이해하여 필요한 솔루션을 제공한다.

다음의 그림 2.2는 현재의 컴퓨팅과 유비쿼터스 컴퓨팅을 비교하고 있다. 유비쿼터스 컴퓨팅은 컴퓨팅 기능의 내재성(Embedded, Pervasive)을 강화시키거나 컴퓨터의 이동성(Mobility, Portability)을 높이는 2가지 방법으로 구현이 가능하다. 내재화를 강화시키는 방법은 컴퓨팅 기능이 환경에 내재되어 이로부터 정보를 획득하고 활용하는 방법으로 가는 곳마다 컴퓨팅이 존재한다. 예를 들어, 강수 정도를 자동으로 감지하여 자동차의 와이퍼를 작동시키는 것이나 어두워지면 자동으로 헤드라이트를 켜는 것 등이다. 이들의 특징은 사람들이 인식하지 못하는 상태에서 컴퓨팅 기능이 수행된

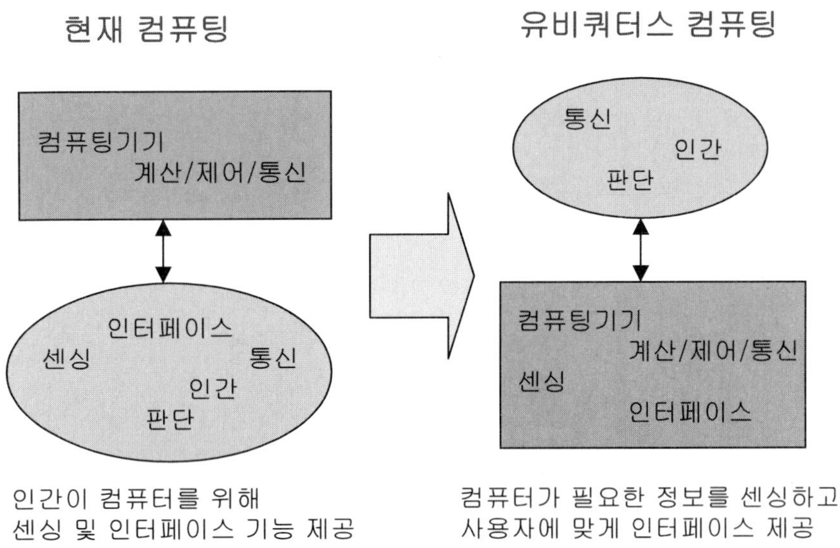

▌그림 2.2▐ 현재 컴퓨팅과 유비쿼터스 컴퓨팅

다는 점이다. 세탁기를 작동시키면서 컴퓨터를 사용한다는 생각을 하지 않는 것은 컴퓨팅 기능이 기기 내에 내재되어 있기 때문이다. 다음 그림 2.3은 환경에 내재된 컴퓨팅 디바이스의 예를 보여주고 있다.

두 번째 방법인 이동성(혹은 휴대성)을 개선하여 언제 어디서나 컴퓨팅을 시현하는 기술은 상시적으로 들고 다닐 수 있을 정도의 소형 컴퓨팅 디바이스를 통해 구현한

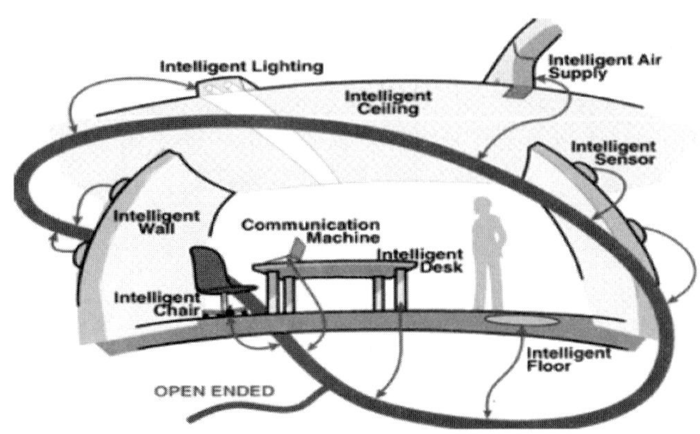

▌그림 2.3▐ 환경에 내재된 컴퓨팅 디바이스

[출처 : 사카무라 켄, "유비쿼터스 컴퓨팅 혁명", 동방미디어]

다. 컴퓨팅기기의 소형화와 유사한 개념으로 컴퓨터를 옷이나 안경처럼 착용할 수 있게 해주는 입는 컴퓨팅(Wearable Computing), 네트워킹의 이동성을 극대화하여 특정 장소가 아닌 어디에서든지 컴퓨터를 사용할 수 있게 만드는 노매딕 컴퓨팅(Nomadic Computing)이 있다.

유비쿼터스 컴퓨팅의 핵심은 센서와 무선인식(RFID) 임베디드 시스템 및 네트워크로 연결되어 상호 협력하는 스마트기기이다. 유비쿼터스 컴퓨팅기기들은 유무선 네트워크로 연결되어 있고 위치와 상황에 따른 인식 및 판단을 하고 정보의 효율적 전달을 위하여 동적인 네트워킹을 하는 '스마트 텔레컴퓨터'가 되어야 한다. 네트워킹된 스마트기기는 물리공간에 존재하는 모든 물체에 컴퓨팅과 통신능력을 부여하여 디지털 공간과 융합된 '유비쿼터스 공간(환경)'을 창출한다. 유비쿼터스 공간은 언제, 어디서나 컴퓨터 자원에 접속하여 이를 편리하게 이용할 수 있는 상태를 뜻한다. 또한 상황에 맞추어 지능적인 방법에 의하여 정보를 사람과 사물의 요구에 맞도록 자동으로 제공하는 '상황인식(Context awareness)'과 사람과 사물의 위치를 실시간으로 추적하여 자동으로 인식하는 '위치인식(Location awareness)' 가능한 공간으로 사물이 전자공간의 주체(콘텐츠)가 되는 사물들의 인터넷(Internet of Things)을 포함한다. 즉, 센서가 부착되어 있는 수많은 작은 컴퓨터들이 주변에 흩어져 있어 우리가 의식하지 않고 있는 사이 우리에게 많은 도움이 될 정보를 스스로 알아내어 알려줌으로써 실제 세계의 상황을 인식한 컴퓨터 군이 공동으로 인간생활을 서포트하는 공간이다. 예를 들면 이웃에 홀로 사는 연로한 할머니가 이틀째 냉장고에서 음식을 꺼내지 않았

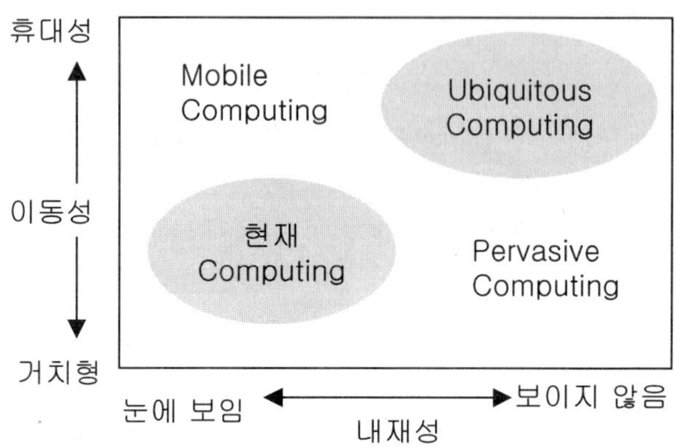

▌그림 2.4▌ 유비쿼터스 컴퓨팅의 구현 현황

[출처 : Kelly Lyytinen and Youngjin Yoo, "Issues and Challenges in Ubiquitous Computing", Communications of the ACM, 2002.12]

유비쿼터스 공간

▮그림 2.5▮ 유비쿼터스 공간

으니 혹시 무슨 일이 있나 알아보는 것이 좋겠다고 연락해주거나, 심야에 집에 누군가가 침입하려 하고 있으니 확인하라고 통보해 주는 것 등이다.

2.2 유비쿼터스 컴퓨팅의 기반 기술

유비쿼터스 컴퓨팅을 구현하는 데는 센서, 프로세서, 커뮤니케이션, 인터페이스, 보안의 5가지 핵심 기술이 필요하다. 환경을 스스로 인지하고 판단하기 위해서는 센서, 프로세서, 커뮤니케이션 등 3가지 기술이 결합되어야 하며, 사람과 자연스러운 커뮤니케이션을 위해 인터페이스 및 보안 기술이 필요하다.

센서는 외부의 변화를 감지하는 유비쿼터스 컴퓨팅의 입력장치이다. 시청각 정보는 물론 빛, 온도, 냄새 등 물리적·화학적 에너지를 전기신호로 변환하여 감지하도록 한다. 소형화, 저가화, 저전력화 센서가 필수요건이며, 수동형과 능동형으로 나눠진다. 최근 무선으로 정보를 주고받을 수 있는 초소형 태그로 바코드를 대체할 기술로 주목받고 있는 RFID(Radio Frequency Identification)가 급부상하고 있다.

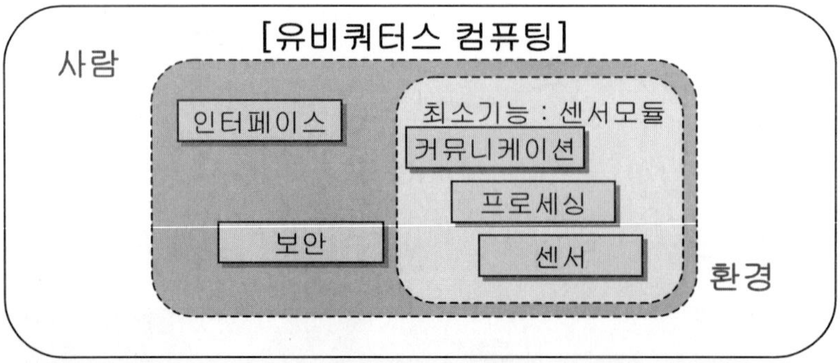

▌그림 2.6▐ 유비쿼터스 컴퓨팅을 위한 5대 요소 기술

프로세서는 사람의 두뇌에 해당하는 것으로 센서를 통해 얻은 데이터를 분석하고 판단하는 장치이다. 유비쿼터스 컴퓨팅에서는 네트워크를 통해 상시적으로 필요한 자원을 수용할 수 있기 때문에 컴퓨터에서와 같은 고성능 프로세서가 불필요하다. 유비쿼터스 컴퓨팅에서 사용되는 OS(Operating System)은 간단한 구조를 가지고 있어야 하고 실시간 처리가 가능해야 한다. Tiny OS, TRON 등이 제안되고 있는데 최근 마이크로소프트사도 경쟁에 가세하고 있다.

커뮤니케이션 기술은 사용자와 인근 사물과의 상호작용이나 기기 간 상호작용을 지원하기 위해 근거리 무선통신 기술이 필요하다. 수많은 사물을 유선으로 연결하는 것은 불가능하다. 근거리 무선통신 기술로는 블루투스(Bluetooth), UWB(Ultra-WideBand), 지그비(Zigbee) 등이 고려되며, 블루투스·지그비 등은 저속 정보전송기술로 기기제어 등에 적합하고 UWB는 영상전달에 필수적이다.

시시각각 이동하는 센서나 기기들을 동적으로 연결하는 Ad-hoc 네트워크 기술도 필요하다. 네트워크의 크기를 자율적이고 유연하게 조직할 수 있어야 하며, 수시로 바뀌는 서비스 범위 내 개체들을 네트워크로 통합해야 한다. 예를 들어, 부엌에 있던 컵을 거실로 가지고 오면 부엌 내 네트워크는 컵이 없는 상태로 네트워크를 복구시키고 거실 내의 네트워크는 컵을 하나의 노드로 인식해 네트워크를 재구성해야 한다. 또한 네트워크를 구성하는 개체들의 고장 등이 발생해도 네트워크를 재구성하여 기능을 유지해야 한다.

사물 및 기기들을 식별하기 위해 IPv6 기반의 IP 체계도 필요로 한다. 유비쿼터스 컴퓨팅에서는 컴퓨팅 디바이스의 수가 수백억 개 이상 확대되기 때문에 IPv4 체계로는 곤란하다. IPv4는 현재 인터넷에서 사용하고 있는 주소체계로 32비트로 구성되어 최대 약 43억(2^{32})개 주소 할당이 가능한 반면 IPv6를 이용하면 128비트로 구성되어

▮표 2.1▮ 유비쿼터스 컴퓨팅을 위한 무선 기술 대안

구분	주파수	최대거리	최대속도	비고
Bluetooth	2.4GHz	10M	1Mbps	IEEE 802.15.1
UWB WPAN-HR(High Rate)	3.1~10.6GHz	10M	110Mbps(10M) 220Mpbs(4M)	IEEE 802.15.3
Zigbee WPAN-LR(Low Rate)	2.4GHz 868/915MHz	30M	250kbps 20/40kbps	IEEE 802.15.4

2^{128}개인 거의 무한대의 주소 확보가 가능하다.

또한 인간 친화적이고 지능화된 인터페이스도 관건이다. 인터페이스는 키보드, 마우스, 화면 중심에서 음성(억양 등), 동작(제스처 등), 문자, 표정 등으로 다양화되며, 제스처·표정·억양 등을 통해 전달되는 정보량이 60% 이상을 차지한다. 디스플레이도 '유비쿼터스 디스플레이 네트워크'로 발전될 전망이다. 즉, 프린터, 냉장고, 자동차 등의 기기뿐만 아니라 거울, 벽면 등 사람이 마주치는 다양한 곳에 디스플레이가 부착되어 사용자가 움직이면 화면의 정보가 주변의 디스플레이로 중계되는 환경이다.

마지막으로, 보안 기술이다. 인터넷과 마찬가지로 유비쿼터스 컴퓨팅 역시 보안이 취약하다. 어디서나 컴퓨팅을 이용한다는 것은 곳 어디에서든지 정보가 누출되고 왜곡될 위험이 있다는 것을 의미한다. 따라서 어디에서든지 안심하고 사용할 수 있도록 보장해주는 기술이 필요하다. 정보보안의 취약성을 극복하기 위해서는 기밀성, 인증, 무결성이 필요하다. 기밀성(Confidentiality)은 전달내용을 제3자가 획득하지 못하도록 하는 것으로 암호화 기술로 해결이 가능하며, 인증(Authentication)은 정보를 보내는 사람의 신원을 확인하는 것으로 사용자가 어떤 사용 권리를 가지고 있는 사람인지를 확인한다. 무결성(Integrity)은 정보전달 도중에 정보가 훼손되지 않았는지 확인하는 것으로 이 역시 암호화 기술로 해결된다. 인증수단으로는 센서, 생체 정보, 행동특징 등이 가능한데, 생체 정보를 인증에 활용하는 방안이 가장 활발하게 검토 중이나 실제 사용이 불편하고 위생상 문제가 있다는 단점이 있다. 키 터치 습관, 서명 등 행동특징을 인증에 활용하는 것은 서명용 패드를 PC에 연결시켜 서명을 받는 방식과 휴대폰에 센서를 부착해 공중에 있는 서명으로 3차원으로 인식하는 기술 등이 개발 중이다.

물질공간과 전자공간을 통합하기 위하여 물질공간에 심을 수 있는 전자공간 요소로는 임베디드 시스템, RFID, IPv6, MEMS, 센서, 칩 등이 있다. 임베디드 시스템에 대해서는 1장에서 자세히 설명하였으므로 여기서는 언급하지 않겠다.

2.2.1 RFID(Radio Frequency Identification)

RFID는 Radio Frequency Identification의 약자로서, RFID 태그는 무선 칩을 내장하고, 무선으로 데이터를 송수신하여 데이터 수집을 자동화한 태그이다. RFID가 소개된 것은 1980년대이지만 그간에는 비용과 상용화 기술 등의 문제로 상업화하지 못했으나 최근 널리 쓰이기 시작하였다. 상품이나 물류와 관련하여 기존에 널리 써온 바코드 방식과 달리 RFID 방식은 비접촉방식으로서 포장, 대상 표면의 재질, 환경 변화 등의 여부에 관계없이 항상 인식이 가능하다. 또 마이크로칩이 내장되어 있어서 바코드 보다 훨씬 많은 정보를 교환할 수 있으므로, 물류, 재고관리, 도난 방지 등에 적용할 수 있다. 나아가 스마트카드 등과 연계하여 사용하면 보안통제와 같은 더욱 다양한 분야에 응용할 수 있다.

RFID 시스템은 안테나, 송수신기, 그리고 Transponder라고 불리는 RF 태그, 세 가지로 구성된다. 안테나는 태그와 송수신기 사이에서 중개역할을 담당하는데, 전파로써 신호를 보내 태그를 활성화시키거나 비활성화 시키고, 데이터를 읽고 쓰는 역할을 담당한다. RFID 태그는 모양과 크기가 다양하며, 전원 공급 여부에 따라 능동형 태그와 수동형 태그, 그리고 사용하는 주파수 대역에 따라 저주파 시스템과 고주파 시스템으로 나뉜다.

현재 산업계에서 진행되고 있는 RFID 태그의 응용 분야를 분류하면 다음과 같다.

- 제약(Pharmaceutical)
- 건강관리(Heath Care)
- 놀이공원과 이벤트 사업(Amusement Park and Event Management)
- 제조업(Manufacturing)
- 도서관과 비디오 대여점(Library and Video Store)
- 물류관리(Logistics)
- 비현금 지불(Cashless Payment)

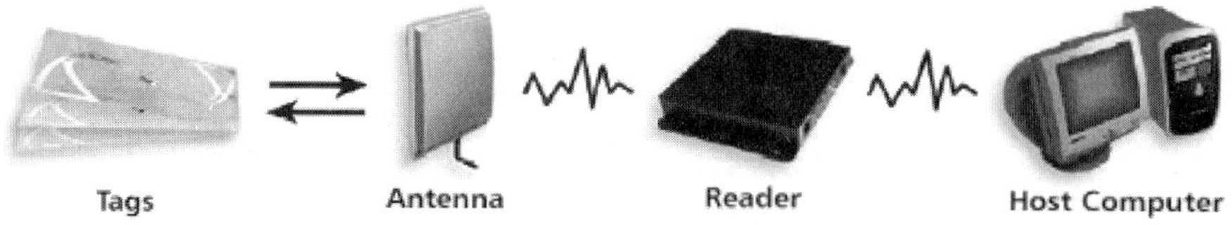

그림 2.7 RFID 시스템 구성도

- 소매업(Retail).
- 보안(Security)
- 선적 및 수령(Shipping and Receiving)
- 창고업(Warehousing)
- 수송 관리(Transportation Management)
- 접객업(Hospitality)

2.2.2 IPv6(Internet Protocol version 6)

IPv6(Internet Protocol version 6)는 32비트 구조의 IPv4를 대체하는 128비트 구조의 최신 IP 주소체계이다. IPv6는 IPng(IP Next Generation), 즉 차세대 IP라고도 불리고 있다. IPv6는 일련의 IETF(Internet Engineering Task Force) 공식 규격이며 현재 사용되고 있는 IPv4를 개선하기 위한 진화적 세트로서 설계되었다. 128비트 구조는 이론적으로 거의 무한대의 IP 주소를 생성할 수 있어 지구상의 거의 모든 사물에 주소를 부여할 수 있다.

2.2.3 MEMS(Micro Electro Mechanical Systems)

MEMS(Micro Electro Mechanical Systems)는 초소형 시스템이나 초소형 정밀기계를 말하며 마이크로 시스템, 마이크로 머신, 마이크로 메카트로닉스 등으로도 부르고 있다. MEMS 장치는 크기가 작기 때문에 아주 좁은 공간에서도 사용할 수 있어 기계 장치 또는 사람의 신체 내부에 들어가 여러 가지 활동을 할 수 있다. MEMS는 전자 및 기계 부품들로 구성되어 있고 초기에는 반도체공법과 소재를 이용하여 만들었다. 정보기기 관련 시스템의 센서나 프린터 헤드와 같은 중요한 부분에 이용되고 있으며 생명공학, 미세 유체 및 화학분석, 운송 및 항공, 광학, 그리고 로봇 등과 같은 산업 분야에서 구조, 부품 및 시스템 제조를 위한 핵심 기술로 활용되고 있다.

2.2.4 센서(Sensor)

센서는 유비쿼터스 공간을 구성하는 가장 기초적인 단위이다. 센서는 정보 및 에너지를 물리적, 화학적, 생물학적 수단을 사용해 검출하는 장치를 말다. 일반적으로 센서의 출력은 전기신호로 변환된다. 전기신호는 또다시 디지털 신호로 변환이 되어 여러 가지 처리를 통해 정보로써 활용이 되게 된다. 센서는 검출대상에 따라 크게 광, 자기, 온도, 압력, 진동, 기체를 감지하는 센서는 분류할 수 있다.

2.2.5 칩(Chip)

칩은 조그마한 반도체로써 RF 태그와 함께 사물에 장착이 가능하며, 생체 칩 형태로 사람의 신체에 이식할 수 있다. SOC(system on chip)은 칩 하나에 하나의 시스템을 집적하여 집어넣는 기술로서 유비쿼터스 구현에 있어 중요한 기술이 된다.

2.3 유비쿼터스 센서 네트워크 구조 및 무선 액세스 망

2.3.1 유비쿼터스 네트워크 구조

유비쿼터스 네트워크의 전체 구조가 그림 2.8에 잘 나타나 있다. IPv6 프로토콜을 사용하는 백본망을 기반으로 하여 기존 IPv4의 인터넷 망과 기존 인터넷망에 연동된 이동망, 유선망 및 무선 랜이 연동되고 있다. 아울러 무선 액세스 기반의 회사 망과 가정 망이 IPv6 백본망에 연동되어 IP 기반으로 단말 이동성과 개인 이동성이 보장되면서 유무선 멀티미디어 통신서비스가 가정, 직장, 야외에서 보장되면서 지원된다.

이러한 유비쿼터스 네트워크가 구축되고 Peer to Peer 기술이 활성화되면 다음 그

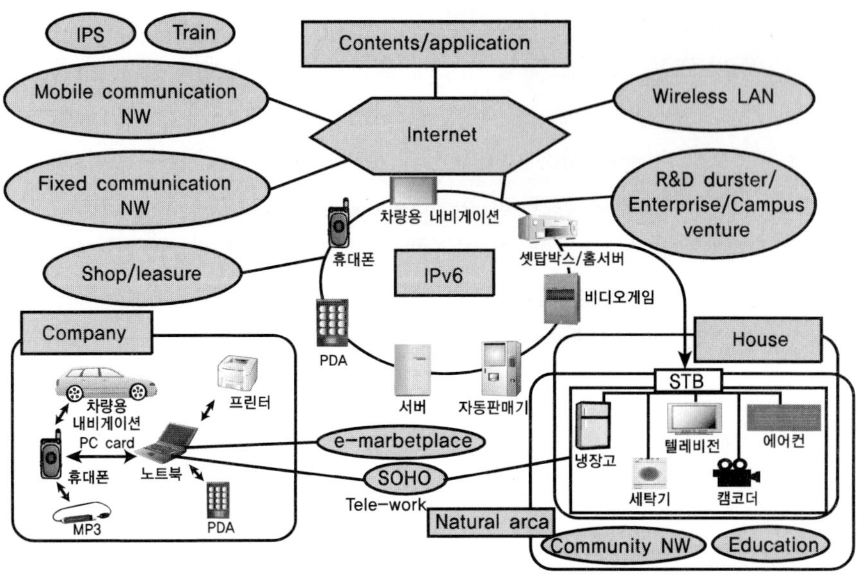

▌그림 2.8▌ 유비쿼터스 네트워크의 전체 구조

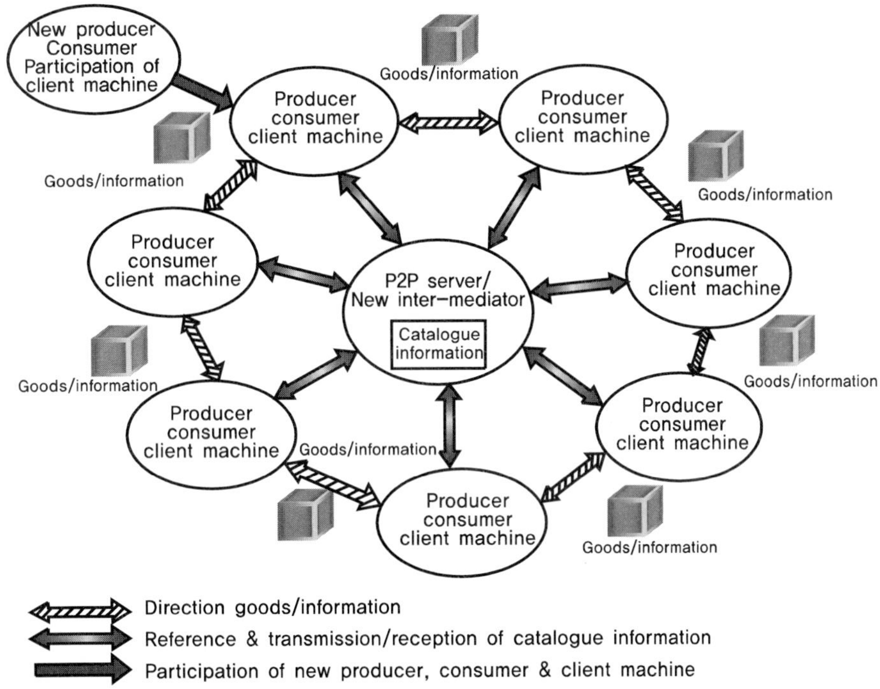

▌그림 2.9▐ Peer to Peer 기술과 새로운 사업 모델

림 2.9와 같은 새로운 사업 모델이 탄생된다.

2.3.2 경제적인 무선 액세스 시스템

무선 네트워크를 유선 네트워크와 결합하는 전체 시스템 구조가 그림 2.10에 나타나있다. 경제적인 광대역 네트워크를 제공하기 위해 무선 네트워크가 만족시켜야 할 세 가지 요구사항은 다음과 같다.

- 수 Mbps 액세스 링크 지원
- 옥내·외에서 끊김 없는 네트워크 접속
- 단말기의 보편성과 사용 용이성

위와 같은 요구사항을 고려하여 저 구축 비용관점에서 무선 랜을 무선 네트워크로 선정할 수 있다. 사용자는 게이트웨이를 설치하여 Owner가 되고 사업자과 계약을 체결하여 다른 Owner의 게이트웨이를 통하여 무선 공중망을 액세스하는 권리를 획득한다. 사업자는 Owner의 유선 액세스하는 권리를 획득한다. 사업자는 Owner의 유선

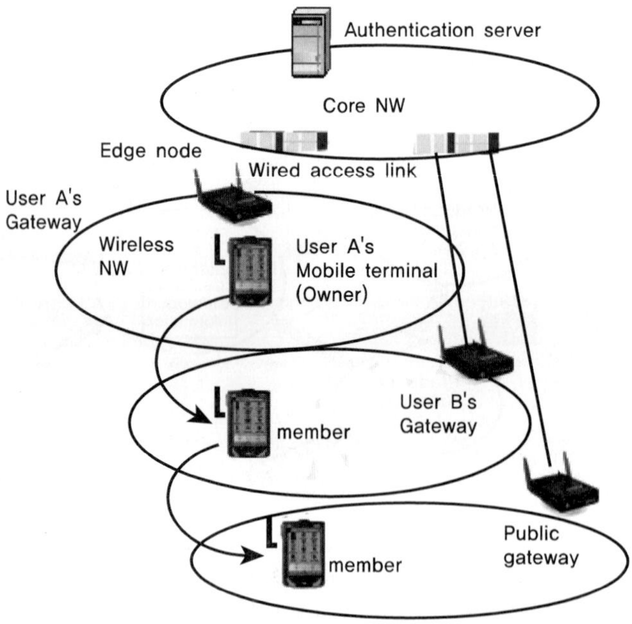

▮그림 2.10▮ 유선 네트워크와 무선 네트워크의 결합구조

액세스 링크의 대역폭을 사용한다. 즉, 사업자는 기지국 구축의 비용을 줄이는 대신에 Owner에게 다양한 인센티브를 제공한다. 위와 같은 망구조에서 서비스를 제공하기 위해서는 member에 대한 인증방식과 Owner의 대역폭을 보장하는 링크공유방법이 필요하다.

2.3.2.1 인증방식

불법사용을 막는 인증방식에는 게이트웨이와 인증 서버 사이에서 인증하는 방식과 이동 단말과 인증 서버 사이에서 인증하는 방식이 모두 사용되는데 그 절차가 그림 2.11과 같다.

게이트웨이 인증방식에서는 인증 서버가 게이트웨이를 주기적으로 인증하는데 게이트웨이는 동작초기에 인증 서버와의 상호인증을 위해 설치된 certificate를 사용한다. 그 후에 member는 Owner의 게이트웨이를 통하여 인터넷을 액세스한다.

이동단말 인증방식에서는 이동단말이 공중망의 채널을 검출하면 이동단말과 게이트웨이 사이에 상호인증이 이루어진 후에 게이트웨이가 인증 서버에게 액세스 허용 여부를 의뢰하여 허용되면 게이트웨이가 이동단말에게 WEP 키를 부여한다. 위와 같

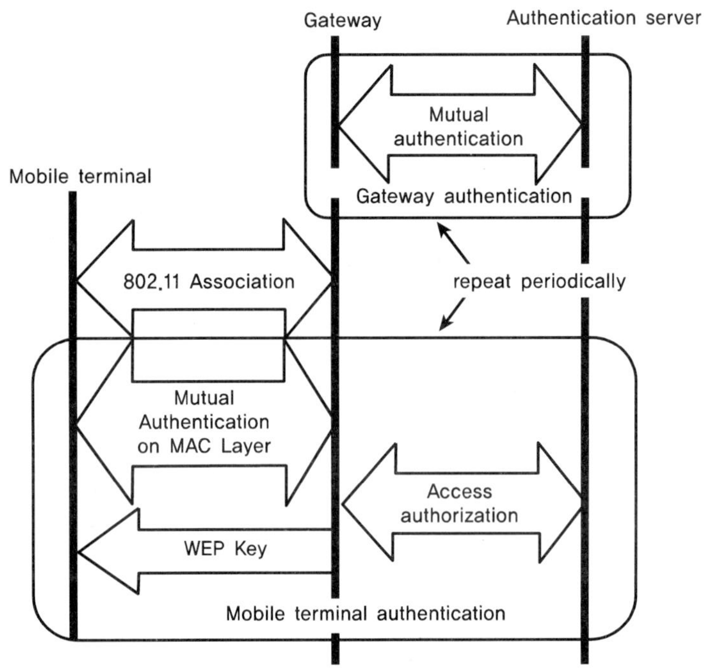

▮그림 2.11▮ 인증방식

은 두 단계 인증방식을 사용하면 허가 나지 않은 단말이 패킷을 전송할 수 없고 이동단말이 허가 나지 않은 게이트웨이를 검출할 수 있다.

2.3.2.2 링크 공유방식

액세스 링크가 Owner와 member에 의해서 공유되므로 어느 정도의 대역폭이 Owner를 위해서 예약되어야한다. 그림 2.16에 나타난 바와 같이 무선 랜을 물리적으로 분리하고 액세스 링크를 논리적으로 공중망과 사설망으로 분리하여 대역폭을 제어함으로써 Owner의 성능저하를 방지한다.

2.4 유비쿼터스 컴퓨팅의 응용

현재 유비쿼터스 컴퓨팅 환경을 위해 연구되고 있는 응용 솔루션은 사물을 무선 네트워크로 상호연결하기 위한 RF(Radio Frequency) 기능과 베이스밴드(Baseband)

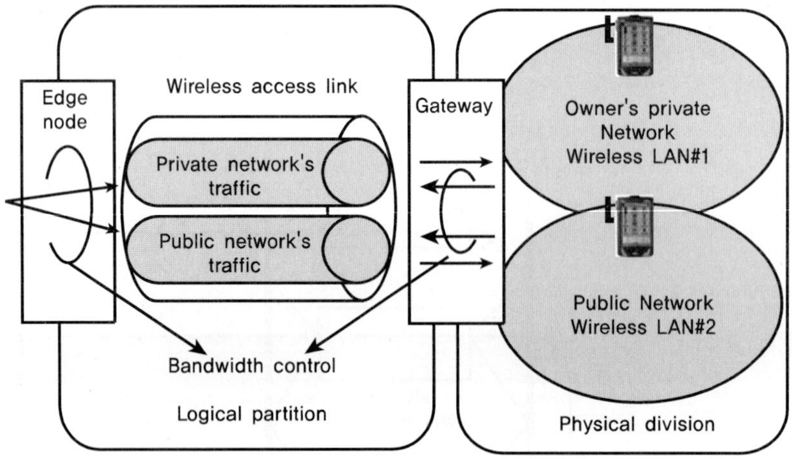

▮그림 2.12▮ 링크 공유방식

기능이 하나의 칩 상에 결합된 소형 및 다기능의 SoC(System on Chip) 기술, 인간과 사물, 사물과 사물 등 객체 간에 언제 어디서나 제약 없이 접속이 가능한 무선 네트워크를 구성하기 위한 애드 혹(Ad-hoc) 네트워크 프로토콜·라우팅·미들웨어 기술 등이 있다. 또한 시간과 장소에 구애받지 않고 네트워크와 단말기에 접속해 본인 확인, 위치 인식, 각종 서비스를 실시간으로 받을 수 있는 유비쿼터스 환경 인지 기술 및 보안 솔루션 기술도 연구되고 있다.

보편적으로 존재한다는 유비쿼터스 컴퓨팅은 모든 공간의 사물을 네트워크로 연결, 컴퓨팅 환경을 일상의 모든 곳으로 확대하고자 한다. 책상 위 PC의 네트워크 연결에서 벗어나 TV, 냉장고, 오디오, 유무선 전화, 게임기, 자동차, 옷, 신발, 침대 등 우리 눈에 보이는 모든 것들이 네트워크화 되어 인간을 중심으로 언제, 어디서, 누가, 무엇을, 왜, 어떻게의 육하원칙에 따라 자동으로 인지하고 작동한다.

유비쿼터스 세상에서는 정보가 자유롭게 흘러 다니고 인간과 사물 모두 살아 있는 인터페이스의 주체가 된다. 생활 속의 모든 사물에 컴퓨터와 네트워크 장치가 심어져 이들 스스로 생각하고 행동하기 때문이다. 지금까지는 상상조차 할 수 없었던 생활혁명이 시작된다.

센서 네트워크 기능을 탑재한 사물은 스스로 컴퓨터에 접근해(TCI : Thing Computer Interface) 필요한 정보를 직접 요청하고 교환한다. 스마트 전자레인지는 인터넷에 연결된 컴퓨터로 조리법을 물어보고 스마트 냉장고는 처음 보는 상품의 적정 온도가 얼마인지를 인터넷으로 문의한다.

냉장고와 전자레인지도 서로 정보를 주고받는다. 피자를 조리하는 스마트 전자레인지는 냉장고에 요리 재료가 충분한지를 물어본 후 냉동된 요리 재료를 녹여줄 것을 요청할 수 있다. 돼지고기에 컴퓨터 칩이 심어지고 이 칩이 스스로 전자레인지의 온도와 시간을 조절해 최적의 상태로 요리를 한다. 사물 스스로가 생각하고 직접 행동하는 것이다. 이것이 바로 유비쿼터스 기술이 가져올 생활혁명의 진수다.

아침에 일어나 화장실 문을 여는 순간 손잡이에 장착된 센서는 혈압과 체온 상태를 체크한다. 변기를 통해서는 당뇨 등이 점검된다. 체크 결과는 곧바로 주치의의 단말기에 전달되고 주치의는 원격검진을 받아볼 것을 제안한다. 스마트 센서가 달린 알약은 우리 몸속의 지정된 위치까지 정확하게 약을 운반해준다.

이미 충전기가 부착된 전동 칫솔이 낯설지 않듯이 유비쿼터스 시대에는 무선인터넷 칩을 장착한 스마트 칫솔도 자연스러워진다. 스마트 칫솔은 충치를 발견하자마자 의사에게 연락하고 의사는 스마트 칫솔을 통해 환자가 의식하지 못하는 사이에 치료한다. 사람과 컴퓨터, 그리고 사물이 하나가 되는 것이다.

아침에 제일 바쁜 맞벌이 부부도 더 이상 초등학생 자녀의 수업준비물을 챙기느라 고민할 필요가 없다. 선생님은 학부모 겸용 핸드헬드 단말기로 준비물을 알려주고 아이의 책가방에 부착된 태그는 부족한 물품을 부모에게 통보한다. 부모는 곧바로 가까운 문방구에 접속해 전자화폐로 계산한 후 아이에게 준비물을 챙겨갈 것을 지시한다.

유비쿼터스 시대에는 모든 장소와 사물이 교실이자 학습 교재가 된다. 학습 정보가 직접 학생들을 쫓아다니기 때문이다. 광화문 앞의 해태상을 지나면 그 속에 심어진 교육용 칩은 학생의 휴대단말기를 통해 해태상의 유래와 배경을 상세하게 설명해준다. 화학이나 물리실험 도구에 센서를 부착하면 학생들은 휴대단말기를 통해 실험결과를 확인하고 저장할 수 있다.

물건을 구입하고 소비하는 방식도 달라진다. 주부들은 쇼핑에 앞서 스마트 냉장고가 자신의 단말기에 전달한 부족한 식료품 목록과 필요한 양부터 먼저 파악한다. 유치원에 다니는 아이의 언어학습용 장난감 로봇도 내부에 장착된 음성인식 부품이 고장 났다는 정보를 보낸다. 주부는 수집한 쇼핑목록을 백화점 고객센터로 전송한 후 직접 자동차를 몰고 회원으로 등록한 백화점으로 향한다.

백화점으로 가는 도중 텔레매틱스 단말기로부터 교통사고로 인한 도로정체가 있으니 우회도로를 이용할 것을 조언받는다. 우회도로에 새로 생긴 채소가게가 강원도 무공해 농산물을 팔고 있다는 정보를 지역공동체 네트워크로부터 수신받는다.

백화점에 도착하면 RFID 테그 인식기가 부착된 쇼핑 카트를 이용해 상품의 원산지 가격 보존기한 조리방법 등을 알아낸다. 자신이 선호하는 같은 종류의 다른 상품이 어디에 진열돼 있는지도 알 수 있다. 쇼핑 카트에 상품을 담는 순간 자동으로 결제가 이뤄져 계산대에 줄을 서 기다릴 필요도 없다.

사물 스스로가 필요한 정보를 주고받는 유비쿼터스 세상을 먼 미래 얘기로만 생각하면 큰 오산이다. 사물들끼리의 연결은 이미 우리 생활 속에 깊숙이 파고들었다. 교통카드로 버스를 타거나 전철 개찰구를 통과할 때 카드 속에 식재된 정보는 물리공간에 존재하는 센서와 신호를 주고받는다. 그 순간 교통카드는 전자공간으로부터 충전 받은 금액을 지불한다. 거리 곳곳에 설치된 현금지급기는 신용카드에 들어있는 전자공간상의 정보를 물리공간의 현금으로 전환시킨다.

그림 2.13은 가정에서의 유비쿼터스 컴퓨팅의 응용의 예를 보여주고 있다. 무선 PDA나 휴대폰은 WIPI 서비스 서버를 통해서 제어 명령을 보내면 상황인지 규칙 인터프리터가 어떤 제어가 필요한지를 감지하여 지능형 홈 컨트롤 게이트웨이가 집안의 기기들을 제어하게 한다. 또한 현관의 지문/얼굴인식 시스템은 출입자 정보를 컨트롤 게이트웨이로 보내 제어할 수 있다. 센서 네트워크가 부착되어 있는 기기들은 댁내의 상황을 인지하여 정보를 컨트롤 게이트웨이에 보냄으로써 제어할 수 있게 한다.

그림 2.14는 환경/재난 감시 시스템에 대한 예로 산불, 대기오염, 수질 오염 등의 여러 재난들이 발생하거나 발생할 기미가 보였을 때 이를 감지하고 인터넷을 통해 환경 관제센터와 자동경보 시스템으로 정보를 보냄으로써 재난을 막고 또 빠르게 대

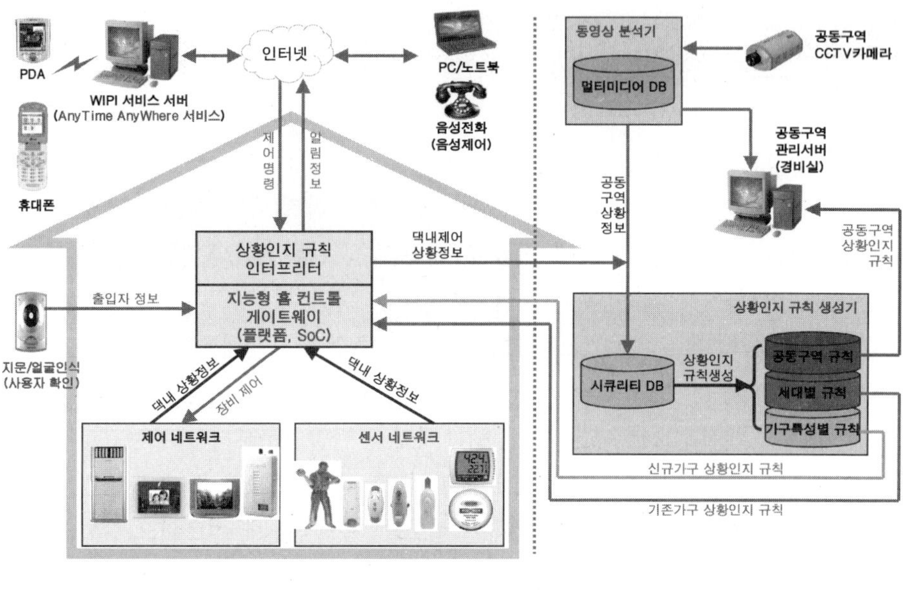

▌그림 2.13▐ 가정에서의 유비쿼터스 컴퓨팅 구현

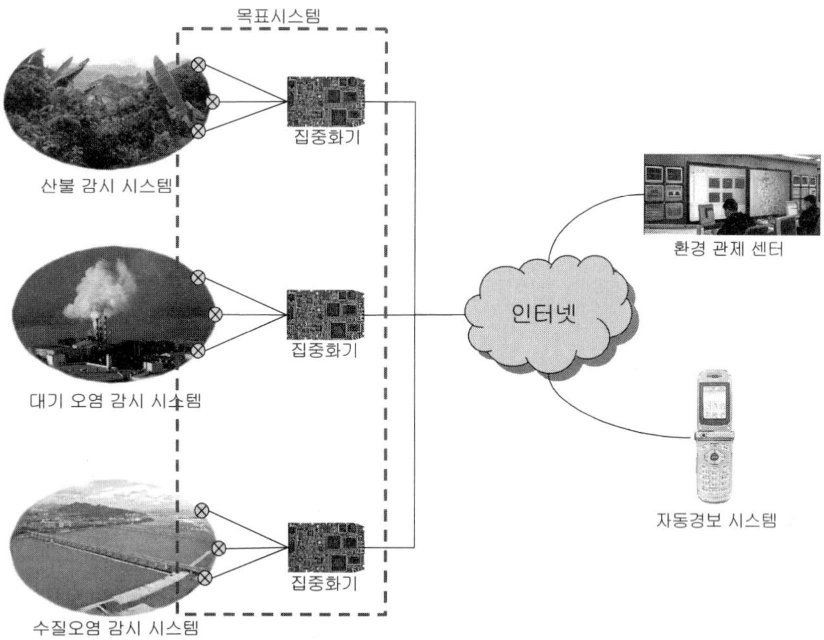

▌그림 2.14▐ 환경/재난 감시 시스템

처할 수 있도록 한다.

이외에도 파일 폴더를 찾아주는 캐비닛, 약을 주문하는 약장, 우유를 주문하는 냉장고, 세제를 주문하는 세탁기, 사람들의 커피 기호를 파악하는 커피메이커, 수분을 조절하는 화분 등 그 응용 분야는 무한하다.

2.5 유비쿼터스 컴퓨팅 관련 정책 및 프로젝트

미국의 대표적인 과학저널 중 하나인 '사이언티픽 아메리칸' 1991년 9월호에는 컴퓨터 과학자들이 유비쿼터스 컴퓨팅의 원전이라 불리는 '21세기를 위한 컴퓨터(The Computer for the 21st Century)'라는 마크 와이저의 기념비적 논문이 실렸다. 이 논문에서 그는 미래의 컴퓨터는 우리들이 그 존재를 의식하지 않는 형태로 생활 속에 파고들 것이다. 하나의 방 안에 수백 개의 컴퓨터가 자리 잡고 그것들이 케이블과 양방향 무선 네트워크로 상호 접속될 것'으로 예견하였다. 그로부터 10년, 미국을 비롯한 일본, 유럽 등 세계 각 국에서는 '모바일, 브로드밴드, 극소형 컴퓨터, IPv6, 근거리 무선' 의 세계가 창출해 내는 유비쿼터스 컴퓨팅 혁명이 새로운 지식정보 국가 패러다임이란 인식 아래 정부, 기업, 연구소가 유비쿼터스 컴퓨팅 시대를 대비하고 있다.

유비쿼터스 컴퓨팅 혁명은 새로운 지식정보국가 건설과 정보산업 경쟁력 강화를 위한 중심 패러다임이라는 인식하에 미국, 일본, 유럽의 정부, 기업, 주요 연구소들이 유비쿼터스 컴퓨팅 기술을 개발하고 있다. 여기서는 각 국의 유비쿼터스 컴퓨팅 기술 개발 방향과 전략을 비교하여 살펴보고, 추진되고 있는 프로젝트들에 대해 살펴보도록 한다.

표 2.2는 유비쿼터스 컴퓨팅의 연구가 활발한 미국, 일본, 유럽의 전략을 나타낸다.

▌표 2.2▌ 미국 일본 유럽의 유비쿼터스 컴퓨팅화 전략 비교

항목 \ 국가	미국	일본	유럽
추진 시기	1991년	2001년	2001년
추진 주체	정부기관(DARPA, NIST)과 대기업 자금지원에 의한 민간주도(주요 대학과 첨단 IT기업들)	정부 주도에 의한 산, 학, 관 연합체	EU 주도에 의한 유럽국가 간 협력
추진 방향	유비쿼터스 컴퓨팅 기술과 응용개발(HCI 기술과 표준 개발을 핵심 요소로 인식)	마이크로 기술에 의한 유비쿼터스 네트워크 기술 개발	유비쿼터스 컴퓨팅 기술과 응용개발
주 프로젝트	Smart Dust, CoolTown, EasyLiving, Smart Tag, Oxygen, Things That Think	유비쿼터스 네트워크 기술의 장래전망에 관한 조사 연구회	Smart Its, Paper++, Grocer 등 16개 독립 프로젝트
주요 수행기관	Xerox, HP, MS, IBM, UC Berkeley, Univ. of Washing-ton, MIT Media Lab.	NTT, NTT 도코모, NTT 텔레컴, 소니, NEC, 미쓰비시전기, 마쓰시다전기	스위스 ETH, 독일 TecO, 핀란드 국립기술연구소

2.5.1 미국

IT 기술의 패권국가인 미국은 유비쿼터스 컴퓨팅 분야에서도 가장 활발한 연구 활동을 보이며 유비쿼터스 컴퓨팅 혁명을 선도하고 있다. 자국의 정보산업 경쟁력 유지를 위해서 1991년부터 유비쿼터스 컴퓨팅 실현을 위한 연구 개발을 추진해 왔으며 그러한 계획의 일환으로 정부 기관인 국방부 산하의 고등연구계획국(DARPA)과 미국 기술표준의 총 본산인 국립표준기술원(NIST) 등의 정부기관이대학 연구소 및 민간기업의 유비쿼터스 컴퓨팅 프로젝트에 대해 연구자금을 지원함으로써 유비쿼터스 컴퓨

팅 연구에 중추적인 역할을 하고 있다. 이와 더불어 HP, IBM, MS 등 다수의 민간기업과 MIT, CMU, 워싱턴 대학 등 많은 대학 연구소들이 적극적으로 연구에 동참하여 가까운 미래의 경제사회 시스템의 근간이 될 수 있는 상업적인 기술과 응용들을 개발하고 있다. 특히 일상 활동과 컴퓨팅의 자연스러운 통합이 가능한 HCI(Human Computer Interaction) 기술과 표준 개발을 핵심 요소로 인식하고 있다.

또한 최첨단 컴퓨터와 소프트웨어 기술력을 토대로 바이오 기술(BT)과 나노 기술(NT)의 응용을 통해 IT를 새로운 차원으로 발전시켜 유비쿼터스 컴퓨팅을 구현하려 하고 있다. 이는 미국의 컴퓨터와 소프트웨어 기술력에 대한 자신감 그리고 전통적인 실용주의가 그대로 반영된 결과이다.

(1) 이지 리빙(EasyLiving) 프로젝트(MS)

최근 마이크로소프트사는 유비쿼터스 컴퓨팅 기술과 구조를 가진 '이지 리빙'이라 부르는 프로젝트를 통해 시제품을 구현하였다. 이 프로젝트를 통해 빌 게이츠 회장의 21세기 비즈니스 전략의 목표가 어디에 있는지를 가늠할 수 있게 한다. 이것은 마이크로소프트사가 컴퓨터 운영체제나 오피스 제품을 개발하는 기업에서 탈피하여 인간의 삶의 질을 좌우하는 '컴퓨팅 생활공간을 창조하는 기업'으로 나가겠다는 비전을 제시하는 것이다. 이 시제품에 대한 시연은 마이크로소프트사의 웹 사이트에서 볼 수 있으며 다양한 유비쿼터스 컴퓨팅에 대한 모습을 확인할 수 있다. 아직 이지 리빙 시스템은 하나의 시제품으로 실험실 밖에서 적용할 수 있는 것은 아니지만 이지 리빙은 장차 일상생활에 적용할 유비쿼터스 컴퓨팅에 대한 연구로 다음과 같은 내용을 포함하고 있다.

그림 2.15 이지 리빙 프로젝트

- 건물과 실내의 사람들과 물체들에 대한 위치 관계를 나타낼 수 있는 기하학적 모델링 시스템
- 자동적 행위를 발생시키거나 행위에 대한 관계를 규명하는 기하학적 모델과 사물에 대한 정보를 저장하는 특수한 데이터베이스를 기반으로 하는 월드 모델 시스템
- 이동 컴퓨터는 다른 컴퓨터를 제어하는 소프트웨어를 내장하고 있기 때문에, 사용자는 이동 컴퓨터상에서 개인 정보를 조작하거나 실내의 다른 사람과 정보 공유 혹은 실내의 다른 컴퓨터를 제어할 수 있는 제어 시스템

현실세계와 센싱 및 세계 모델링(sensing & world modeling), 분산 컴퓨터 시스템을 혼합하여 지능형 환경 구축을 위한 프로토타입 아키텍처 및 기술을 연구하고 있으며, 주요 시나리오는 사람이 실내로 들어가 스크린 앞에 앉으면 자동으로 사용자를 인식하여 메일 검색하거나 미리 선택한 영화를 볼 수 있으며, 일어설 때 상영이 중단된다. 또한 사용자가 컴퓨터에서 다른 컴퓨터로 이동하면 자동으로 로그오프하며 새로운 컴퓨터에서 자동 로그인된다. 이때, 사용자가 데스크 탑을 통해 작업하던 정보를 실내의 스크린에 표시되기를 명령하면 EasyLiving 시스템은 사용자가 요구한 내용을 스크린에 표시한다. 사용자는 데스크 탑의 키보드나 마우스를 통해 스크린에 인터페이스할 수 있다.

(2) 쿨타운(CoolTown) 프로젝트(Hewlett-Packard)

쿨타운 프로젝트는 모바일 컴퓨팅의 미래에 대한 HP의 비전을 제시하기 위하여 처음 시작되었고, HP 연구소의 인터넷-모바일 시스템 연구실에서 추진되었다. 사람과 장소와 사물을 연동시키는 HP의 쿨타운 프로젝트는 프린터와 같은 장치에 웹 서버를 장착하고 미술관의 전시물에는 RF 전자태그를 부착하는 방법으로 전자장소(웹 프레전스)와 현실 속의 사물에 대한 물리적인 관계를 부여한다. 즉, 쿨타운의 인프라는 URL 주소, 물리적 URL 발신(beaconing), URL 취득을 위한 센싱(sensing) 그리고 전자화된 장소를 제어하기 위해 지역 포털 서비스용 웹 서버를 사용하여 이동사용자(nomadic users) 개개인에게 침투하는 서비스를 제공한다. 그리고 이 인프라는 통신 서비스를 지원하기 위해 인터넷의 연결성과 근거리 무선통신 토폴러지를 최대로 이용하였다.

유/무선 통신 네트워크 기술과 웹 기반의 정보통신기술을 기반으로 하는 미래 도시 모델 구현을 위해 전자태그 및 내장형 웹 서버(200KB), 근거리 무선 통신이 가능

▌그림 2.16▐ 쿨타운 프로젝트

한 PDA 그리고 기존의 웹 인프라를 기반으로 하는 전자공간에서 현실세계의 사람과 사물이 연동하는 시나리오와 데모를 제시한다. 현실 세계의 사람·장소·사물이 가상 세계에서도 연동되는 환경을 구축하는 것을 최종 목표로 하고 있다. 응용 예로는 쿨타운 미술관, 쿨타운 회의실, 쿨타운 버스, 커스터머 서비스, e-비즈니스, 원격교육 및 원격의료, 화재 및 방재에 대응한 서비스 등이다.

(3) Smart Dust(캘리포니아 대학)

반도체 기술이 비약적으로 발전하면서 크기는 점점 작아지고 가격은 내려가면서 컴퓨터의 소형화와 다양화 추세는 가속화 되어가고 있다. 컴퓨터 장치의 크기는 계속 줄어들고 네트워크에 대한 단말기들의 접속은 증가하고 컴퓨터들의 상호작용도 증가하는 추세로 컴퓨터 기술이 발전하고 있다. 이러한 환경과 변화에 대한 상호작용의 가속화에 따라 초소형 내장형 컴퓨터, 능동형 센서 등의 출현으로 컴퓨팅 파워는 더욱 긴밀하게 인간의 일상생활 속으로 스며들고 있다.

UC 버클리의 '스마트 먼지' 프로젝트는 프로젝트 명칭이 의미하는 바와 같이 먼지[1mm^3]처럼 작고 가벼워 공중에 떠다닐 수 있는 입자(silicon mote)에 컴퓨터, 센서, 태양전지 등을 탑재함으로써 자율적인 센서 네트워크의 역할을 하도록 하는 극소형 칩 개발을 목표로 하고 있다.

기존의 컴퓨터 기술은 주어진 일을 처리하는 시간을 줄이는 데 초점을 맞추어 왔으나 이와는 대조적으로 스마트 더스트 컴퓨팅은 주어진 작업의 에너지 소모를 최소화하는데 주력하고 있다. 스마트 더스트의 임무 수행을 최소화하고 자체 에너지 보관을

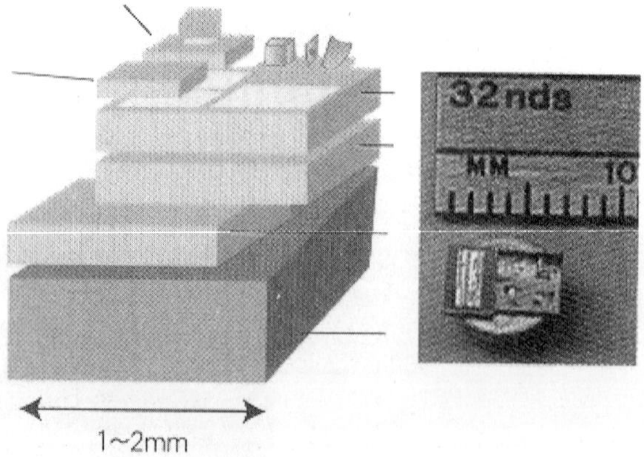

▌그림 2.17▌ 스마트 먼지 프로젝트

잘 관리할 수 있도록 스마트 더스트 상호 간의 통신을 위한 특별한 네트워크를 적용하여 각 스마트 더스트를 감지하고 서로 효율적으로 컴퓨팅 작용을 할 수 있도록 하고 있다. 스마트 더스트의 크기를 얼마나 작게 만드는가 하는 것이 이 프로젝트의 기본적 목표로서, 이와 같은 무선 센서 네트워크 기술은 급속한 성장을 보이고 있다.

스마트 먼지의 응용 분야로는 에너지 관리, 제품의 품질관리 및 유통 경로관리 등 매우 다양한 분야가 있으며, 병력 및 장비의 이동감지 등 군사목적으로도 이용할 수 있다. 이 시스템이 개발되면 군사 및 첩보 용도는 물론이고 제품 품질이나 유통 경로 관리에 일대 혁신을 가져올 것으로 보인다.

(4) Oxygen 프로젝트(MIT Computer Science Lab.)

컴퓨터가 산소와 같이 풍부하고 흔한 것이 되어 이용자가 특별한 지식 없이도 언어나 시각 등 자연스러운 인터페이스를 매개로 언제 어디서나 필요에 맞는 서비스를 이용할 수 있는 컴퓨팅 환경의 구현이 목표이다. 오시전의 구성요소는 집의 지하실, 사무실벽, 차의 트렁크 등에 심어지는 컴퓨터인 E21s, 음성만으로 화면과 대화하는 핸드헬드 디바이스 형태로, 어디서나 사용자의 의사소통 및 컴퓨터 이용을 지원하는 H21s, 주변 환경변화에 맞게 스스로 설정이 가능한 네트워크인 N21s, 환경이나 사용자의 요구변화에 맞는 적절한 서비스를 지원하는 소프트웨어 O2S이다.

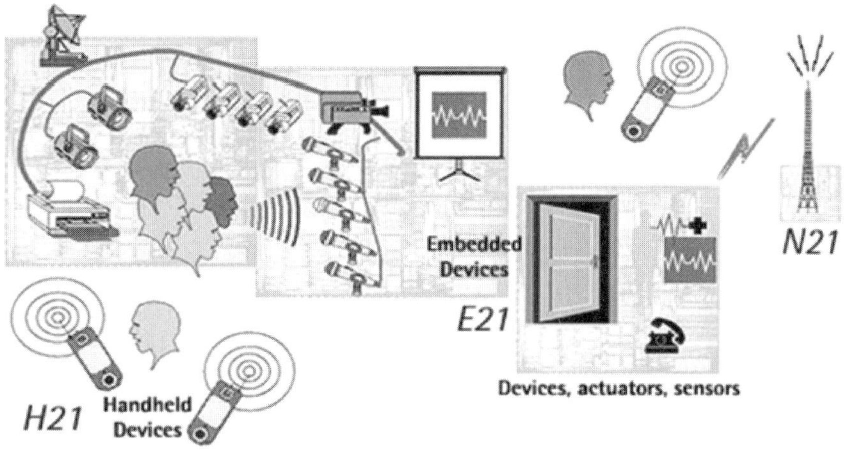

▌그림 2.18▐ Oxygen 디바이스 기술

(5) Aura 프로젝트(카네기 멜론 대학)

보이지 않는 컴퓨팅(invisible computing)과 관련된 프로젝트로 1999년 시작되었으며, 프로세스나 메모리보다 '사용자의 의도(user attention)'가 컴퓨터 시스템에 귀중한 자원이라는 것이 이 프로젝트의 기본 생각이다. 사용자의 위치와 상관없이 보이지 않는 후광처럼 컴퓨팅 및 정보 서비스가 제공되는 컴퓨팅 환경구현을 목표로 하드웨어, 네트워크 사용자 인터페이스 및 애플리케이션 등에 관한 연구가 진행되고 있다.

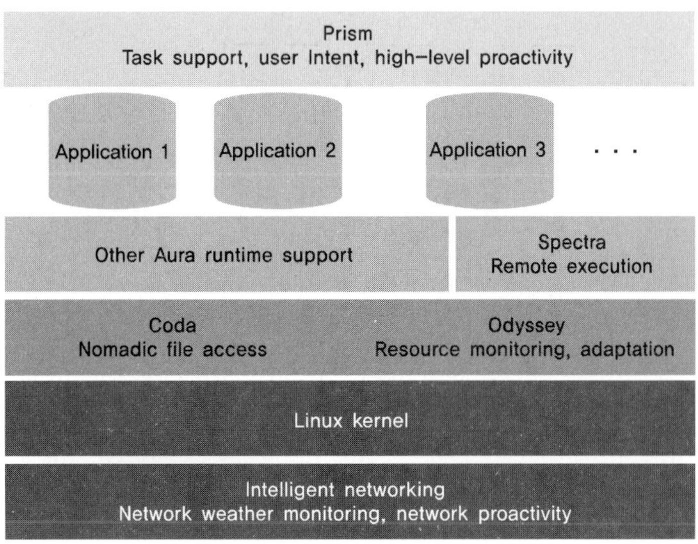

▌그림 2.19▐ Aura 프로젝트 구조도

(6) Portolano 프로젝트(워싱턴대학)

'보이지 않는 이용자 인터페이스', '보편적 접속', '지능화 서비스'를 통해 이용자가 의식하지 않는 컴퓨팅 환경의 실현을 통해 현실세계와 가상세계를 결합시키고자 이용자 인터페이스와 네트워크 인프라 및 분산 서비스를 중심으로 연구 중이다. Oxygen, Aura와 마찬가지로 보이지 않는 컴퓨팅을 실현하고자 하며, 제조업체, 자동차회사, 소프트웨어회사 등이 참여하고 있다.

(7) Smart Kindergarten 프로젝트(UCLA)

유비쿼터스 컴퓨팅과 센서 기반의 무선 네트워크를 통해 유치원이라는 물리공간 속에서 유치원 원아들이 어떻게 학습하는가를 규명하기 위한 연구이다. 미국 UCLA 대학의 컴퓨터공학과, 전자공학과, 교육정보과학대학원 등의 공동협력 하에 2000년부터 수행되고 있다. 무선인식 기술(아동과 장난감의 이름과 위치를 실시간으로 파악), 센서기술과 상황인식 기술(언어인식, 상호작용 특성, 행동 감지와 동태적인 변화를 추적), 자동화된 데이터 마이닝 기술(실시간으로 센서로부터 전달되는 상황을 분석, 추론), 지니(Jini) 기반 기술 등을 이용하고 있다.

(8) Elit Care

퍼베이시브 컴퓨팅(Pervasive Computing)을 활용하여 노인들에게 최대한 자유롭고 가족적인 생활을 영위할 수 있게 하는 동시에 최대한의 간호를 보장하는 노인복지시

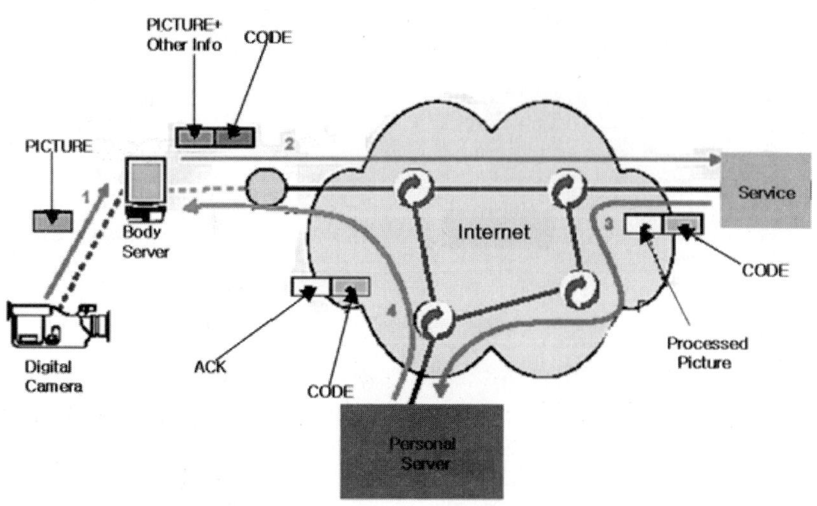

▌그림 2.20▌ Portolano 프로젝트의 시나리오(개인 건강을 위한 체온 관리)

스템을 연구 중이다. 엘리트 케어에는 곳곳에 보이지 않게 센서가 장착되어 있고, 노인들은 작은 위치추적 배지를 추적 장치를 부착하고 다닌다. 이는 지속적으로 노인들의 건강상태를 관리, 긴급 상황 발생 시 신속히 대처하도록 도와준다. 퍼베이시브 컴퓨팅 기술을 통해 노인의 자율성을 최대한 보장하고 노인들에 대한 정보를 실시간으로 수집할 수 있다.

(9) Smart Space(Smart Space Lab. : NIST)

퍼베이시브 컴퓨팅을 실제의 유용한 시스템에 접목시키는 산업(industry)을 지원하는 프로젝트이다. 컴퓨터, 주변기기, 멀티미디어 등이 공간 속에 심어져 있는 공간으로 새로운 방식의 정보 및 컴퓨터 기능 활용을 통해 업무의 효율성이 증대된다. 이용자뿐만 아니라 이용자의 행동 및 목적도 인지하여 업무를 수행하는 동안에도 사용자의 요구를 파악하고 예측한다. 이 프로젝트에서 사용하는 기술은 지각력 있는 인터페이스 기술(Perceptual Interfaces), 이동성 및 네트워킹 기술(Mobility and networking), 퍼베이시브 디바이스 기술(Pervasive Devices), 정보 접근 기술(Information Access) 등이다.

(10) Smart Room(MIT Media Lab.)

방안에 장착된 카메라, 마이크 및 다양한 센서들을 통해 사람들의 행동을 파악할 수 있도록 한다. 스마트 룸의 사용자 인터페이스는 비전 기반 추적(vision based tracking)과 대형 프로젝션 스크린(Projection screen)을 사용함으로써 센서, 헤드 마운트 디스플레이 등을 제거했다. 현재 사람인식 및 손동작 인식 스마트 룸과 운전자가 턴, 정지, 통과할 때 등을 아는 자동차 실내 환경은 이미 구축되어 있다. 이외에 Smart desk, Smart Chair, Smart Cloth 등이 추가로 연구 중이다.

(11) 생각하는 사물 프로젝트(MIT Media Lab.)

컴퓨터가 우리의 일상생활 속으로 들어가 그것들의 협조를 통해 인간의 삶을 지원하는 미래 컴퓨팅 비전의 실현이 목표이다. 인간 중심의 컴퓨터 환경 구축을 위해 인간을 주인으로 섬기는 지능화된 사물 및 컴퓨터 연구, 사물들은 사용자의 언어, 행동, 생활 습관 등을 스스로 이해하고, 적합한 서비스를 제공한다.

(12) Smart Medical Home(로체스터 대학 미래건강 센터)

실제 가정 공간을 그대로 본떠서 설계된 스마트 의료 홈은 다섯 개의 방으로 이루어져 있으며 적외선센서, 컴퓨터, 바이오센서, 비디오카메라 등으로 구성되어 있다. 홈 내부의 스마트 거울은 피부의 변화를 물론 암 발생의 가능성까지도 체크하고, 개인의료상담 시스템은 자연스러운 대화를 수행할 수 있는 인터페이스를 제공한다. 스마트 밴드는 칩이 내장되어 있어 상처의 치유상태를 지속적으로 체크하고 곳곳에 설치된 센서로부터 수집된 정보는 개인의료상담 시스템에 전달되어 의사에게 전송되며, 이때 개인이 데이터 전송을 통제할 수 있다. 또한 환자의 데이터를 전달받은 의사, 간호사, 간병인은 처방전을 회신하거나 상황에 따라서는 가정 방문도 가능하다.

2.5.2 유럽

유럽은 2001년에 시작된 유럽연합(EU) 정보화사회기술계획(IST)의 일환으로 미래기술계획(FET)이 자금을 지원하는 '사라지는 컴퓨팅 계획(Disappearing Computing Initiative)'을 중심으로 유비쿼터스혁명에 대한 대응전략을 모색하고 있다. 우리가 흔히 사용하는 일상 사물에 센서·구동기·프로세서 등을 탑재해 사물 고유의 기능에 정보처리 및 정보교환기능이 증진된 정보 인공물(information artifacts) 을 개발하려고 한다.

이들 정보 인공물 상호 간의 지능적이고 자율적인 감지와 무선통신을 통해 새로운 가능성과 가치를 창출하고 궁극적으로는 인간의 일상 활동을 지원하고 향상시킬 수 있는 환경을 구축하는 것을 최종 목표로 프로젝트를 추진하고 있다. 유럽에서 추진하고 있는 거의 대부분의 프로젝트는 다국적, 전문 연구기관의 공동형태로 추진되고 있다.

'사라지는 컴퓨팅 계획' 중 대표적인 프로젝트로 주목을 받고 있는 프로젝트로는 '스마트 잇(Smart Its)' 프로젝트, 'Paper++' 프로젝트, 'Grocer' 프로젝트 등으로서 주요 내용은 다음과 같다.

(1) Smart Its **프로젝트**

스위스 연방기술연구소와 독일의 TecO(Telecooperation Office)와 핀란드의 국립기술연구소 등이 공동으로 진행 중인 프로젝트로 일상 사물의 지능화를 목적으로 한다. 즉, 사물에 소형의 내장형 디바이스인 'Smart Its'를 삽입하여 감지, 인식, 컴퓨팅 및 무선통신 등의 기능을 지닌 정보 인공물(Information Artefacts) 개발하였다. 지능화된 정보 인공물은 상호 간의 커뮤니케이션을 통해 협력적 상황인식과 활동이 가능한 새로운 환경을 구현한다. 사물 간의 커뮤니케이션과 관련하여 라벨처럼 부착할 수 있는 무선인식(RFID) 기술의 개발, 블루투스(Bluetooth) 무선통신 기반, 위치와 안전성, 스마트 사물과 환경과의 상호작용 등에 관해 연구하고 있다.

(2) Paper++ 프로젝트

영국의 King College, HP 연구소, 독일의 Anitra, 스위스 ETH, 프랑스의 Arjo Wiggins 등이 공동으로 진행하는 프로젝트로, 기본 아이디어는 센서가 포함되어 있는 투명한 잉크와 단순한 위치 기반 디바이스를 이용하여 종이의 기능을 향상시키고자 하였다. 주로 책이나 학습 자료와 같은 교육용 애플리케이션 개발에 중점을 두고 있으며, 증강 수학책(Augmented Math Text Book)은 스마트 펜을 수학책의 그래프나 그림에 대면 관련 자료나 애니메이션이 스마트 펜과 연결된 디바이스에 나타난다.

(3) Grocer 프로젝트

스페인의 Navarra 대학에서 추진되고 있으며, 식료품 가게의 개별상품에 블루투스, WAP, RFID 등과 같은 통신기능을 갖는 마이크로프로세서를 식재하여 장소에 구애받지 않고 소비자는 PDA나 휴대전화 등을 통해 상품을 구매할 수 있으며, 관련 상품의 광고를 제공받을 수 있다.

(4) 2WEAR 프로젝트

미래의 컴퓨터는 단일 품이 아니고 입을 수 있고 가져 다닐 수 있는 여러 가지 디바이스들로 구성될 것이라고 예상한다. 이 프로젝트는 어떤 사람이 2WEAR이 가능한 사진기로 사진을 찍으면 그 사진과 함께 GPS와 연계된 시계에 의하여 사진 찍은 위치와 시간이 기록되고, 그 카메라의 용량이 초과하면 자동으로 손목시계나 MP3 플레이어에 그림 데이터가 저장된다.

2.5.3 일본

일본의 유비쿼터스 컴퓨팅 연구는 '어디에나 컴퓨터 환경'이라는 미래를 겨냥한 신기술 체제의 확립을 목표로 지난 1984년 앞에서 언급한 도쿄대학 사카무라 켄 교수가 중심이 되어 제안한 TRON(The Realtime Operating System Nucleus) 프로젝트에서 출발하였다. 사카무라 켄 교수는 모든 컴퓨터의 기본 소프트웨어(OS)를 공통화, 메이커, 기종의 종류에 상관없이 호환성을 실현하는 환경을 구축한다는 기본 개념을 바탕으로 지능형 빌딩, 지능형 주택, 지능형 도시, 지능형 자동차 망 등의 응용 프로젝트를 활발하게 제안하였다. 현재 일본은 모든 일상 사물과 생활공간에 대한 다양한 기능을 갖는 마이크로컴퓨터 칩들을 탑재한 '지능형 물체(intelligent object)' 개발에 전력하고 있다.

특히 일본은 자국이 국제 경쟁력을 확보하고 있는 모바일, 광섬유망, 가전, IPv6, 그리고 부품 및 재료, 정밀가공 기술 등과 연계시킨 포스트 e-Japan 전략 차원에서 유비쿼터스 컴퓨팅 혁명에 대응하고 있다. 이에 따라 총무성은 2001년 '유비쿼터스 네트워크 기술의 장래 전망에 관한 조사 연구회'를 출범시켜 관련 기술개발에 관한 국내외 연구동향 등을 조사 및 분석함과 동시에 몇 가지 중점 프로젝트를 제안하고 있다. 이 보고서에 따르면 먼저 의복, 서류, 유가증권, 브랜드, 제품에 마이크로 칩을 내장시켜 수백억 개의 단 말간 협조·제어가 가능한 네트워크 기술을 개발하는 또 비접촉카드를 사용해 순식간에 어떤 단말이라도 마치 자신의 단말처럼 사용할 수 있도록 하는 '무엇이든 MY 단말 프로젝트', 언제 어디에서도 네트워크에 연결, 사무실과 동일한 통신 환경을 실현하게 해주는 '어디서든 네트워크 프로젝트' 등의 '유비쿼터스 네트워크 사회'라는 세 가지 중점 프로젝트를 제안하였다. 그리고 2005년까지 유비쿼터스 네트워크 관련하여 무엇이든, 어디서든 네트워크의 요소 기술 개발을 완료할 예정이다.

(1) 구패스(Goopas) 서비스

오므론(Omron)과 도쿄전철이 공동으로 역의 자동 개찰을 이용한 정보제공 서비스이다. 이용자는 미리 휴대전화번호, 흥미를 가지고 있는 영역과 간단한 개인정보 등을 등록하여 전용 정기권을 받고, 그 정기권으로 자동 개찰기를 통과하면 곧 행선지

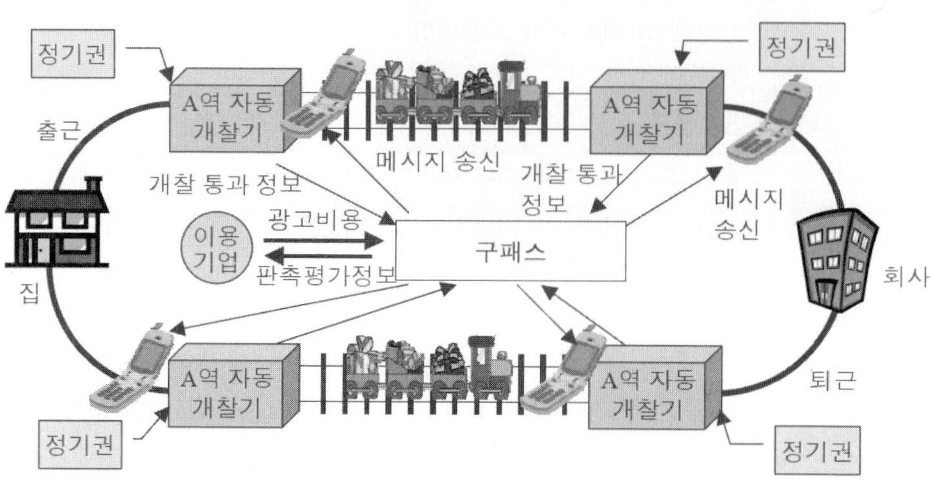

▌그림 2.21▐ 구 패스 서비스

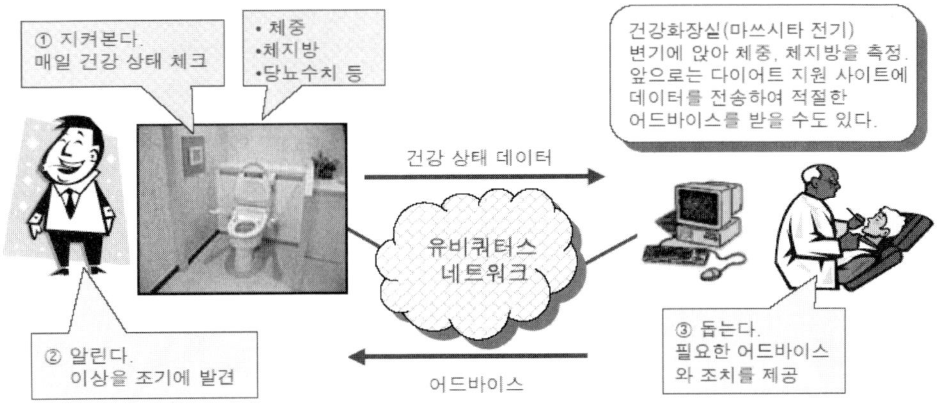

▌그림 2.22▐ 건강 화장실 서비스

주변에서 그 이용자의 취향에 맞는 이벤트 정보 등을 휴대폰으로 전송해주는 서비스이다. 하루에 4번씩 개인화된 정보가 매일 다르게 전송된다.

(2) 건강 화장실 서비스

마쓰시타 전기산업이 자사의 eHII라는 전시장에서 소개, 개발 중인 서비스이다. 변기에 앉으면 체중, 체지방, 당뇨수치 등을 자동으로 측정하고 매일의 건강상태를 확인할 수 있다. 네트워크를 경유하여 홈 서버는 물론 건강상태 등에 대해 필요한 어드바이스나 조치를 취하는 조력기관과 연결이 전제된다.

(3) 노부모 지킴이 서비스

고령화 시대를 대비하여 노부모의 침실에 센서가 부착된 침대와 인형을 두는 방식으로 환경을 구축한다. 하루 동안 침대와 센서의 반응이 없으면 자녀와 부모님 집 근처의 보건소에 연락이 가도록 되어 있다.

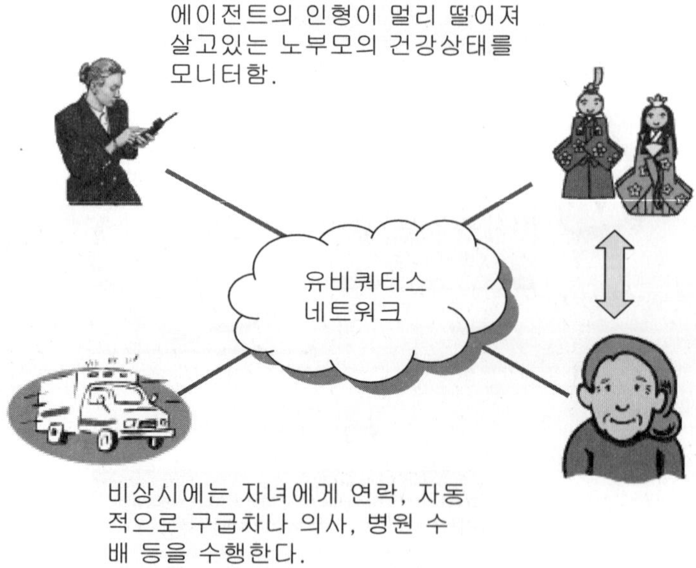

▌그림 2.23▐ 노부모 지킴이 서비스

Part 02
유비쿼터스 센서 네트워크

Chapter 03

USN 정의

3.1 USN의 역사

센서 네트워크에 대한 연구는 미국 버클리 대학이 시초라 할 수 있으며, 1998년도에 제작된 RF 모트가 효시라 할 수 있다. 표 3.1에서 보는 것과 같이 모트의 하드웨어적인 구성은 일반적으로 널리 사용되고 있는 마이크로프로세서 보드와 큰 차이가 없다. 다만, 무선 통신을 하기 위한 무선 송수신기가 장착되어 멀티 홉 Ad Hoc 통신을 할 수 있다는 점이 다를 뿐이다. 그 후 Rene, Dot, Mica 등 다양한 모트가 만들어졌고, 2004년 Chipcon사의 cc2420칩을 채용한 Telos가 만들어져서 오늘날에 이르고 있다. cc2420은 ZigBee 표준을 준수하는 최초의 통신 모듈로서 의미가 있으며 2.4GHz 대에서는 ZigBee 표준 호환 칩들이 주로 사용된다는 점에서 중요하다.

센서 네트워크의 발전방향을 전망한다면 그림 3.1을 예로 들 수 있다.

그림 3.1은 버클리 대학이 최종 목표로 하는 먼지크기의 센서노드이다. 1~2mm^3 크기로 센서 및 기타 요소를 집적한 것으로 배터리, 태양전지, 센서, MCU, ADC, 레이저 송수신장치 등을 포함한다. 향후 센서 네트워크의 발전방향을 짐작하게 한다.

스마트더스트 만큼은 아니더라도 향후 센서 네트워크의 발전 방향은 크게 다음과 같은 3가지 측면에서 예측할 수 있다.

① 센서노드 수명 연장

- 에너지 수확(energy harvesting)을 이용한 노드 수명 연장
  - Solar Cell, 운동에너지(진동, 사람의 운동), 음향 노이즈 등을 이용
  - 현실적으로는 Solar Cell만을 사용할 수 있는 상태임

▮표 3.1▮ 초기의 센서노드들

Mote Type						
Name	WeC	Rene	Dot	Mica	Mica2	Telos
Year	1998	1999	2001	2002	2002	2004
Microcontroller						
Type	AT90LS8535	Atmega163		Atmega128		MSP430
Program Memory(KB)	8	16		128		48
Active Power (mW)	15			8	33	3
Sleep Power (uW)	45			75		15
Wake Up Time (us)	1000	36		180	180	6
Communication						
Radio	TR1000		TR1000	CC1000		CC2420
Data Rate(kbps)	10		40	38.4		250
Modulation	OOK		ASK	FSK		O-QPSK
Rx. Power(mW)	9		12	29		38
Tx. Power at 0 dBm(mW)	36		36	42		35
Power Consumption						
Min. Operation Voltage(V)	2.7			2.7		1.8
Total Active Power(mW)	24			27	89	41

- 초소형/대용량 배터리 기술의 발달에 따른 노드 수명 연장
  - 연료전지 활용 가능

② 센서노드의 소형화

반도체 기술의 발달에 따른 MCU/무선 송수신기/센서들의 원 칩화

③ 하나의 센서노드를 가지고 다양한 센서 네트워크 응용을 모두 지원하기 보다는 특정한 응용 타입을 효과적으로 지원할 수 있는 센서노드들이 출현할 것으로 예상된다.

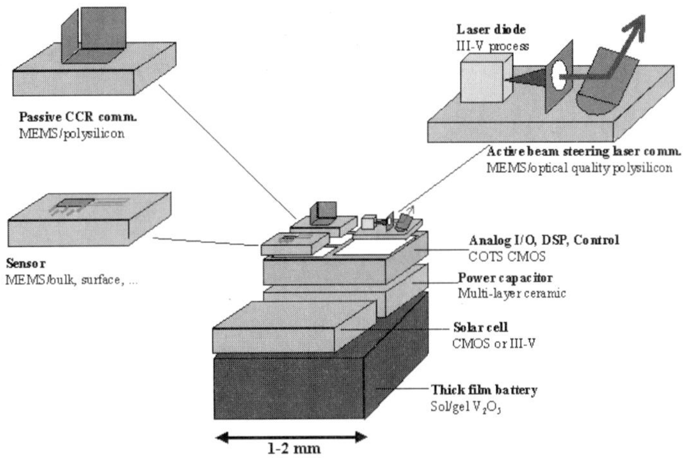

그림 3.1 스마트더스트 구조

3.2 USN 개념

그림 3.2는 센서 네트워크의 정의를 보여준다. 센서 네트워크는

> "어느 곳, 어느 사물에나 부착된 태그와 센서로부터 사물 및 환경 정보를 감지, 저장, 가공하여 인터넷을 통하여 전달, 인간생활에 폭넓게 활용하는 것"

라고 정의할 수 있다.

그림에서 센서노드들은 점으로 표현되고 노드들의 무선연결은 선으로 표현된다. 센서노드들은 응용에 적합한 센서들을 장착하여 현재 상태 값을 무선으로 인접노드에 전송한다. 인접노드는 이 값을 다시 인접노드에 전송하고 최종적으로 싱크노드라고 표시된 노드로 전송한다. 싱크노드는 인터넷에 무선이나 유선으로 연결되어 있어서 센싱된 데이터들이 인터넷을 통하여 서버에 전달, 저장된다. 서버의 응용이 이 데이터를 처리하여 적절한 조치를 가한다. 모바일단말이나 PC 등에서 이 데이터를 언제, 어디서나 접근할 수 있다.

센서 네트워크의 응용은 그림에서 볼 수 있는 것처럼 군 응용, 농장관리, 선박관리, 물류유통, 재난감시, 환경감시, 홈 네트워크 응용, 구조물 진단 등으로 매우 다양하다. 센서 네트워크 응용은 한마디로 유선센서를 부선화 한다는 섬에서 기존의 센서 응용

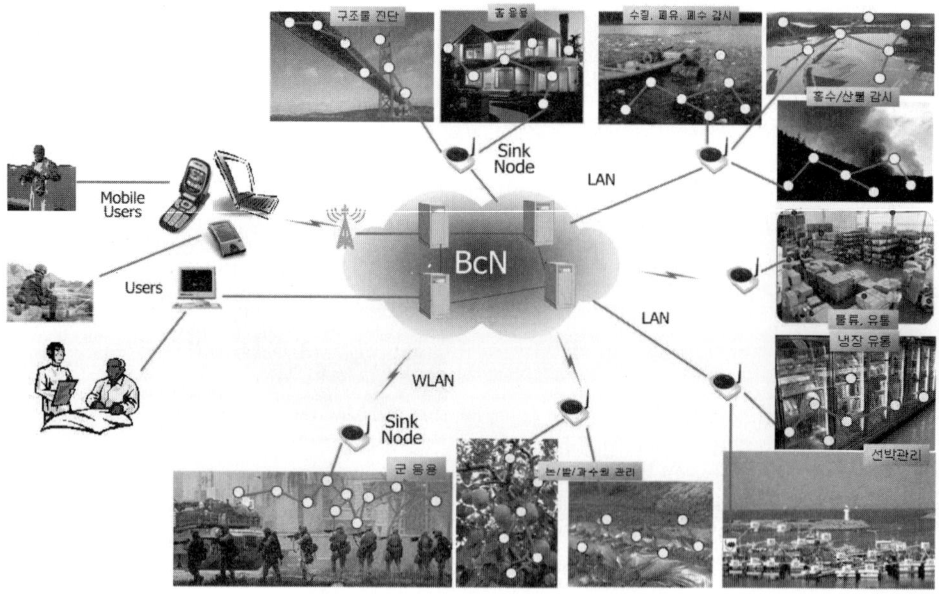

▌그림 3.2▐ 센서 네트워크의 정의

을 모두 포함한다. 또한, 유선이기 때문에 할 수 없었던 센서 응용도 새롭게 개발될 것이다.

Chapter 04

USN 구성요소

4.1 전체 구성도

그림 4.1은 센서 네트워크의 구조를 보여준다. 센서 네트워크는 크게 4부분으로 나뉜다.

첫 번째는 센서노드로서 그림의 오른쪽 점들이다.

두 번째는 싱크노드로서 그림에서 가운데에 위치한다. 센서노드와 싱크노드는 무선으로 연결되어 센서 네트워크를 구성한다.

세 번째는 센서 네트워크와 인터넷을 연결하는 장치로서 게이트웨이이다. 게이트웨이는 싱크노드와 통합될 수도 있다.

끝으로 센싱된 데이터를 저장하는 서버이다.

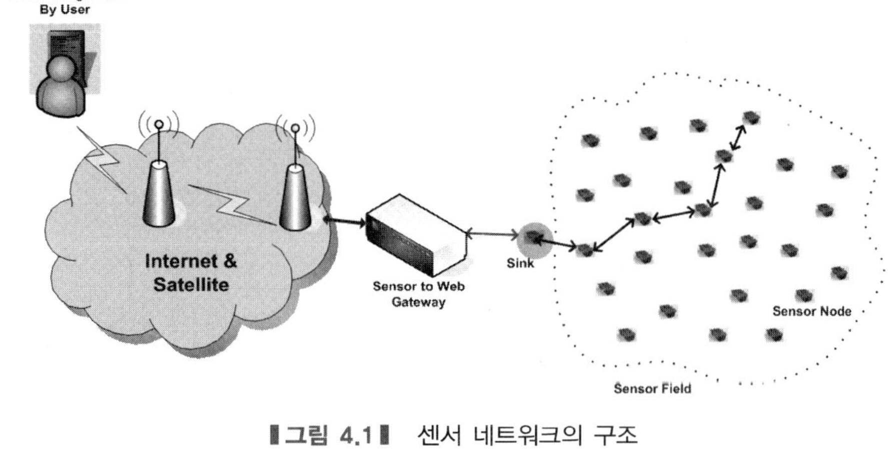

그림 4.1 센서 네트워크의 구조

서버에서는 센싱된 데이터를 저장, 가공하여 적절한 조치를 취하는 응용이 수행된다. 각각을 간략히 설명하면 다음과 같다.

- **센서노드** : 센서와 구동기, ADC, MCU, 트랜시버, 전력부 등으로 구성된다. ADC, MCU, 트랜시버 등이 1칩에 구성되는 SoC가 일반적이다. MCU는 저전력 소모를 고려하여 8비트, 4KB램, 128KB 플래시메모리를 갖는 것이 일반적이다. 전력 부는 보통 AA 배터리로 동작하며 태양광발전처럼 에너지를 생산할 수도 있다.
- **싱크노드** : 센서노드로부터 전송된 센서 데이터는 싱크노드에 모인다. 따라서 싱크노드는 센서노드에 비해 MCU의 성능이나 메모리의 크기가 큰 것이 일반적이다.
- **게이트웨이** : 인터넷에 연결하는 기능을 지원하므로 이더넷, 무선 LAN, CDMA 등의 통신모듈을 갖는다. PLC 통신이나 485 통신 등도 지원할 수 있다.
- **서버** : 일반적인 서버와 같은 구조를 갖는다.

핵심 소요 기술은 센서, 센서노드 HW 기술, 센서노드 OS, 무선통신 프로토콜, USN 미들웨어 등 크게 5가지 기술로 요약할 수 있다.

4.2 센서노드

센서노드는 센서, 프로세서, 통신모듈, 전지 등으로 구성되는 시스템으로 환경 또

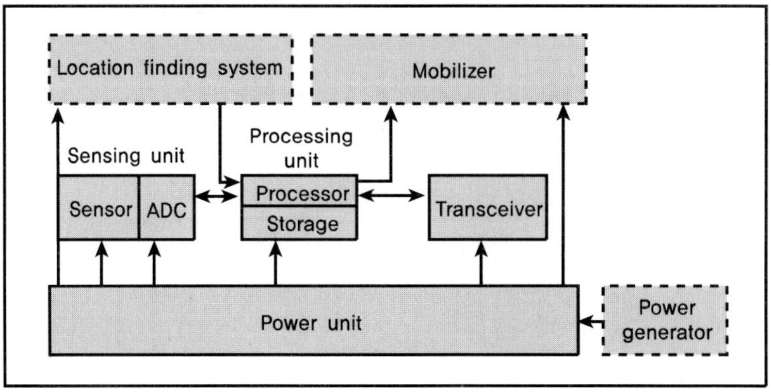

▌그림 4.2▐ 센서노드 하드웨어 컴포넌트

는 물리계에서 센싱된 정보 또는 센서에 관련된 특정 이벤트를 유무선 통신기술을 기반으로 하여 싱크노드로 전달하는 기능을 수행한다. 이러한 센서노드를 구성하는 하드웨어 컴포넌트는 그림 4.2와 같다.

이러한 센서노드에서 감지할 수 있는 센싱 데이터는 표 4.1과 같이 다양한 형태의 센서에 의해 측정 가능하다.

▌표 4.1▌ 센서 종류 및 특징

센 서		센싱범위	인터페이싱	비고
Pyroelectric		Beam	ADC	
Acoustic		Omni	HPF/ADC	
Magnetic		Omni	LPF /HPF/ADC	
Ultrasonic		45 deg cone	Timing/I2C	
Micropower Radar		Half-Omni	Timing	
Seismic/ Vibration		Omni	ADC/Timing	
GPS		Omni	RS-232/TTL	

[출처 : 한국전자통신연구원, 2006, USN서비스별 망구조 분석 및 USN 기반 특허 DB 구축에 대한 연구 보고서]

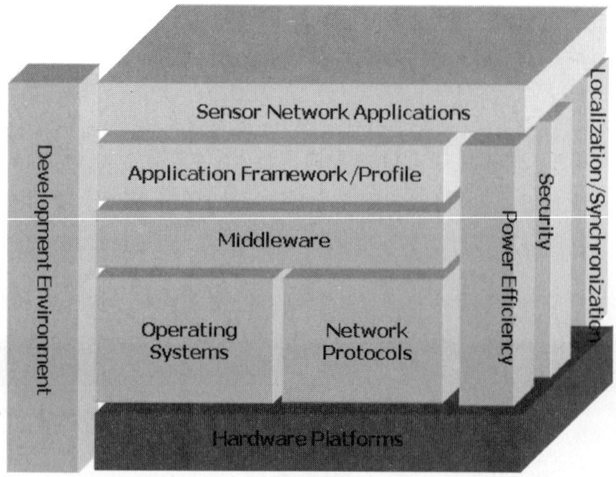

▌그림 4.3▐ 센서노드의 소프트웨어 컴포넌트

센서노드의 소프트웨어 구성은 그림 4.3과 같다. 먼저, 하드웨어 플랫폼 위에 소프트웨어 컴포넌트들이 위치한다.

(1) 센서노드 OS 기술

센서노드 OS는 여타 운영체제와 마찬가지로 하드웨어의 추상화를 지원하여 응용을 쉽게 개발하도록 지원하여야 한다. 다양한 센서에 대하여 통일된 API를 지원하여야 하고 센서 디바이스 드라이버를 동적으로 연결하는 기능도 지원해야 한다. 또한 멀티스레드 기능을 통하여 센싱 기능과 통신 기능이 병행해서 수행되도록 지원해야 한다.

(2) 네트워크 프로토콜

센서 네트워크라는 용어에서도 알 수 있듯이 무선통신 기술은 매우 중요하다. 저전력 소모를 위하여 근거리, 저속의 통신 기술을 사용하며 IEEE802.15.4 등을 활용한다. 근거리 통신이므로 멀티 홉 라우팅 기술이 필수적인데 기존의 Ad-Hoc 라우팅 알고리즘들에 저전력 소모 등을 고려한 라우팅 방식을 활용한다. ZigBee가 표준으로 부각되고 있다.

ZigBee는 크게 802.15.4와 ZigBee 표준으로 구성된다. 802.15.4 MAC 표준 기술은 저속 WPAN을 위한 통신 프로토콜로서 물리계층과 MAC 계층을 정의한다. 물리계층으로는 그림 4.4에서 볼 수 있는 것처럼 유럽의 ISM 밴드인 868MHz 대역에서 1개의 채널과 미국의 ISM 밴드인 915MHz에서 10개의 채널을 정의하고 있다. 전 세계

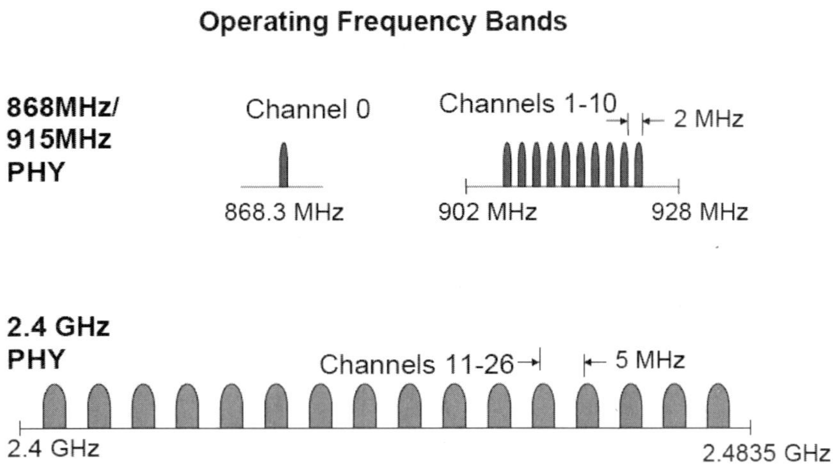

▌그림 4.4▐ 802.15.4의 PHY 계층구조도

의 ISM 밴드인 2.4GHz 대역에서는 16개의 채널을 정의하고 있다. DSSS 방식을 인코딩 기법으로 사용하며 저전력 위하여 2.4GHz 대역에서 250Kbps의 저속 통신을 지원한다.

MAC 프로토콜로는 비콘 방식인 GTS(Guaranteed Time Slot) 구역과 Non 비콘 방식을 동시에 지원한다. 비콘 방식은 일종의 TDMA이며 미리 지정된 자신의 슬롯에 통신을 인가한다. Non 비콘 방식에서는 센서노드들이 자유롭게 통신을 하므로 충돌이 일어날 수 있다. 이때 충동방지 기법으로 CSMA-CA 방식을 사용한다.

블루투스 등에 비하여 4배 정도 저속이므로 음성 등의 멀티미디어 데이터 전송은 부적합하며 온도, 조도, 습도 등의 센싱 정보를 간헐적으로 보내는 응용에 적합하다. 802.15.4의 응용으로는 가전제품의 리모컨, PC 주변기기, 가정 내 자동화, 장난감, 헬쓰케어, 산업용 응용 등을 들 수 있다.

ZigBee 표준에서는 MAC까지를 정의하고 있으며 2008년 들어 서서히 ZigBee를 채택한 응용이 상용화되어 802.15.4도 관심을 얻어가고 있다.

ZigBee 표준 기술은 크게 4부분으로 구성된다.

- 첫 번째는 802.15.4 MAC 프로토콜이다. 2.4GHz 대역에서 250Kbps의 통신 성능을 제공한다.
- 두 번째는 네트워크 계층으로서 라우터들이 데이터를 전송할 때 목적지까지의 경로를 설정해준다. 라우팅 기법은 트리 라우팅과 메쉬 라우팅의 2가지 방식을 제공한다. 트리 라우팅은 라우팅 테이블 없이 패킷을 중계하는데 목적지 주소

를 알면 트리의 부모노드와 형제노드를 경유하는 1개의 경로가 자동으로 결정된다. 트리 라우팅은 단순하므로 노드의 이동성이 없을 경우 장점을 갖지만 경로 중의 노드가 고장이거나 노드가 이동할 때에는 통신이 두절된다는 단점이 있다. 노드의 이동성이 큰 경우 라우팅 테이블을 갖는 메쉬 라우팅 기법이 적절하다.

세 번째는 응용계층으로서 네트워크 내의 객체들을 정의하여 자동검색 등의 기능을 구현하도록 지원한다. 특히 응용(Application Framework)에서는 응용에서 사용하는 센서 및 구동기 등도 정의하고 있어서 응용을 바로 구현할 수 있다.

네 번째는 보안 계층으로서 128비트 AES 기법의 인크립션 기능과 키 교환 및 인증기능을 정의한다.

(3) 미들웨어 기술

미들웨어는 운영체제와 응용의 사이에 위치하여 응용개발을 용이하게 하는 것을 말한다. 센서 네트워크의 미들웨어는 크게 3가지이다.

첫 번째는 센서 네트워크 내 미들웨어로서 센서 데이터의 수집, 전달을 도와주는 기능, 센서노드 응용을 쉽게 변경할 수 있도록 지원하는 기능, 다양한 네트워크 방식을 지원하는 기능, 동기화 기능 등을 수행한다.

두 번째는 단일 서버 내에 존재하는 서버 내 미들웨어로서 센서노드의 설치, 센서 네트워크의 구성, 운영을 지원하는 기능, 센서 데이터를 저장, 가공, 검색하는 기능 등을 수행한다.

세 번째는 서버 간 통합 미들웨어로서 여러 서버에 저장된 데이터를 통합할 때 센서 데이터의 교환, 병합 등의 기능을 지원한다.

(4) 응용 프레임워크/프로파일

응용개발에 필요한 공통 요소들을 모아놓은 것으로 응용개발에 참조할 수 있다. 이를 표준화하면 응용개발 시에 표준화 효과를 얻을 수 있다.

(5) 전력효율화, 보안, 위치/동기화 기술

이들 기술은 소프트웨어 전반에 걸쳐서 위치한다. 전력효율화, 보안, 위치/동기화 기술은 센서노드의 성능을 결정할 수 있는 인자로서 핵심적이다. 운영체제 내부나 미들웨어 등 단일 계층에서 처리하지 못하며 전 계층에 걸쳐서 지원된다.

센서를 장착한 센서노드의 국내외 개발업체 및 특징은 표 4.2와 같다.

▌표 4.2▌ 국내외 센서노드 개발현황

업체명	제품명	OS	RF	CPU	센싱	전원	특징
휴인스 (www.huins.com)	Ustar-2400	TinyOS, TinyDB	IEEE802.15.4, Zigbee 2.4 GHz, Chip-Con CC2420 RF 모듈	Atmega 128	온도, 습도, 조도 등	AAA	버클리 MICA 시리즈와 호환, Set로 구입해야 함
옥타컴 (www.octacomm.net)	Nano-24, Nano-X	Nano-Q plus, TinyOS	IEEE802.15.4, Zigbee 2.4 GHz, Chip-Con CC2420 RF 모듈	Atmega 128	조도, 습도, IC 온도, 적외선 (초전형), 초음파, 가속도	코인, AA	ETRI에서 개발한 Nano-Qplus 제공
맥스포 (www.maxfor.co.kr)	TIP51CM,TIP50CM, TIP30CM	TinyOS	868, 916 MHz, Zigbee 2.4GHz	Atmega 128	온도, 습도, 조도	AA	전자부품 연구원 (KETI) 기술이전 받음
한백전자 (www.hanback.co.kr)	ZigbeX	TinyOS	Zigbee 2.4 GHz	Atmega128	온도, 조도, 습도 등	AA	다양한 옵션 센서 모듈 제공
CrossBow (www.xbow.com)	Mica2, MicaZ	TinyOS	ChipCon CC1010 RF 모듈433MHz, Zigbee 2.4 GHz	Atmega128	조도, 온도, 가속도, 노이즈, 자기장, GPS	AA	다양한 옵션 센서 모듈 제공
moteiv (www.moteiv.com)	Tmote Sky	TinyOS	ChipCon CC2420 RF 모듈 2.4GHz IEEE 802.15.4	MSP 430	조도, 온도, 습도	AA	MSP430 사용

[출처 : 한국전자통신연구원, 2006, USN 서비스별 망구조 분석 및 USN 기반 특허 DB 구축에 대한 연구 보고서]

4.3 싱크노드

싱크노드는 센서 네트워크로부터 전달되는 데이터를 모으는 역할을 수행한다. 센서노드보다는 MCU 성능이나 메모리 등의 하드웨어 자원이 좀 더 높은 사양인 경우가 많다. 싱크노드는 특정 센서 네트워크 하나를 담당하며 이더넷, 직렬 등의 유선이나 무선 LAN 등의 무선 통신장치를 통해서 수집된 데이터를 서버나 상위 게이트웨이에 전달한다. 싱크노드는 2.3절의 게이트웨이와 통합될 수도 있다.

4.4 게이트웨이

게이트웨이 노드는 싱크노드와 기존의 IP 기반 네트워크 사이에 위치한다. 인터넷 접근을 위하여 IP 기반으로 액세스할 수 있는 다양한 액세스 네트워크(LAN, WLAN, CDMA, WiBro 등)를 사용하며 사용자에게 다양한 USN 응용 서비스를 제공할 수 있도록 IP 기반 네트워크와 무선 센서 네트워크를 연계하는 기능을 수행한다.

게이트웨이노드의 소프트웨어 컴포넌트의 구성요소를 살펴보면 다음과 같다. 가장 먼저 무선통신 등의 하드웨어에 종속적인 부분들을 추상화시켜 주는 HAL(Hardware Abstract Layer)이 존재하며, 센서 네트워크와 IP 기반의 네트워크를 연결시키기 위한 IP-based Network Connecter, 싱크노드를 관리하기 위한 Sink Node Coordinator가 있으며, 마지막으로 게이트웨이노드의 응용 프로그램인 G/W Node Application이 있다.

4.5 미들웨어

4.5.1 3가지 미들웨어 분류

USN 미들웨어는 USN 응용을 개발할 때 공통으로 사용되는 S/W 모듈의 집합으로 볼 수 있는데 이는 여러 단계에서 찾을 수 있으며 이를 크게 3가지로 분류한다. 그림 4.5는 3가지 분류를 보여준다.

첫째, USN 내 미들웨어는 단일 USN 내부의 미들웨어를 의미하며 센서노드 내, 싱크노드, 라우터 등에 탑재되어 사용되는 공통 소프트웨어이다.

둘째, 서버 내 미들웨어는 단일 USN을 담당하는 서버가 가져야 할 공통 SW를 말하며 USN 노드의 설치, 운영, 유지보수, 등에 관한 기능들을 지원한다.

셋째, 서버 간 미들웨어는 이종 간 USN의 통합 미들웨어를 의미하며 NASA의 SensorWeb 기술들이 이에 해당한다.

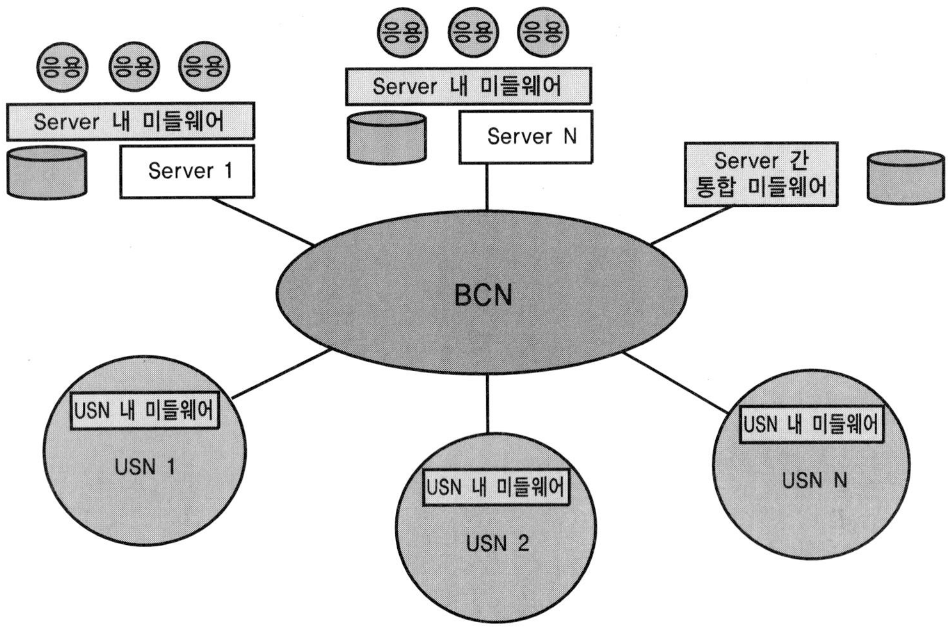

▮그림 4.5▮ 3가지 미들웨어 분류

[출처 : 한국전자통신연구원, 2006, USN 서비스별 망구조 분석 및 USN 기반 특허 DB 구축에 대한 연구 보고서]

4.5.2 USN 내 미들웨어 특성 분석

USN 내 미들웨어의 구조는 다음과 같다.

첫째, 미들웨어의 목적은 네트워크 요소의 개발을 쉽게 하고, 센서노드의 배포와 감지 기반의 응용을 원활하게 수행하는 것이다.

둘째, 응용 부분에서 요구한 문제의 적절한 답을 제공하는 과정은 통신의 흐름에 따라 상위 레벨의 태스크를 형성하며, 무선 네트워크 간의 통신을 형성한다. 그리고 노드마다 태스크를 분할 할당하며, 감지된 센서 데이터의 융합을 한다. 데이터를 융합한 후에 상위 레벨로 전달하고, 사용자에게 최종 보고한다.

셋째, 센서 네트워크의 특징은 제한된 에너지의 효율적인 이용을 가능하게 하여야 한다. 동적 환경에서 네트워크의 건실성을 지원 및 네트워크 확장성을 수용할 수 있어야 한다.

넷째, 미들웨어는 위치인시(localization), 시간동기화(time synchronization), 전력관리(power management), 소프트웨어 배포 및 자동갱신(software update), 센서

정보저장(sensor database), 데이터의 분배 및 복제(data placement & replication), 보안(security), 센서노드 이질성의 일반화(abstraction of sensor nodes before geniality), 장애관리(fault tolerance)의 기능을 요구한다.

- 위치인식(localization) : 센서에서 감지된 센서 데이터 전달뿐만 아니라 응용부분에서 지시하는 메시지 내의 컨텍스트 조건을 만족하는 센서노드들을 파악하기 위해 자신의 위치를 인식해야 한다.
- 시간동기화(time synchronization) : 다양한 센서노드들 간의 협력 작업을 위해 시간동기화 기능이 요구된다. 협력 작업을 하는 센서 간 시간 동기화가 되지 않으면 데이터 손실률이 증가한다.
- 전력관리(power management) : 센서 네트워크 노드들은 프로세싱 전력이 아주 제한적이고, 전력의 교체주기가 길어야 하므로 에너지를 효율적으로 소모하면서 기능을 수행하는 저전력 알고리즘을 포함하는 미들웨어 플랫폼으로 설계되어야 한다.
- 소프트웨어 배포 및 자동갱신(software update) : 이동성이 있거나 지리적으로 널리 분산되어 있는 많은 노드들에 새로운 코드를 전송하기 위한 메커니즘을 제공해야 한다.
- 센서 정보저장(sensor database) : 센서노드들로부터 감지되는 센싱 정보들을 효율적으로 관리하는 기법이 필요하다.
- 데이터의 분배 및 복제(data placement & replication) : 센싱 데이터의 접근성을 높이고, 데이터 전송에 의한 과도한 에너지 소모를 줄이기 위해 센싱된 데이터를 최적의 위치에 저장하고, 필요 시 복사본을 데이터 접근이 쉬운 곳에 저장하는 기법이 필요하다.
- 보안(security) : 신뢰할 수 없는 의심스러운 코드가 실행되지 않도록 보안 기능이 요구된다.
- 센서노드 이질성의 일반화(abstraction of sensor nodes before geniality) : 센서 네트워크 미들웨어는 다른 센서 네트워크들 간의 연결로 여러 가지 제약 및 문제점이 발생한다. 그러므로 다양한 문제 상황에 대처할 수 있도록 설계되어야 한다.

4.6 서버

서버는 USN 응용 서비스를 제공하기 위한 제반 정보들을 가지고 있으며, 이러한 정보들을 Open API를 통해 각종 응용 서비스가 사용할 수 있도록 한다.

서버의 소프트웨어 컴포넌트는 가장 하위에 이기종 센서노드로 구성된 센서 네트워크의 추상화를 위하여 Sensor Network Interface가 존재하며, 디렉터리 서비스를 제공하기 위한 Directory Service Manager, 응용 서비스가 요구하는 다양한 형태의 질의어 처리를 담당하는 Query Manager, 센서 네트워크에 존재하는 센서노드, 라우터 노드 그리고 싱크노드의 응용 프로그램을 동적으로 다운로딩할 수 있도록 도와주는 Dynamic Program Manager가 존재한다.

그리고 센서 네트워크의 변화 및 각종 센싱 데이터를 모니터링하기 위한 Sensor Network Monitoring과 센싱 데이터 처리를 위한 Sensing Data Manager와 이벤트를 생성하는 기능을 가지는 Event Manager가 있으며, 다양한 USN 응용 서비스를 관리하는 USN Service Manager, 상황인식 정보를 처리할 수 있는 Context Manager, 마지막으로 서버가 가진 각종 정보들을 USN 응용 서비스 및 기타 외부 서비스에 제공하기 위한 Open API로 구성된다.

Chapter 05

USN 구현의 주요 이슈

5.1 센서의 다양성

5.1.1 센서의 특성

표 5.1은 트랜스듀서의 예들을 보여준다. 표의 행은 특정 물리량을 나타내며, 열 또한 같은 물리량의 리스트이다. 트랜스듀서는 행의 물리량을 열의 물리량으로 변환하는 것이라고 할 수 있는데 최근엔 행의 물리량을 전기적 물리량으로 변환하는 것이 중심이다.

▌표 5.1▌ 트랜스듀서의 복잡함

	Mechanical	Thermal	Electrical	Magnetic	Radiant	Chemical
Mechanical	(Fluid) Mechanical and Acoustic Effects : eg, Diaphragm	Friction Effects (eg, Friction Calorimeter) Coolings Effects	Piezoeletricity Peizoresistivity Resistive, Capacitive, and Inductive Effects	Magnetomechanical Effects : eg, Piezomagnetic Effect	Photoelastic Systems Interferometers Doppler Effect	
Thermal	Thermal Expansion(Gas Thermometers, Resonant Frequency) Radiometer Effect		Seebeck Effect Thermoresistance Pyroelectricity Thermal (Johnsen) Noise		Thermooptical Effects (eg, in Liquid Crystals) Radiant Emission	Reaction Activation eg, Thermal Dissociation
Electrical	Electrokinetic and Electromechanical Effects:	Joule(Resistive) Heating Peltier Effect	Charge Collectors Langmuir Probe	Biot–Savart's Law	Electrooptical Effects : Electroluminescence	Electrolysis Electromigration

▌표 5.1▌ 트랜스듀서의 복잡함(계속)

	Mechanical	Thermal	Electrical	Magnetic	Radiant	Chemical
Magnetic	Magnetomechanical Effects : eg, Magnetostriction Magnetometer	Thermomagnetic Effects : eg, Ettings-hausen Effect	Thermomagnetic Effects : eg, Ettingshausen-Nernst Effect Galvanomagnetic Effects : eg, Hall Effects,		Magnetooptical Effects : Faraday Effect	
Radiant	Radiation Pressure	Bolometer Thermopile	Photoelectric Effects : eg, Photovoltaic Effect Photoconductive Effect		Phtorefractive Effects Optical Bistability	Photosynthesis, -dissociation
Chemical	Hygrometer Electrodeposition Cell Photoacoustic Effect	Calorimeter Thermal Conductivity Cell	Potentiometry, Conductimetry Amperometry Volta Effect Gas Sensitive Field Effect	Nuclear Magnetic Resona-nce	(Emission and Absorption) Spectroscopy Chemiluminescence	

문제가 되는 것은 센서가 매우 다양하다는 것인데, 센서의 종류가 매우 많고 특성이 서로 다르다는 것이다. 예를 들어, 온도센서는 측정값의 범위에 따라 상온에서 동작하는 반도체 온도센서, 수온을 재는 막대형 온도센서, 1,000℃ 이상의 매우 뜨거운 온도를 재는 온도센서 등으로 다양하다. 센서의 출력도 전압, 전류, 주파수 등으로 다양하며 증폭이 필요한 센서, ADC에 바로 붙일 수 있는 센서 등 다양하다. 이러한 다양성이 센서 네트워크를 구성하고 운영하는데 어려움을 주고 있다. 먼저 센서노드 하드웨어 구성 시엔 센서 인터페이스를 어떻게 설계하는지에 영향을 준다. 운영체제는 이 다양성을 극복하도록 센서독립성을 지원해야 한다. 센서가 다양하므로 응용 프로그램이 센서를 추상화할 때에 어려움을 겪는다. 서버에서도 센싱 데이터의 자료표현이 표준화되어야 데이터 교환이 쉽다.

표 5.2에서 보면 센서들의 인터페이스도 매우 다양해서 전류, 전압, 주파수, I2C, 직렬, SPI 등 매우 다양한 인터페이스를 사용한다. 그 결과 센서노드를 구현할 때 하드웨어를 추상화하기 어려워서 구현에 어려움이 따른다.

▌표 5.2▐ 센서 H/W 인터페이스

	센서의 종류	사용전압	소모전류	MCU 인터페이스	제조회사
1	Temperature	4V ~ 30V	133uA	ADC	National Semiconductor
2	Humidity	5V ~ 10V	1nA	Frequency	Humirel
3	Temp &Hum	2.4V ~ 5.5V	550uA	I2C	Sensirion
4	Gas(CH4)	2.6V	180mA	ADC	n.e.t
5	Microphone	2V ~ 10V	0.5mA	Frequency	Panasonic
6	Dust	5V ± 10%	90mA	Frequency	NIDS
7	O2	0V		ADC	IT
8	Barometer	2.2V ~ 3.6V	1mA	SPI	Intersema
9	Smoke	9V ~ 24V		ADC	NEMOTO
10	Magnetic	5V ~ 12V		ADC	Honeywell
11	Photodiode	3V	1mA	ADC	Genicom
12	Infrared	4V	60mA	Interrupt	Kodenshi Corp
13	Light	3V	1mA	ADC	sglux
14	Ultrasonic	9V		Interrupt	muRata
15	Photoelectric	AC 240V	50mA	Interrupt	Autonics
16	Photodiode	1V ~ 10V	0.65uA	ADC	Sharp
17	H2S	0V	200nA	ADC	Sensoric
18	CO2	5V	135mA	ADC	Telaire
19	CO	3.2V ~ 5V	32mA	ADC	MICS
20	Motion	5V	60mA	ADC	Teltron

5.1.2 센서 다양성에 의한 응용개발의 어려움

기존의 USN 응용개발 방법을 그림 5.1에서 도식하였다. 그림에서 응용개발자는 사용자의 요구를 받아서 센서와 MCU, RF 모듈 등을 선정, HW를 조립한다. SW 개발은 Tiny-OS나 Nano-Q+ 등을 활용하여 개발하거나 운영체제 도움 없이 펌웨어를 직접 개발한다. 이때 Tiny-OS나 Nano-Q+ 등의 개발 플랫폼들을 참고할 수 있으나 개발자가 많은 부분을 수정해야 한다.

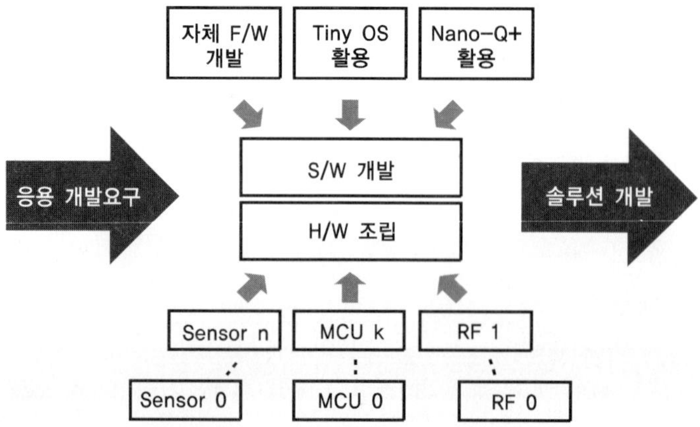

▌그림 5.1▐ 기존의 개발방법

그 이유는 크게 3가지이다.

첫째는 Tiny-OS나 Nano-Q+ 등의 기존 HW 플랫폼이 USN 응용 요구를 만족하지 못한다는 것이다. 다양한 센서 인터페이스와 전원을 지원하지 못한다.

둘째는 Tiny-OS나 Nano-Q+ 등의 센서노드 운영체제가 응용 프로그래머에게 다양한 센서들의 디바이스 드라이버를 제공하지 못한다는 점이다. 결국, 응용개발자가 센서 디바이스 드라이버를 직접 작성해야 한다.

셋째로 센서 생산자가 기존 플랫폼에 장착할 수 있는 디바이스 및 드라이버를 제공한다면 응용개발자의 개발 부담을 크게 덜 수 있으나 기존 플랫폼들은 표준화된 센서 HW 인터페이스를 제공하지 못하므로 센서 생산자가 디바이스 드라이버를 만들 수 있는 구조도 제공하지 못한다.

5.1.3 센서 다양성 극복 방안

PC나 Linux 등에서는 응용개발자가 PC 플랫폼 HW, 잘 개발된 운영체제, 디바이스 개발자가 제공하는 드라이버를 활용하여 목표 응용만을 개발하면 된다. 운영체제는 표준화된 API를 제공하며 응용개발자는 이 API에 익숙한 상태이다. 디바이스가 변경되더라도 이 API는 변하지 않는다. 새로운 디바이스를 채택할 때에도 디바이스 드라이버를 디바이스 공급자가 제공하므로 응용이 변경될 필요가 없다. USN 개발에서도 응용개발자가 잘 개발된 센서노드 운영체제, 그리고 디바이스 드라이버 위에서 응용을 개발한다면 개발 효율을 극대화할 수 있을 것이다.

하지만 기존의 Tiny-OS, Nano-Q+ 등의 센서노드 운영체제들은 디바이스와 운영체제를 동적으로 연결하는 기능을 제공하지 못한다. 첫째로, 기존 운영체제의 HW 플랫폼들이 센서 연결을 위한 표준화된 인터페이스를 제공하지 못한다. 센서마다 사용전압이 다른데 이를 지원하지도 못한다. 둘째로, 응용개발자에게 확정된 API를 제공하지 못한다. USN 응용은 센서의 활용이 매우 다양한데 기존 운영체제들은 센서를 추상화하지 못함으로써 센서마다 별도의 API가 필요하다. 셋째로, 디바이스 개발자에게 디바이스 드라이버를 별도로 개발하고 접속할 수 있는 기능을 제공하지 못한다. 디바이스 개발자가 센서를 공급할 때 이를 위한 디바이스 드라이버를 미리 만들어서 제공하려 해도 운영체제의 센서관련 HAL 라이브러리가 제공되지 못하므로 개발할 수 없다. Sensos와 Nano-Q+의 스마트 센서 관리 시스템에서는 센서 추상화를 제시하고 Linux와 유사한 구조의 센서 접근 API를 제공하였다. 하지만 센서 인터페이스를 위한 HW 추상화가 지원되지 못하고 HAL 라이브러리가 제공되지 않는다는 문제를 갖는다.

그림 5.2에서는 센서노드 플랫폼의 시장을 확대하고 기존의 TinyOS보다 경쟁 우위를 가질 수 있는 3주체 개발 방법을 제시한다. 이때, 센서노드 운영체제는 응용개발자에게는 표준화된 API를 제공하며 센서 디바이스 공급자에게는 표준화된 HW 인터페이스와 디바이스 드라이버 인터페이스를 제공한다. 이를 기반으로 응용개발자는 다양한 센서에 대한 처리를 고심하지 않고 익숙한 플랫폼과 API 위에서 응용을 개발할 수 있다. 센서 디바이스 공급자는 센서를 공급하면서 디바이스 드라이버도 함께 공급한다.

각 주체는 자신의 역할에 충실하며 그 결과, 선순환 효과가 기대된다. 플랫폼 공급자는 플랫폼의 성능을 높이기 위하여 최선을 다한다. 플랫폼이 응용에 독립적이므로 매출이 신장되며 이는 규모의 경제를 가능하게 한다. 따라서 플랫폼 성능이 높아지면

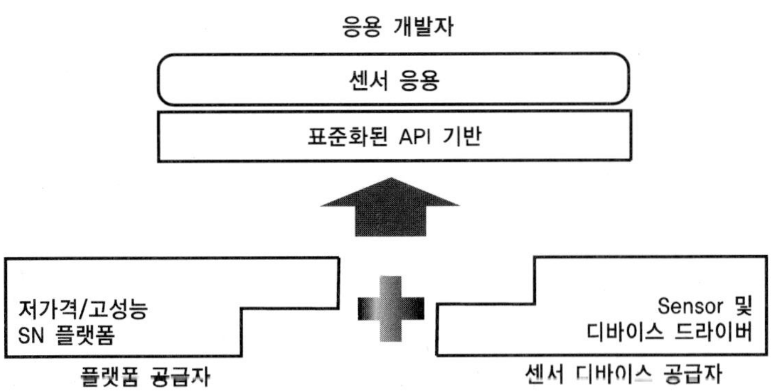

그림 5.2 센서노드 플랫폼 활성화 방안

서 가격은 낮아진다. 센서 공급자가 센서의 성능을 개선해서 공급하면 기존 응용에 동적으로 반영될 수 있으므로 센서의 개발이 촉진된다. 응용개발자는 저가격의 플랫폼을 기반으로 센서 및 센서 드라이버와 익숙한 API 상에서 응용을 개발하므로 개발 비용을 낮출 수 있다. 이는 사용자로 하여금 더 많은 USN 응용개발이 가능하게 하는 요소로서 USN 응용개발 활성화를 위한 선순환 구조가 확립된다.

5.2 저전력 소모

5.2.1 Duty Cycle

센서 네트워크에서의 가장 큰 제약 조건은 한정된 전력이라고 할 수 있다. 이는 전원의 충전이나 교환이 가능한 기존의 무선노드들과 달리 센서노드는 사람의 접근이 쉽지 못한 곳에 설치되거나 초소형의 노드가 무작위로 대량 살포되는 경우가 많으므로 대부분의 경우 처음 설치 시에 주어지는 배터리 전원에만 의지하여 장기간 동작해야 하기 때문이다.

센서노드의 전력을 효율적으로 관리하기 위해서는 무엇보다 가장 많은 전력을 사용하는 노드 내 무선 송수신기의 전력 사용을 최소화하는 것이 중요하며, 이를 위해서 평상시에는 송수신기에 전력을 공급하지 않다가 필요할 때에만 송신 또는 수신을 위해 전력을 사용하는 방식을 사용해야 한다. 이를 Duty Cycle이라고 하는데 Duty Cycle이 1%라 하면 전체 시간 중 일을 하는 시간이 1%이고 나머지는 슬립한다는 것을 말한다.

ATmega128 MCU와 cc2420을 사용하는 센서노드의 전력 소모를 예로 들어보자. MCU는 상시 켜져 있으며 RF는 1초마다 한 번씩 패킷을 전송하도록 실험하면 1.5V AA 배터리 2개로 전원을 공급할 때 1일밖에 견디지 못하며 Duty Cycle은 100% 이다. 만약 5분에 1초씩만 깨어나서 패킷 한 개를 전송한다면 Duty Cycle은 1/300, 약 0.3%이고 배터리는 300배 정도, 300일 정도 견딜 수 있을 것이다.

전력 소모를 줄이려면, 첫째로 하드웨어에서 전력 소모를 줄이는 것이 일차적이다. 부품들도 전력 소모가 작은 것을 선택해야 하며 특히, 센서의 전력 소모에 주의를 기울여야 한다. 센서들의 경우, 대부분 전력 소모가 크고 동작 대기시간도 길어서 저전력 소모형 센서를 구하는 것이 필수적이다. 두 번째는 효율적으로 동작할 수 있는 MAC (Media Access Control) 및 라우팅 프로토콜이 필수적이며, 실제로 이에 관한 연구가 가장 큰 이슈로 부각되고 있다.

5.2.2 MCU의 전력 소모 특성

MCU는 센서노드의 동작을 제어하는 핵심기능을 수행하므로 전력 소모를 줄일 때 첫 번째 고려사항이다. MCU의 전력 소모는 동작전압의 제곱에 비례하고 클록 주파수에 비례하며 한 번에 처리되는 데이터 크기에 비례한다. 예를 들어 5V에 동작하는 MCU와 2.5V에 동작하는 MCU는 같은 칩이라도 전력 소모가 4배 차이가 난다. 센서노드구현에 많이 사용되는 ATmega128L이 그 예인데 ATmega128은 5V전압에서 동작하고 128L은 3V에서 동작한다. 그 결과 128L이 전력 소모가 적고 센서노드용으로는 128L을 주로 사용한다.

최근 들어 TI의 MSP430 칩을 사용하는 예가 늘고 있다. MSP430은 16비트 MCU로서 8비트 MCU인 ATmega128L보다 전력 소모가 커야 하는데 동작 클록을 1MHz로 낮추어서 8MHz인 ATmega128L보다 전력 소모를 줄이고 있다. 계산이 많지 않은 센서노드 응용에서는 MSP430을 활용하는 예가 늘고 있다.

5.2.3 센서노드의 전력 소모 실례

아래는 적용 배터리 용량으로 센서노드가 얼마나 견딜 수 있는지를 전력 소모량을 계산하여 추정하는 과정이다. 다음을 가정하였다.

- 센서는 별도 전원을 사용하므로 전력 소모가 없다.
- MCU는 MSP430을 사용한다. 센서의 인터럽트를 기다리고 있을 때 0.5mA를 소모한다. RF 동작 시에는 22mA를 소모한다.
- 10분에 1번씩 현재 상태를 전송한다.
- 1.5V(2,800mAh) 배터리를 2개 사용한다. 배터리의 안전율은 70%이다.

상기한 가정에 대하여 다음과 같은 과정을 거쳐서 센서노드의 동작기간을 계산할 수 있다.

- 적용 Battery : 1.5V(2,800mAh) * 2(직렬) * 2(병렬) → 5,600mAh
- 소모전류(센서 부착 없이 단독 RF 사용)
  ➜ Active mode : 22 mA(RF로 데이터 전송 시)
  ➜ Idle mode : 0.5 mA(RF를 사용하지 않을 시)
- 10분마다 센서노드 상태 전송 시

→ Total : 3600sec, Active(1시간에 6번 동작, 1번 동작 시 5초 사용) : 30sec, Idle : 3570sec

→ 시간당 소비전류

- 시간당 전력 소모량 : 3570/3600 * 0.5 mA + 30/3600 * 22mA

  → 약 0.68 mA

- 배터리 안전율 포함 사용시간: 5,600 mAh * 0.7(안전율))/ 0.68mA

  → 약 5765시간

- 5765/24 -> 240일 예상(약 8개월)

5.3 RF 통신

5.3.1 통신 도달거리 결정 요소

ZigBee의 통신거리는 RF 출력의 세기, 장애물 여부, 안테나 유형 등에 크게 영향을 받는다.

(1) RF 출력의 세기

▮표 5.3▮ RF통신 칩 특성 분석

특성 \ 칩		CC2420	EM2420	MC13192/3	JN5121	CC2430	Mango
회사		Chipcon	Ember	Freescale	Jennic	Chipcon	RadioPulse
RX 감도		−94dBm	−94dBm	−92dBm	−93dBm	−94dBm	−98dBm
전력 소모	RX	20mA	20mA	42mA	50mA	27mA	33mA
	TX	17mA (0 dbm)	17mA (0 dbm)	35mA (3 dbm)	40mA (1 dbm)	25mA (0 dbm)	31mA (5 dbm)
동작 전압		2.1~3.6V	2.1~3.6V	2.0~3.4V	2.2V~3.6V	2.0V~3.6V	1.5V
CPU ON Chip 유/무		무	무	무	32Bit RISC	8Bit 8051	8Bit 8051
MCU와 Interface		SPI	SPI	SPI	−	−	−

(2) 장애물 여부

가장 성능이 좋은 경우는 LOS(Line Of Sight) 즉, 노드와 노드 간에 아무 장애물도 없고 가슴 높이에 노드가 설치된 경우인데 수백 미터까지 안정적으로 패킷이 전송될 수 있다. 노드를 바닥에 놓고 통신을 시도하면 10미터 이상 전송하기 어렵다. 장애물 중에서 특성이 나쁜 것이 물인데 전파는 대부분의 주파수에서 물에 흡수된다. 따라서 ZigBee 모듈을 사람 몸에 부착한 경우, 등 뒤로는 수 미터도 전송되지 않는다. 따라서 ZigBee 등을 활용한 위치인식 시스템에서 태그를 목에 걸고 다니는 경우엔 문제가 크다.

(3) 안테나 유형

안테나는 SMA 안테나, PCB 안테나, 칩 안테나 등 여러 가지이다. 보통 SMA 안테나가 가장 성능이 좋고, PCB 안테나, 칩 안테나 순으로 성능이 좋다. 그림 5.3에서 안테나 종류를 보여준다. 제일 왼쪽은 SMA 안테나이고 가운데가 PCB 안테나이다. 제일 왼쪽이 칩 안테나인데 성능이 좀 떨어지더라도 응용에 따라 칩 안테나나 PCB 안테나를 활용해야 한다. 특히, 위치인식 시스템에 사용되는 태그에는 칩 안테나를 주로 사용한다.

5.3.2 충돌 문제

그림 5.4는 무선 LAN이 사용하는 채널의 주파수 대역과 ZigBee가 사용하는 채널의 주파수 대역을 보여준다. 표에서 보여준 주파수 중 무선 LAN은 22MHz 넓이의

▌그림 5.3▐ 안테나 유형

무선 LAN 채널

Channelno.	frequency (MHz)	Channelno.	frequency (MHz)
1	2412	8	2447
2	2417	9	2452
3	2422	10	2457
4	2427	11	2462
5	2432	12	2467
6	2437	13	2472
7	2442	–	–

ZigBee 채널

Channelno.	frequency (MHz)	Channelno.	frequency (MHz)
11	2405	19	2445
12	2410	20	2450
13	2415	21	2455
14	2420	22	2460
15	2425	23	2465
16	2430	24	2470
17	2435	25	2475
18	2440	26	2480

▌그림 5.4▐ 무선 LAN과 ZigBee의 채널주파수

파장의 중심주파수를 의미하고 ZigBee는 3MHz 넓이의 중심주파수를 의미한다. 따라서 무선 LAN 채널 1번의 사용주파수는 2401MHz~2423MHz 범위를 갖는데 이는 ZigBee 채널 중 11번에서 15번까지가 겹친다는 의미이다. 만약 무선 LAN이 ZigBee와 인접한 지역에서 1번 채널을 사용한다면 ZigBee의 채널 중 11번부터 15번까지는 사용할 수 없다는 것을 의미한다. ZigBee는 그 외에도 11개의 채널이 더 있으므로 이를 피해서 채널을 할당한다면 충돌을 피할 수 있다.

5.4 표준화

센서 네트워크는 다양한 노드들이 상호 연동되어야 하므로 표준화가 매우 중요하다. 그중 통신 표준은 핵심적인데 아직 센서 네트워크로 어떤 프로토콜이 표준의 위치를 점유하고 있지는 않다. 이절에서는 무선통신 분야의 핵심표준인 IEEE802.15 계열의 표준과 스마트 센서를 위한 IEEE1451을 소개한다.

5.4.1 IEEE802.15 표준들

IEEE 802 표준화 그룹은 공유된 통신매체를 위한 통신 프로토콜을 표준화해온 그룹이다. 802.3이 이더넷을 정의하였고 802.11에서 무선 랜을 정의하였다. IEEE 802.15는 10m~30m 정도의 거리를 갖는 무선통신 프로토콜을 정의하는 그룹을 의미하며 그림 5.5와 같은 다양한 표준화활동을 전개하고 있다.

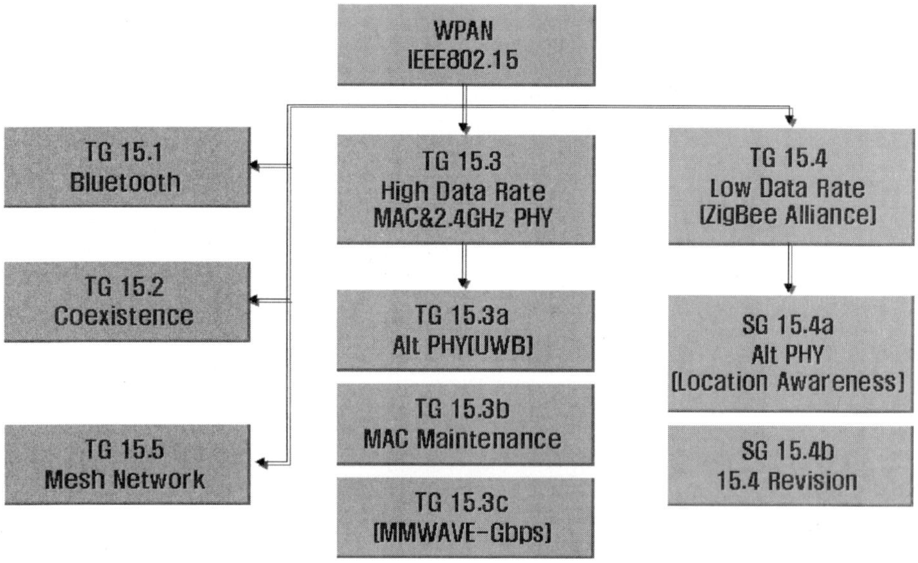

▌그림 5.5▐ IEEE 802.15 WPAN 표준 기술

- 15.1은 블루투스를 정의하고 있다. 블루투스는 음성 전송을 위한 표준으로서 기술 개발이 완성되어 핸드폰과 헤드셋을 연결하는 무선기기로 상용화되었다. 속도는 1MBps이다.
- 15.2는 블루투스와 무선 LAN과의 연동을 위한 표준으로서 연동 기술이 확립된 상태이다.
- 15.3은 고속의 WPAN 기술을 추구한다. 15.3은 2.4GHz 대역에서 100MBps 정도의 통신 성능을 목표로 하며 멀티미디어 기기들이 개인통신 범위에서 무선 연결하는 것을 주요 응용으로 한다. 특히, 15.3a는 UWB 기술을 활용하여 수백 Mbps의 통신 성능을 목표로 표준화가 진행되고 있다.
- 15.4는 저속의 WPAN 기술을 추구한다. 15.4는 저전력 소모를 목표로 하며 250Kbps의 저속통신 성능을 갖는다. 15.4는 ZigBee에 채택되어 다수의 칩셋이 공급되고 있는 등 상용화 전 단계까지 진화하였다.
- 15.5는 저속 및 고속에서 메쉬 네트워크 기능을 보강하는 것을 목표로 진행되고 있다.

IEEE1451은 미국의 NIST에서 주도하고 있는 표준으로서 그림 5.6에서 볼 수 있는 것처럼 1451.0~1451.6, 총 7개의 표준으로 나뉘어 진행 중이다. 이 표준은 센서의 다양성을 극복하는데 초점을 맞추고 있다. 센서나 트랜스듀서 제조사들은 TIM(Trans-

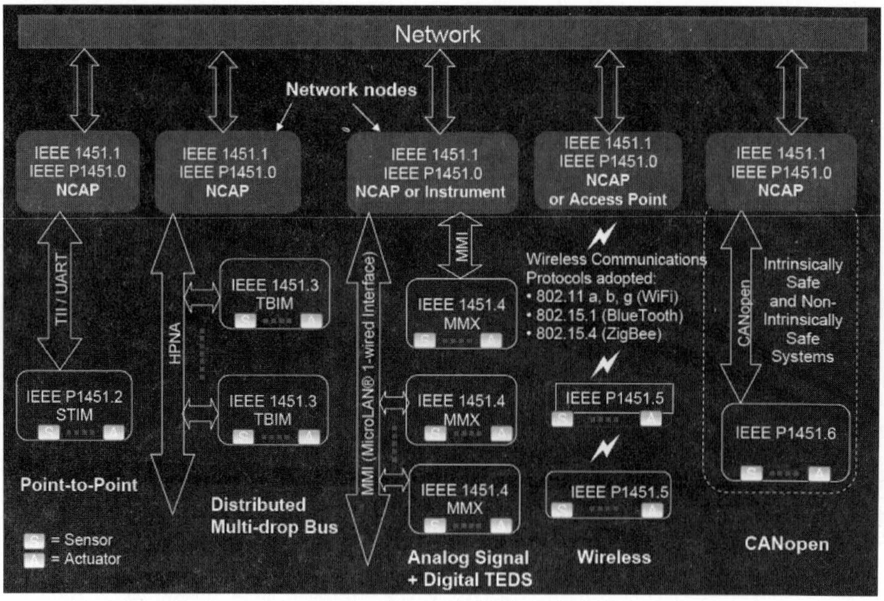

▌그림 5.6▐ 1451 표준

ducer Interface Module)이라는 부분까지 표준에 맞춰 개발하고, 네트워크 연결 모듈 개발자들은 NCAP(Network Capable Application Processor)부분을 담당하면 표준에 정의한 인터페이스 및 트랜스듀서의 특성을 기술하는 TEDS(Transducer Electronic Data Sheet)에 의해 트랜스듀서의 투명성을 지원받는다. 각 세부 표준은 다음과 같다.

- 1451.0

  1451.0은 NCAP과 TIM 사이의 접속 및 데이터 교환, TEDS를 정의하는 표준이다. 이 표준과 물리적 인터페이스를 정의하는 1451.2~6까지의 표준이 결합되어 동작한다.

- 1451.1

  1451.1은 본래 서버와 NCAP 사이의 접속 및 데이터 교환을 정의한 표준이며 가장 먼저 완성되었다. 1451.1 표준은 매우 복잡하고 최근엔 효용성마저 의심받고 있다. 최근에 웹에서 접근하는 표준이 제시된 상태이다.

- 1451.2

  1451.2는 직렬통신을 사용하는 TIM을 위한 표준이다. 1451.2 이상의 표준은 1451.0과 같이 결합하여 사용된다.

- 1451.3

  1451.3은 분산 버스를 위한 표준이다.

- 1451.4

  1451.4는 Micro LAN이라는 1선 버스 시스템을 위한 표준이다.

- 1451.5

  1451.5는 무선 LAN, Bluetooth, ZigBee 등을 포함하는 무선통신망을 위한 표준이다. 문제는 센서 네트워크를 개발하는 회사들이 아직 이 표준을 따르려하지 않는다는 점이다. 그 이유는 1451.0나 1451.5가 저전력 소모나 센서 처리 등을 적절히 지원하지 못하기 때문이다.

- 1451.6

  CAN 버스를 위한 표준이다.

Chapter 06

USN 주요 응용 소개

6.1 USN 응용 분류

USN 기술은 기존의 유선센서를 활용하는 응용을 무선으로 바꾼다는 점에서 그 적용 범위가 매우 넓다. 예를 들어 공장 자동화에서 많이 사용되고 있었던 Fieldbus 기반의 센서 및 제어 시스템을 USN 기술을 활용하여 무선화 함으로써 설치비용 및 운영비용을 절감할 수 있다. 또한, USN 기술은 유선 기반에서는 비용 등의 이유로 활용되지 않았던 응용들에서도 새롭게 적용될 수 있는 동력을 제공한다. 하천 등의 수질 오염을 측정하기 위한 센서체계는 유선이라면 그 비용 때문에 도저히 할 수 없었던 것을 USN 기술이 가능하게 한 예라고 할 수 있다. 상기한 이유로 USN 서비스는 군 응용, 환경 모니터링, 텔레매틱스, 실내 LBS 응용, 농·축산, 물류·냉장 유통, 홈 응용 등 매우 다양한 응용 분야를 가진다.

다양한 센서 네트워크 응용을 3가지 기준에 따라 다음과 같이 분류할 수 있다. 분류의 기준은 3가지인데 다음과 같다. 그 중 서비스의 심각성을 고려하지 않을 때는 그림 6.1과 같이 분류할 수 있다.

- **서비스의 심각성** : 심각한 서비스 대 일반 서비스
- **관측자의 이동성** : 고정 관측자 대 이동 관측자
- **관측 대상의 이동성** : 고정 관측 대상 대 이동 관측 대상

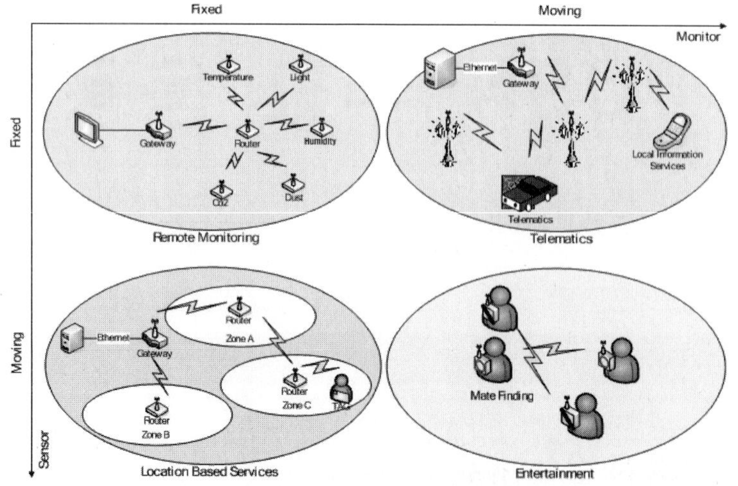

▌그림 6.1▌ USN 응용 분류

[출처 : 소선섭, 은성배, 2004, ZigBee 태그 기반 아파트 위치인식 시스템 설계 및 구현]

6.1.1 분류기준

분류기준은 3가지 기준을 따른다. 첫 번째는 서비스의 심각성이다. 심각한 서비스는 군 응용이나 재난, 재해 등의 경우와 같이 특정 이벤트가 발생할 때 이벤트를 놓친다거나 처리가 지연되는 것이 심각한 문제를 일으킨다는 것을 말한다. 일반 서비스는 대기환경 모니터링의 경우, 주기적인 모니터링 시에 한두 번의 데이터 손실이 있거나 처리가 지연되어도 큰 문제를 만들지 않는 서비스들이다. 각 서비스의 특징을

▌표 6.1▌ 서비스 심각성에 따른 분류

구분	일반 서비스	심각한 서비스
긴급성	요구되지 않음	신속한 이벤트 전달
주기성	주기적인 데이터 폴링	이벤트형 데이터 전송
전송의 신뢰성	일부 손실은 인정	높은 전송 신뢰도 요구
데이터의 중복성	주위 센서가 비슷한 데이터 생성	중복성이 적음
저전력 소모	요구됨	요구되나 어려움
대표적 응용 사례	각종 환경 모니터링, LBS 서비스	재난/재해, 침입탐지

[출처 : 은성배, 소선섭, 채의근, 2006, 유비쿼터스 센서 네트워크 서비스 분류기법 및 상용화 이슈, 대한 임베디드 공학회 논문지]

표 6.1에서 보여준다.

실제 서비스를 분류해 보면 일반 서비스와 심각한 서비스가 혼합되어 있는 경우가 많다. 예를 들어, 대기, 환경 모니터링의 경우 주기적으로 센싱하다가 특정 값을 넘으면 센싱 주기를 줄여서 실시간으로 데이터 전송을 하는 서비스는 일반 서비스와 심각한 서비스가 혼합된 경우이다.

분류기준의 두 번째는 관측자 이동성의 유무이다. 대기환경 원격모니터링의 경우에 관측자는 중앙에 고정되어 있다고 말할 수 있다. 자동차에 이동단말이 장착된 경우 관측자는 이동하고 있다고 말할 수 있다. 중앙모니터링의 경우에도 중앙에 전달된 데이터를 분석하여 특정 이벤트를 이동 중인 관측자에게 송신할 수도 있다. 이 경우에는 고정 관측과 이동 관측이 혼합된 경우이다.

분류기준의 세 번째는 관측 대상의 이동성이다. 대기환경 모니터링의 경우, 관측대상은 센서가 설치된 지역의 대기이고 이동하지 않는다. 이와 반대로 사람이나 사물이 이동할 때 현재 위치를 감지하고자 할 때 관측 대상은 이동하며 이를 센서가 감지하는 구조이다.

6.1.2 8가지 서비스 분류

3가지 기준에 의하여 $2^3 = 8$가지로 분류된다. 이를 표 6.2에서 보여준다. 표에서 이동 관측자 및 고정 관측대상의 경우 심각한 서비스나 일반 서비스나 특별한 차이점을 찾을 수가 없어서 하나로 통합하였다.

▌표 6.2▌ 7가지 분류

구분	고정 관측 / 고정 대상	이동 관측 / 고정 대상
심각한 서비스	재난/재해 감시용 원격 모니터링	군 및 상용 텔레매틱스 서비스
일반 서비스	대기/환경 원격 모니터링	
심각한 서비스	침입탐지 서비스	군/재난 재해 Ad-Hoc 응용
일반 서비스	위치 인식 서비스	짝 찾기 등의 오락 서비스

[출처 : 은성배, 소선섭, 채의근, 2006, 유비쿼터스 센서 네트워크 서비스 분류기법 및 상용화 이슈, 대한 임베디드 공학회 논문지]

6.2 USN 응용 특성 분석

표 6.1의 서비스 분류를 기반으로 7가지의 응용이 도출되었다. 각각에 대한 사례조사는 다음과 같다.

6.2.1 일반적인 원격 모니터링

그림 6.2는 지하철 역사에 설치된 대기환경 모니터링용 센서노드의 실례이다. 이 경우, 5분마다 1번씩 데이터를 수집하는 등의 주기적 데이터 수집이 가능하며, 저전력 동작이 가능하다. 같은 원격모니터링이라도 심각한 이벤트 감지용 원격 모니터링은 특정 이벤트를 감지해야 하므로 주기적인 데이터 수집이 아닌 상시적인 이벤트 모니터링이 이루어져야 하는 것이 다른 점이다.

그림은 지하철 4호선, 경마장 역사 내에 설치된 예를 보여준다.

▌그림 6.2▐ 경마장 역사 내 설치 모습

[출처 : 은성배, 소선섭, 채의근, 2006, 유비쿼터스 센서 네트워크 서비스 분류기법 및 상용화 이슈, 대한 임베디드 공학회 논문지]

6.2.2 재난/재해 모니터링

원격 모니터링의 경우에 주기적인 일반 데이터 감지가 아닌 화재 등의 심각한 이벤트를 감지하는 응용을 말한다. 이 경우 주기적인 데이터 처리에 어려움이 있으며 저전력 동작에도 어려움이 많다.

실제 응용에서는 4.2.1과 같은 일반적인 모니터링과 4.2.2의 재난/재해 모니터링이 혼합된 경우가 일반적이며 요구분석 및 설계 시에 이 둘을 구분해서 설계 및 구현하여야 한다.

❑ 위치인식 응용

관측자는 고정돼 있고 관측 대상이 이동 중인 경우, 위치 인식 응용에 해당된다. 위치 인식 기법은 매우 다양하나 실내에서 사람이 사용하기에는 RSSI 기법이나 초음파+RF 방식이 적절하다.

그림 6.3은 RSSI 기반으로 위치 인식하는 응용에서 사용되는 능동 태그를 보여준다. 이는 ZigBee 기반의 통신 표준을 따르며 수 미터 오차에서 사용자의 위치를 실내에서 지정할 수 있는 특징을 갖는다. 이러한 위치인식은 실버타운이나 아파트 단지에서 노약자나 어린이의 위치를 인식하는 등의 응용에서 사용된다. 또한 백화점이나 관

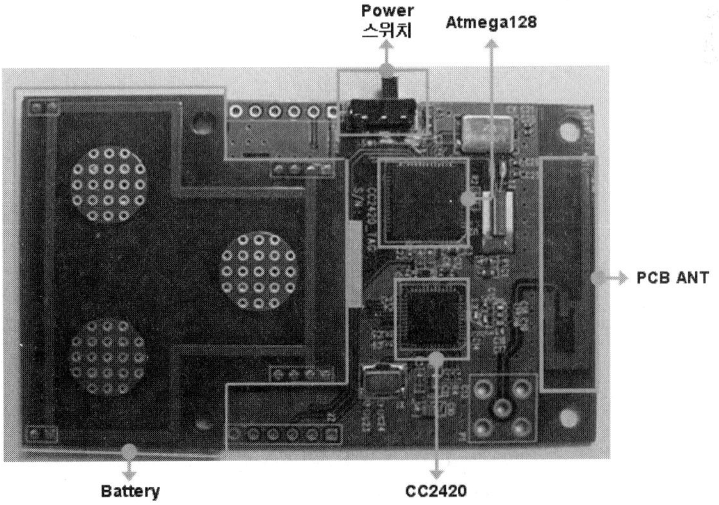

▮그림 6.3▮ 위치인식용 태그 예

[출처 : 은성배, 소선섭, 채의근, 2006, 유비쿼터스 센서 네트워크 서비스 분류기법 및 상용화 이슈, 대한 임베디드 공학회 논문지]

공서 등에서 고객의 위치를 파악하여 적절한 서비스를 지원할 때에도 사용된다. 향후 U-City 응용 중의 핵심으로 자리 잡을 것으로 판단한다.

6.2.3 침입탐지 응용

그림 6.4와 마찬가지 조건에서 심각성이 더해진 경우 군이나 보안시설의 침입탐지 응용에 해당한다. 침입탐지 응용에서는 언제 어떤 곳으로 침입이 이루어질지 알 수 없으므로 상시 대기해야 하며 침입이라는 이벤트가 발생했을 때 전체 시스템의 모드를 전환하는 형식으로 동작시켜야 한다.

6.2.4 텔레매틱스 응용

텔레매틱스 응용은 그림 6.5와 같이 자동차나 보행자가 센서로부터 오는 데이터를 모바일단말을 활용하여 검색하는 응용을 말하며 관측자가 이동하는 예이다.

그림 6.5의 경우 자동차에 탑재된 텔레매틱스 단말에 가로등 주위에 설치된 센서로부터 수집된 정보들이 전달되는 예를 보여주고 있다. 이를 통하여 전방의 도로 사정이나 문제 상황을 후방의 차량에게 전달할 수 있다. 또한, 보행자의 경우엔 가로등에 설치된 라우터가 보행자의 이동경로를 중앙에 알려서 안심 서비스를 지원할 수도 있다.

이러한 응용의 경우 센서 네트워크 외에 광대역의 통신망이 통합되어 있어야 하므로 응용이 복잡해지고, 특히 비즈니스 모델 설정에 어려움이 있다. 이를 극복하는 것

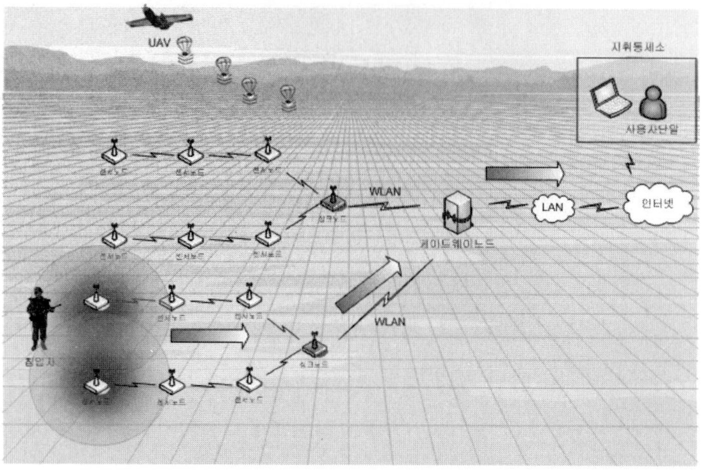

▌그림 6.4▐ 침입탐지 예

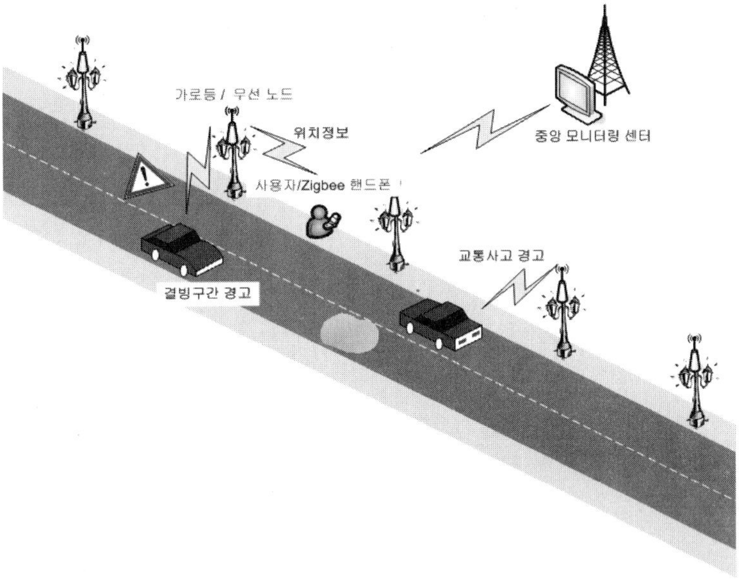

▌그림 6.5▐ 텔레매틱스 응용 예

[출처 : 은성배, 소선섭, 채의근, 2006, 유비쿼터스 센서 네트워크 서비스 분류기법 및 상용화 이슈, 대한 임베디드 공학회 논문지]

이 문제이다.

6.2.5 짝 찾기 응용

관측자도 이동하고 관측대상도 이동하면서 심각하지 않은 서비스에 해당한다. 짝 찾기는 일정공간에서 서로가 원하는 이성 친구를 찾아주는 예에 속한다.

6.2.6 전형적인 Ad-hoc 응용

관측자도 이동하고 관측 대상도 이동하면서 심각한 응용의 예로서 군이나 재난 상황에서 통신망을 대체하는 Ad-hoc 네트워크 응용에 해당한다. 이 응용은 1990년대부터 연구 개발되어 상용화되어 있다.

Chapter 07

USN 적용사례 소개

7.1 USN 기반 통합 화재감시 시스템

지식 경제부에 따르면 2008년 5월 우리나라는 조선업계의 수출 호조에 힘입어 총 10억 4000만 달러의 무역 수지 흑자를 기록했다. 우리나라는 세계 1위의 조선국으로 세계 10대 조선업체 중 국내 업체가 7곳이나 포함되고, 25년간 부동의 세계 1위로 세계 선박의 15%를 건조하여 무역 수지 흑자를 이끄는 견인차 역할을 하고 있다. 하지만 중국 등 후발 주자들의 추격 또한 만만치 않은 것이 현실이어서 이들의 추격을 뿌리치고 세계 1위의 위치를 지키기 위해 끊임없는 기술개발과 공정혁신이 필요하다.

선박 건조 중에 발생하여 공정혁신 및 기술개발이 필요한 문제 중에는 건조 중에 발생하는 화재가 있다. 선박 건조 중에는 목재 작업대, 인화성 원자재 등 화재의 원인이 될 수 있는 자재들이 많이 사용되고 있고, 여러 가지 이유로 이 자재들에 화재가 발생하고 있다. 화재가 발생하는 원인 중에 가상 근본석으로 노장삭업 등에서 발생하는 인화성 가스, 물질과 용접작업 중에 발생하는 불꽃이 문제가 된다. 특히 용접 불꽃은 일반적으로 발생하고 나서 바로 사라지지만, 일부가 오랫동안 남아 있다가 사람이 없는 동안 화재로 발전하는 경우가 많다. 이런 이유로 선박 건조 중에도 많은 화재 감지센서를 설치하여 화재에 대비하고 있다.

그러나 기존의 화재감시 시스템은 설치가 번거롭고, 관리가 쉽지 않은 문제가 있다. 각 장비에 전원과 통신선을 연결하고, 작업 중 선이 끊어지지 않도록 끊임없이 관리해야 한다. 이러한 문제를 해결하고자 USN 기술과 결합하여 설치 및 유지 보수가 간편한 화재감시 시스템이 요구된다.

7.1.1 목표 시스템 구성도

그림 7.1의 목표 시스템은 선박 내에서 화재 배전반까지 USN 시스템으로 구성한다. 화재 배전반에서는 게이트웨이에서 정보를 수집하여 TCP/IP 통신으로 소방대로 전송한다. 소방대 내에는 관제 서버가 정보를 수집하여 관리자에게 정보를 출력한다. 화재가 감지되면 관계자들에게 SMS로 통보되고, 소방대는 실시간으로 상황을 파악하여 화재 진화를 위해 출동한다.

기존의 P형 1급 수신기와 연동하여 기존 공장 및 건물의 수신기를 통한 통합 화재 감시 시스템으로 확대 적용한다.

7.1.2 시스템 시나리오

7.1.2.1 시스템 설치

- 건조 중인 선박이 안벽에 계류된다.
- 계류된 선박에 자재가 반입되고 작업대가 설치된다.
- 창고에서 센서노드, 중계노드, 베이스노드 1세트를 반입한다.
- 센서노드, 중계노드의 배터리 상태를 확인한다.

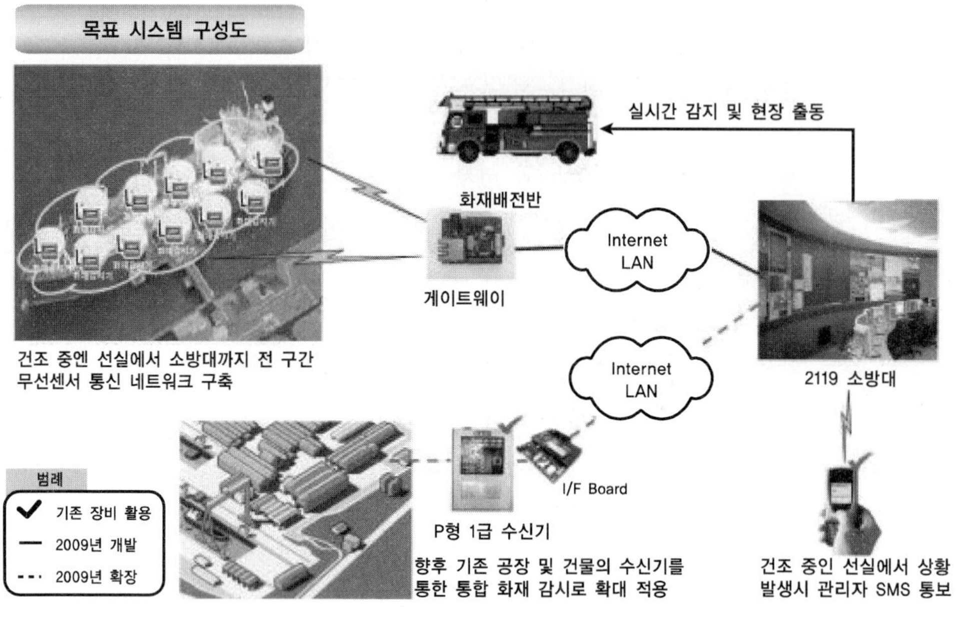

그림 7.1 화재감지 시스템 개념도

- LNG tank(총 4~5개)에 화재(연기) 감지센서들을 설치한다.
- 엔진실에 화재 감지센서와 산소센서들을 설치한다.
- Navigation deck에 환재 감지센서를 설치한다.
- 복도에 호재 감지센서를 설치한다.
- 밀폐 공간에 필요한 만큼 산소 감지센서 및 유해 가스 감지센서를 설치한다.
- 모든 노드는 자석 및 밴드로 설치한다.

7.1.2.2 시스템 운용

- 모든 센서는 10분마다 센서 데이터를 전송한다.
- 미들웨어는 주기적으로 전송되는 센서 데이터로 노드의 상태를 파악한다.
- 미들웨어는 센서 데이터를 데이터베이스에 저장한다.
- 응급 상황이 감지되면 센서노드는 바로 응급 정보를 전송한다. 전송된 정보는 1초 이내에 관제 서버로 전송된다.
  - 화재(연기)가 감지되면 화재 센서노드는 바로 경보 정보를 전송한다.
  - 산소 농도 부족이 감지되면 산소 센서노드는 바로 경보 정보를 전송한다.
  - 미들웨어는 데이터베이스에 이력을 저장하고, 별도 채널을 통해 관제 서버에게 응급상황 정보를 전송한다.
- 경광등/경고음을 켜는 것은 누가하는가?
  - 베이스노드
  - 게이트웨이
  - 미들웨어
  - 관제 서버
- 관제 서버가 응급 신호를 수신하면 경보를 내리고(경광등을 켜고 경고음을 울리는 등) 관계자들에게 SMS로 통보한다.
- 작업자들은 선박 내에서 경보를 듣고 비상 대피하고, 소방대는 화재 진화를 위해 출동한다.

7.2 원격 수도 모니터링

최근 들어 RFID/USN 기술을 이용하여 도시 생활을 편리하게 관리하려는 U-City 개발이 활성화되고 있다. U-City를 구현하려면 USN 기반의 다양한 응용을 구현하여야 하는데 USN 응용은 크게 원격모니터링 응용, 위치 기반 응용, 텔레매틱스 응용의 3가지로 분류할 수 있다. 이중에서 원격검침은 원격모니터링 응용의 대표적인 응용으로서 활발히 상용화가 추진되고 있다.

각 지방자치 단체가 무선통신 기술을 활용하여 도시의 각종 상황 정보를 무선으로 원격 감시하고 적절히 제어한다. 예를 들어, 판교 등의 신도시에 수도 사용량을 원격으로 감시하는 계획을 수립, 진행 중이다. 수도사용량을 원격으로 모니터링할 수 있으면 검침원의 직접 방문에서 발생하는 비용 및 민원 등이 획기적으로 감소할 수 있다.

원격검침을 위해선 기존의 아날로그 수도계량기가 디지털로 전환되어야 하고 사용량 정보가 유무선 통신장치를 통하여 중앙으로 전송되어야 한다. 수도계량기를 디지털화할 때 핵심적인 문제는 저전력 소모이다. 수도계량기는 내구연한 동안 밀폐되므로 배터리를 교환하기 어렵다. 따라서 배터리 교환 없이 8~9년 이상 동작해야 한다는 것이 문제이다. 더구나 수도 사용량을 유무선으로 중앙에 전송해야 한다면 전력 소모는 더욱 커질 것이다.

디지털 수도계량기에 관한 관련 연구로서 무선원격검침 시스템 시범운영을 들 수 있다. 이 사업은 기존의 수도계량기에 별도의 무선통신 모듈을 장착하고 검침데이터를 무선으로 서버에 전송하는 시스템이다. RF 모듈을 활용하여 무선 검침을 할 경우 효율적인 데이터 수집이 가능하다는 연구도 있다. 2006년엔 디지털 수도 계량기를 무선으로 검침하여 중앙에 전송하는 시스템이 개발되었다. 이때 무선 데이터를 받은 게이트웨이가 TCP/IP로 중앙에 전송하는 프로토콜을 중점적으로 기술하였다. 2007년엔 ZigBee를 이용하여 전력량을 무선 검침하는 시스템도 개발되었다. 이들 시스템들이 디지털로 수도 사용량을 계량하고 무선통신을 지원하며 원격검침이 가능하지만 수도 계량기에서 요구되는 저전력을 지원하지는 못한다. 해외의 개발 사례로는 9년 동안 배터리 교체없이 운영되는 수도계량기에 대한 사례가 있지만 무선 통신 기술을 지원하지는 못한다.

디지털 수도계량기의 설계 및 구현을 기술한다. 설계 시 주요 이슈는 배터리만으로 8~9년 사용이 가능해야 한다는 점이다. 자기장을 감지하는 홀 센서를 사용하여 검침하고 그 결과를 ZigBee 무선으로 게이트웨이에 전송한다. 배터리만으로 계량기의 내구연한을 견뎌야 하므로 저전력 설계가 필수적이다. 구현된 디지털 계량기의 실제 전력 소모를 기반으로 수명 보장을 위한 배터리 용량을 제시한다.

7.2.1 계량기 H/W 설계

7.2.1.1 전체 구조

전체 구조에서 저전력 소모를 위한 부분은 크게 다음과 같다.

- MCU를 MSP430을 선택하였다. MSP430은 16비트 프로세서이나 ATmega 계열이나 8051 등보다 전력 소모가 훨씬 작다는 장점을 갖는다.
- MCU가 deep sleep으로 동작할 수 있도록 타이머 칩을 별도로 두었다. 타이머 칩은 동작 시에 4uA 정도만 전력을 소모한다.
- 홀 센서를 3개 사용하나 2개만 전력을 공급하고 1개는 끌 수 있도록 하드웨어를 구성한다.
- LCD는 버튼이 눌렸을 때에만 전원이 공급되도록 스위치를 단다.
- RF도 동작 시에만 전원이 공급되도록 회로를 구성한다.

그림 7.2는 계량기 하드웨어의 전체 구조를 보여준다. MCU로서 저전력 소모 특성이 우수한 MSP430[7]을 선정하였다. MSP430은 TI가 생산하는 프로세서로서 Active

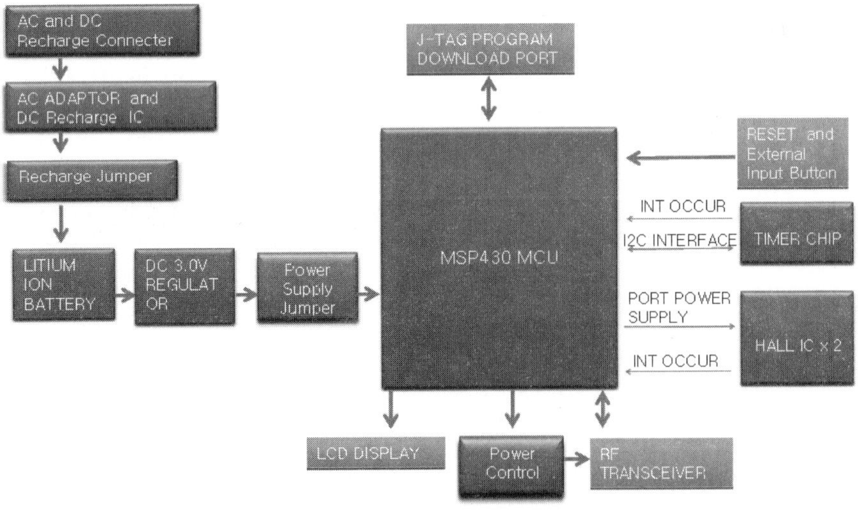

그림 7.2 시스템의 전체 구조

[출처 : 이영우, 오승엽, 원격검침을 위한 저전력 무선 디지털 수도계량기]

상태일 때도 600uA 정도만을 소모하며 Sleep 상태에서는 8uA만을 소모한다.

그림 7.2에서 MCU 왼쪽은 전원부이다. 3V 리튬이온 충전식 배터리를 채용하였으며 배터리 잔량이 부족할 때를 대비하여 충전기능을 포함하였다. MCU의 상부는 JTAG 프로그램 다운로드 포트를 나타낸다. MCU의 하단에는 LCD 디스플레이와 RF 트랜시버를 보여준다. 저전력 소모를 위하여 LCD는 버튼을 누를 때에만 전원이 공급되고 계량 값을 표시하도록 설계하였다. RF 트랜시버는 MCU가 필요시에만 전원을 공급하도록 설계하였다.

그림 7.2의 오른쪽은 타이머 칩과 홀 IC를 보여준다. 타이머 칩은 실시간을 계산하기 위하여 부착하였다. 홀 IC는 자기장의 변화를 측정하여 계량기안 임펠러의 회전수를 측정한다. 홀 IC를 3개 장착하여 역회전도 검출하도록 하였다.

7.2.1.2 RF 모듈 선정

표 7.1은 ZigBee를 지원하는 RF 모듈들을 보여준다. 표에서 볼 수 있는 것처럼 Jennic의 ZigBee 칩이 전송 출력이 가장 높다는 것을 알 수 있다. 수도계량기의 하우징 내에서 CC2420과 JN5121을 시험한 결과 JN5121이 송수신 가능했다. 전력 소모가 40mA로 가장 큰 점이 문제점이라고 할 수 있다. 이 시스템에서는 JN5121을 선정하였다.

7.2.1.3 센서 선정

그림 7.3은 마그네틱 홀 센서를 보여준다. 원의 중심 부분에 3개의 홀 센서가 장착된 것을 볼 수 있다. 이 센서는 수도계량기의 임펠러 축 위에 부착된다. 임펠러의 한

▌표 7.1▌ RF 모듈 비교

구 분		CC2420	EM2420	MC13192/3	JN5121	CC2430
회사		TI	Ember	Freescale	Jennic	TI
RX Sensitivity		-94dBm	-94dBm	-92dBm	-93dBm	-94dBm
Tx Power(Type:dBm)		0	0	0	+1	0
Current Consumption	RX	20mA	20mA	42mA	50mA	27mA
	TX	17mA	17mA	35mA	40mA	25mA
Operating Voltage		2.1~3.6V	2.1~3.6V	2.0~3.4V	2.2~3.6V	2.0~3.6V
CPU on Chip		무	무	무	유	유

[출처 : 이영우, 오승엽, 원격검침을 위한 저전력 무선 디지털 수도계량기]

부분에는 영구자석이 부착돼 있어서 임펠러가 회전할 때 자석이 만드는 자기장의 변화를 홀 센서가 감지하여 임펠러의 회전을 감지한다. 이 시스템에서 선택한 홀 센서는 Allegro Micrsystems사의 A1174이다.

홀 센서가 1개나 2개 있을 때는 회전수만을 감지할 수 있다. 홀 센서를 3개 장착하면 회전의 방향도 감지할 수 있다. 본 논문에서는 물의 역류를 감지할 수 있도록 홀 센서를 3개 사용한다. 각각의 홀 센서를 정회전 방향에 따라 0, 1, 2번 홀 센서로 지정한다.

홀 센서는 그림 7.3에서 볼 수 있는 것처럼 원의 중심을 기준으로 대칭의 구조로 장착된다. 문제는 원의 중앙에서 얼마나 떨어져서 장착돼야 하는지를 결정하는 것이다. 이 시스템에서는 5mm, 6mm, 7mm의 3가지 이격거리를 실제 실험을 통하여 측정, 결정한다.

7.2.1.4 SW 알고리즘

SW 알고리즘은 저전력 소모가 주안점이다. 계량기의 동작 상태를 정지 상태, 정회전 동작 상태, 역회전 동작 상태로 나누고 상태 전이 조건을 기술하였다. 내부타이머는 홀 센서 인터럽트가 지정된 시간 동안 발생하지 않는지를 판단하기 위하여 사용한다. 그 시간 이상 인터럽트가 없다면 물 사용이 없는 상태로 전이한다. 외부타이머는 1시간을 지정하기 위하여 사용한다.

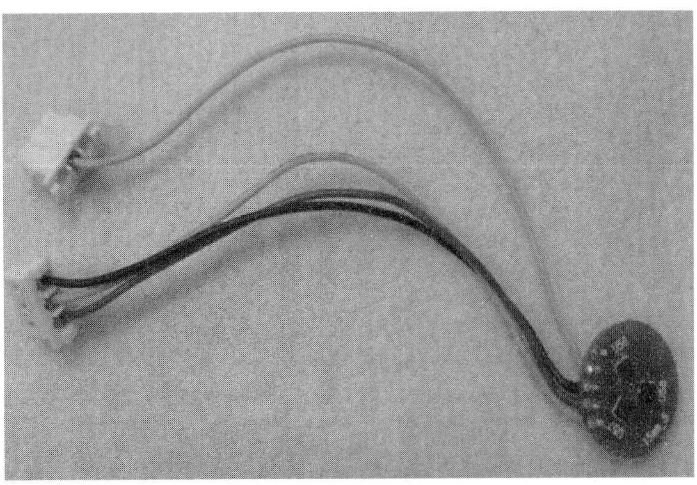

▌그림 7.3▐ 홀 센서

[출처 : 이영우, 오승엽, 원격검침을 위한 저전력 무선 디지털 수도계량기]

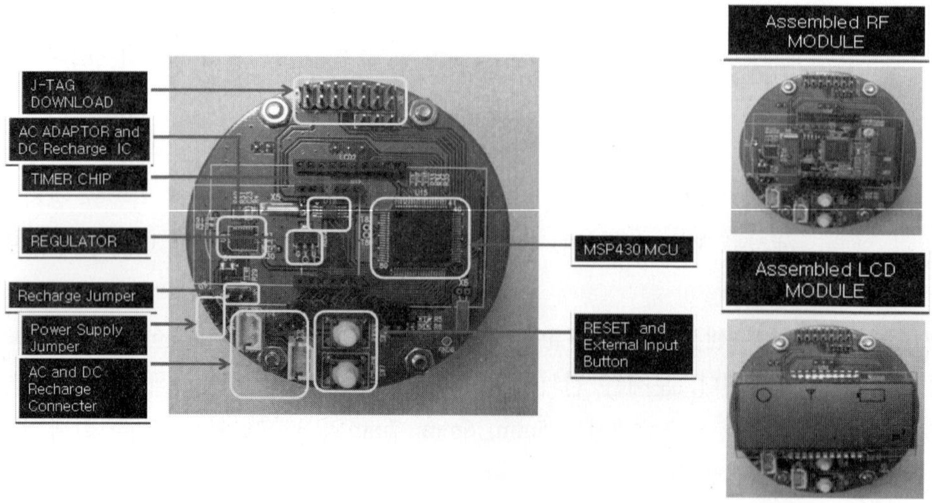

▌그림 7.4▐ 구현된 계량기

[출처 : 이영우, 오승엽, 원격검침을 위한 저전력 무선 디지털 수도계량기]

정지 상태에서는 홀 센서를 1개만 ON시켜서 전력 소모를 줄이려 하였다. 물이 역류할 때에 수도 미터 값을 감소시킬 수 있어야 하며 이를 위하여 정회전 시에는 수도미터 값을 '1' 증가시키고, 역회전 시에는 수도미터 값을 '1' 감소시킨다.

7.2.2 구현 모습

그림 7.4는 구현된 계량기의 모습을 보여준다. 그림의 왼쪽에서 MCU와 외부타이머 칩을 볼 수 있다. 그림의 오른쪽 하단에서 RF 모듈이 조립된 형상을 보여준다. 그림의 오른쪽 상에서 LCD 모듈이 조립된 상태를 보여준다. 레귤레이터는 충전 배터리의 전압을 일정하게 유지하는 역할을 수행한다.

7.3 USN 기반 위치인식 시스템

위치인식은 무선통신의 등장과 함께 주목을 받기 시작하여 다양한 분야에서 많은 연구들이 수행되었다. 실외에서는 GPS를 이용한 이동통신망의 이동전화 위치인식체계가 오래전부터 사용되고 있다. 로봇분야에서는 다양한 장치를 활용하여 수 밀리미터 수준의 정밀도를 보여주고 있다. RSSI(Received Signal Strength Indication) 기반 위치인식은 별도의 장치 없이 RF의 세기만으로 위치를 인식할 수 있어 가장 많이 연구되고 있는 방법이다. RF 신호에 의한 방법의 위치 계산 오차를 줄이기 위한 노력으로는 추가적으로 초음파를 전송하여 발생되는 시간차를 이용하여 위치를 알아내려는 기법도 제안되었다.

실내와 실외를 막론하고 다양한 공간에서 무선통신기기의 사용이 늘어남에 따라 위치 인식 요구도 매우 빠르게 늘고 있다. 세계 여러 나라에서 추진하고 있는 U-City 구상과 더불어 대규모 주거단지 내 거주자 및 사물의 위치인식 요구도 그 중 하나이다. 예를 들어, 아파트 단지에서 태그를 이용하여 입·출입 제어는 물론이고 거주자나 자동차의 현재 위치를 파악, 각 가정의 단말이나 주차장내 키오스크에 알려주는 시스템이 이미 상용화 단계이다. 수천 세대의 아파트 단지라면 사방 수 킬로미터 내외의 공간에 수 만개의 태그가 동시에 사용된다.

U-City 실현을 위해 아파트 단지 내에서 사람이나 자동차의 위치를 인식하기 위해서는 첫째, 지하주차장과 같이 실내 환경에서도 사용할 수 있어야 하고, 둘째, 사람이 착용하는 태그의 경우 가볍고 단순해야 하며, 셋째, 요구되는 정확도는 수 미터 수준으로 고성능이 필요하지는 않지만 소형 배터리로 교체 없이 1년 이상 사용할 수 있도록 소모전력 관리가 중요하다.

7.3.1 RSSI 위치 신호 전송방식

RSSI 기반의 위치인식은 위치인식 신호를 누가 전송하느냐에 따라 두 가지 방식으로 분류할 수 있다. 첫째는, 위치가 알려진 라우터들이 비컨 신호를 전송하고 이동하는 노드가 이 신호들을 수신, 분석하여 위치를 확인하는 방식인데, RADAR가 이에 해당된다. Texas Instrument사에서 개발한 CC2431칩은 이러한 방식의 위치인식 엔진을 내장하였다. 둘째는, 이동하는 노드가 비컨 신호를 방송하고, 고정된 수신 장치가 수신하여 중앙에서 위치를 결정하는 방식이다.

그림 7.5는 이동하는 태그가 신호를 전송하는 예를 보여준다. 태그가 신호를 전송하면 수신 RSSI들을 라우터가 서버에 보내는 구조이다. 태그가 신호 패킷을 브로드캐스팅해서 처리한다. 이때 RSSI 오차를 감안하여 m개의 패킷을 전송한다.

그림 7.6은 라우터가 신호를 전송하는 방식을 보여준다. 그림의 라우터들이 주기적으로 신호를 전송하고 이를 태그가 수신하여 자신의 위치를 계산하고 라우터에 이를 전송, 서버에 위치를 전송하는 구조이다. 라우터들은 신호 패킷을 주기적으로 전송하며 라우터 간의 패킷 전송은 순선에 의한다. 태그는 라우터들로부터 m개의 신호 패

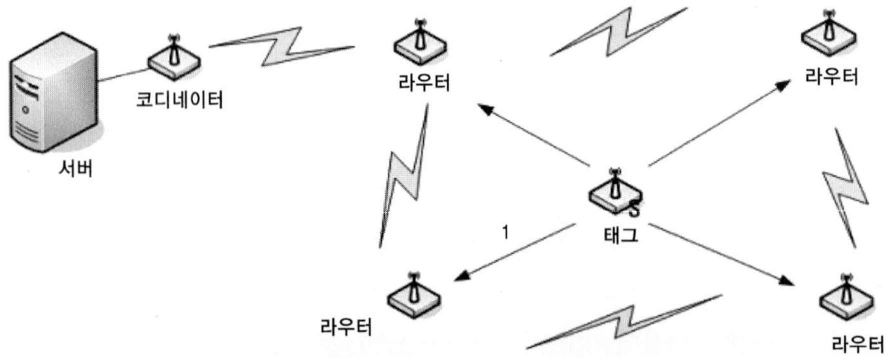

▌그림 7.5▐ 태그 신호 전송방식

[출처 : 소선섭, 은성배, 2004, ZigBee 태그 기반 아파트 위치인식 시스템 설계 및 구현]

킷을 받아서 3~4개의 라우터로부터 패킷이 수신되면 이를 이용, 위치를 계산하고 그 결과를 라우터에 전송한다.

그림에서 보면 태그 신호 전송방식은 m개의 패킷을 사용하고 라우터 신호 전송방식이 4 * m개의 패킷을 사용하므로 태그신호 전송방식이 교환되는 패킷 수가 작은 것처럼 보인다. 문제는 특정 공간 내에 라우터의 수는 고정돼 있는데 반해 이동하는 태그의 수는 가변적이고 그 수가 매우 커질 수 있다는 것이다.

교환되는 패킷 수를 계산하기 위하여 다음을 가정한다.

- L미터 간격으로 라우터를 설치한다.
- 사방 L미터 내에 최대 K개의 태그가 존재할 수 있다.

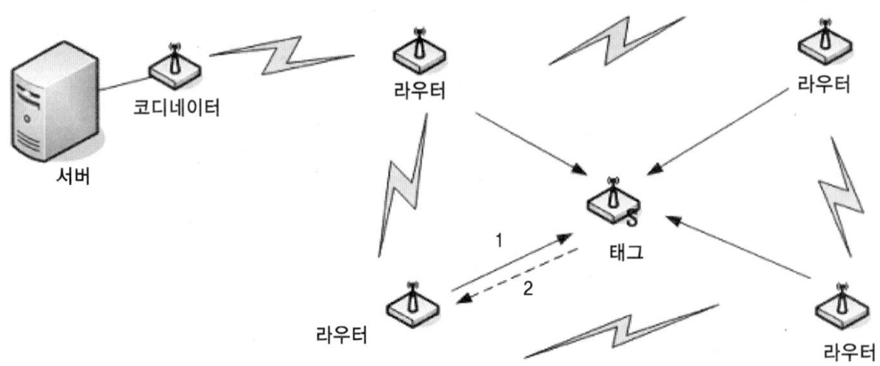

▌그림 7.6▐ 라우터 신호 전송방식

[출처 : 소선섭, 은성배, 2004, ZigBee 태그 기반 아파트 위치인식 시스템 설계 및 구현]

• 사방 L미터 내에서 라우터의 수는 고정이며 r개이다.
• 태그 신호 전송방식의 패킷 수 = K * m이다.
• 라우터 신호 전송방식의 패킷 수 = K + r * m이다.

m이 5이고, r이 4일 때 태그 신호 전송방식이 라우터 신호 전송방식보다 패킷 수가 많아지는 K는 아래 식과 같다.

$$5 * K >= K + 4 * 5,$$

즉, K >= 5이다.

만약, 라우터가 더 많아서 8이 되더라도 K >= 10이다. 이는 혼잡한 아파트의 상황을 고려할 때 라우터 신호 전송방식이 패킷을 적게 교환한다는 것을 알 수 있다. 그 결과 교환되는 패킷 수가 작게 되고 충돌을 방지, 무선통신 성능을 높일 수 있다.

7.3.2 시스템 구현

그림 7.7은 아파트 단지 내 위치인식 시스템의 개념도이다. 단지 내 거주자 및 자동차는 그림에서 U-Tag라는 능동 태그를 착용한다. U-Tag는 주변의 라우터가 발신하

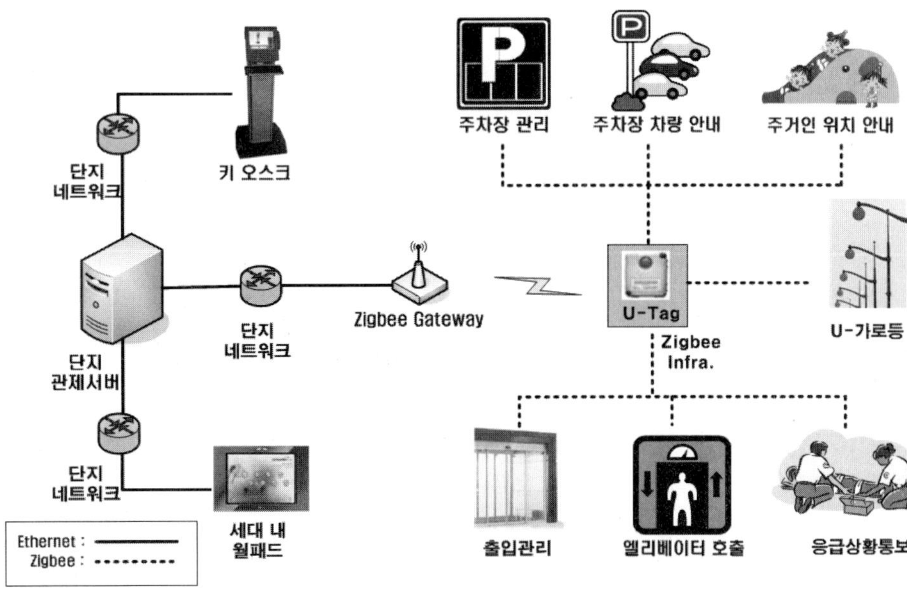

▮그림 7.7▮ 아파트 위치인식 시스템 구성도

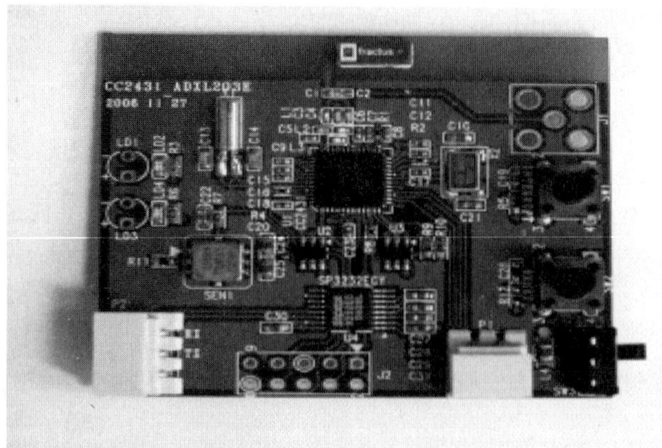

▌그림 7.8▐ 구현된 태그의 모습

[출처 : 소선섭, 은성배, 2004, ZigBee 태그기반 아파트 위치인식 시스템 설계 및 구현]

는 주기적인 신호 패킷을 수신하여 라우터들의 RSSI들을 비교, 자신의 위치를 인식한다. 인식된 위치는 단지 내 네트워크를 통하여 서버에 저장되고 키오스크, 월패드 단말 등에 의해 접근된다.

그림에서 보듯이 시스템에서 센서 네트워크 관련 주요 모듈은 태그, 라우터, 게이트웨이다. 본 절에서 각 구성요소를 간략히 기술한다.

▌그림 7.9▐ ZigBee 라우터

[출처 : 소선섭, 은성배, 2004, ZigBee 태그기반 아파트 위치인식 시스템 설계 및 구현]

그림 7.8은 구현된 태그이다. ATmega128을 MCU로 사용하고 RF칩은 2.4GHz ZigBee 통신규약을 지원하는 cc2431을 사용하였다. 안테나는 PCB 안테나이며 3개의 수은전지 배터리를 사용한다. 가속도 센서를 장착하여 사용자가 위치이동이 없을 때 태그가 저전력 모드에 들어가게 구현하였다. 800mA, 3V 배터리를 적용할 때 1개월 사용할 수 있도록 설계하였으며 핸드폰 충전기를 활용하도록 구현 중이다.

그림 7.9는 ZigBee 라우터를 보여준다. 라우터들은 상시 전원을 공급받으며 ZigBee로 수신된 데이터의 RSSI 값을 중앙 서버로 전달한다. 이 값들을 기반으로 중앙 서버는 태그의 위치를 계산한다. 그림 7.7에 표시된 라우터는 중앙 서버와 이더넷으로 연결되며 TCP/IP 통신을 지원한다.

Part 03
모바일 컴퓨팅

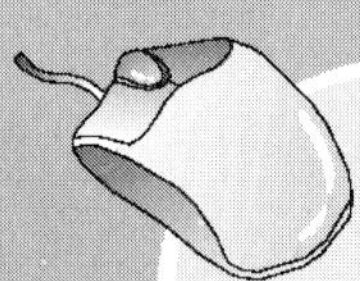

8. 개요
9. 스마트폰 기술 및 시장 동향
10. 스마트폰 플랫폼
11. 스마트폰 애플리케이션 마켓

Chapter 08

개요

8.1 스마트폰 개요 및 시장 동향

8.1.1 스마트폰의 개념

'스마트폰'에 대한 산업계의 일반적인 정의는 내려져 있지 않으나, 일반적으로 스마트폰은 PC와 같은 기능을 수행할 수 있는 휴대폰을 지칭하는 것이라 할 수 있다.[1] 휴대폰의 진화과정을 검토해 보면, 초기에는 음성 통화가 주된 목적인 일반 휴대폰이었으나, 여기에 카메라폰, MP3폰, DMB폰 등 사용자가 원하는 기능을 접목시킨 기능 휴대폰이 나타나게 되었고, 이제는 휴대폰이 단순한 음성 통화 도구가 아닌, PC와 유사한 기능을 수행하게 되는 스마트폰이 나타나게 된 것이다.

▌표 8.1▌ 일반 휴대폰과 스마트폰의 특성 비교

일반 휴대폰	스마트폰
• 보이스 중심 서비스 • WIPI 기반 호스트만 접속 • 카메라, MP3 및 멀티미디어 기능 • SMS/MMS 위주 • 3rd-Party 애플리케이션 설치 불가	• Windows Mobile, Symbian, Linux 등 범용 운영체제 • 멀티태스킹/데이터 중심 서비스 • 외부 SD/CF 장치 내장 • Wi-Fi 지원 • 3rd-Party 애플리케이션 설치 및 사용

[출처 : 유지은, "스마트폰의 Key Enabler: 소프트웨어", SW Insight 정책리포트, 2009년 4월]

1 Wikipedia.org(http://en.wikipedia.org/wiki/Smartphone#cite_note-1)

8.1.2 스마트폰 단말 추이

최초의 스마트폰은 1992년에 IBM이 출시한 'Simon'이었다. 이후 Nokia를 중심으로 스마트폰이 출시되다가, 2004년 RIM이 출시한 'BlackBerry'가 푸싱 이메일기능을 앞세워 미국 대도시의 화이트컬러 계층에 의해 각광을 받으며 대중화되기 시작하였으며, 2008년 7월[2]에 Apple이 독특한 유저 인터페이스(User Interface)와 다양한 애플리케이션의 사용이 가능한 iPhone을 출시한 이후에 점차 보급이 확대되고 있다. 2009년 세계 휴대폰 시장은 단말 대수를 기준으로 -7.9%의 역성장을 했으나, 스마트폰 시장의 경우에는 24% 성장하였고, 2010년에도 고성장세가 지속되어 전체 휴대폰 시장의 21.1%를 차지하고, 2013년에는 40%에 육박할 것으로 전망하고 있다.

신제품을 수용하는 속도에 따라 혁신자(Innovators, 2.5%), 초기 수용자(Early Adopters, 13.5%), 초기 다수자(Early Majority, 34.0%), 후기 다수자(Late Majority, 34.0%), 최후 수용자(Leggards, 16%)로 구분할 수 있는데, 2009년 전체 휴대폰 시장에서 스마트폰의 비중인 15.9%인 것을 통해 초기 수용자와 초기 다수자의 사이에 위치해 있는 것을 알 수 있다.

2009년 4분기 5대 벤더들의 움직임을 검토해 보면, Nokia는 터치스크린방식의 스마트폰 도입으로 경쟁력과 수익성 획득하였는데, 빠르게 변해가는 스마트폰 시장 추세를 고려하여 기존 모델에 대한 가격 인하로 소비자 선호도 및 판매 수익 확보하였다. RIM은 설립 이후 최초로 출하량 100만대 돌파라는 기록을 수립하였는데, 새로운 스마트폰 시리즈를 앞세운 2년간 무료 사용 계약이 성장 전략으로 나타나고 있으며,

▮표 8.2▮ 세계 스마트폰 시장 전망(자료: 삼성경제연구소, 2010)

(단위: 백만대, %)

구분		2007년	2008년	2009년	2010년	2011년	2012년	2013년
휴대폰 판매 대수		1,151	1,209	1,114	1,202	1,306	1,432	1,568
스마트폰	판매대수	121	143	178	254	351	469	604
	성장률	49	18	24	43	38	34	29
	비율	10.5	11.8	15.9	21.1	26.9	32.8	38.5

[출처 : 삼성경제연구소, CEO Information: 스마트폰이 열어가는 미래, 2010년 2월 3일]

2 Apple이 iPhone을 최초로 출시한 것은 2007년 6월이나 본격적인 보급은 2008년 7월에 iPhone 3G부터이며, 2009년 12월을 기준으로 누적 판매량은 약 4,250만대임

1년 만에 가장 큰 성장세를 보인 벤더로 기록된 Apple은 2010년 최대의 스마트폰 생산 벤더로 성장할 것으로 전망되고 있다. Motorola는 최단 기간 내에 최상위 5대 벤더로 진입하였으며, HTC는 최대한 사용자의 수요에 맞게 접근하는 마케팅 전략을 활용하였다.

국내의 경우에는 2009년 4월부터 WIPI 의무 탑재가 폐지되면서, 2009년 하반기부터 이동통신 사업자의 스마트폰 출시 경쟁(옴니아 2: 2009년 10월 출시, iPhone 3GS: 2009년 11월 출시)으로 보급이 점차 확산되고 있다. 이는 2010년에도 이어질 것으로 전망되는데, ROA Group Korea의 《2010 통신 시장 전망 보고서》에 따르면, 1) 국내외 단말 제조사들의 스마트폰 라인업 출시 확대에 대한 확고한 의지와 새로운 서비스 시장의 가능성 확대, 2) 이동통신 사업자들의 다양한 요금제 출시와 확대 의지, 3) 데이터 서비스 사용에 대한 사용자들의 의구심 해소에 따른 니즈 확대, 4) 주요 사업자들의 유무선 통합 서비스 및 유무선 대체 서비스의 경쟁 격화 등을 원인으로 하여, 2010년 국내 스마트폰 판매량을 185만대로 예측하고 있다.

특히, 2010년 2월에 스페인 바르셀로나에서 열린 'Mobile World Congress'(MWC) 전시회를 통해 새로운 스마트폰들이 선보이고 있고, 이들 중 일부 제품들은 2010년 국내에 출시 예정이다. 우선 MWC 2010에 최초로 '바다' 플랫폼을 탑재한 스마트폰 '웨이브'를 공개한 삼성전자는 2010년 5월부터 국내에 출시할 예정이고, Sony Ericsson도 첫 Android폰 '엑스페리아 X10'을 한국을 포함한 전 세계 시장에 시판하기로 했다.

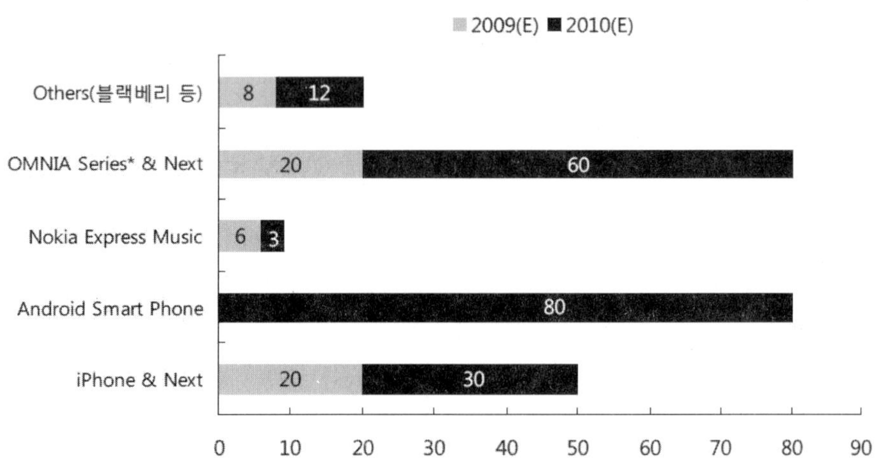

▌그림 8.1▐ 2009년/2010년 국내 주요 스마트폰 모델 별 판매량 예측(단위: 만대)

[출처 : ROA Group Korea, ROA Perspective Report in 2010: 2010 통신 시장 전망 보고서-단말 및 서비스 시장을 중심으로, 2010년 1월 8일]

또한 국내 최초로 Android폰 '모토로이'를 출시한 Motorola는 MWC 2010에서 공개한 8번째 Android폰인 '퀀치'를 2010년 상반기 중에 SK 텔레콤을 통하여 출시할 계획이다.[3] 이러한 상황들을 통해 검토해 봤을 때, 2010년 국내 스마트폰 시장은 더욱 치열한 양상을 보일 것으로 전망된다.

8.1.3 2010년 국내 통신 시장 이슈

이러한 상황들을 기반으로 2010년 국내 통신 시장의 주요 이슈는 다음과 같이 정리될 수 있을 것이다.[4] 이동 단말 부분에 있어서는 1) 휴대폰 시장을 스마트폰이 주도, 2) 휴대폰 이외에 이머징(Emerging) 단말이 Wi-Fi를 기본 내장하여 커넥티드 단말 시장을 형성, 서비스와 애플리케이션 부분에서는 3) 개방형 앱 스토어로의 모바일 콘텐츠 시장 유통구조 전환, 4) 증강 현실(Augmented Reality)[5] + 소셜 네트워크 매쉬업 서비스의 등장, 5) 문자 검색에서 비주얼 검색으로의 진화 등 차별화 검색 서비스 등장, 6) 2D 기반에서 3D 기반 애플리케이션으로 빠르게 전환, 미들웨어와 AEE(Application Execution Environment, 특정 운영체제에 종속적으로 또는 독립적으로 특정 애플리케이션을 실행하기 위한 미들웨어) 부분에서는 7) 3D Engine/SDK의 AEE로서의 가치 증대, 8) 운영체제에 독립적인 미들웨어 또는 AEE 구축 경쟁의 본격화 등이 주요 이슈가 될 것이다. 운영체제 부분에서는 9) Google의 Android 플랫폼과 Apple의 iPhone 간의 양상구도 형성, 하드웨어 플랫폼 부분에서는 10) 애플리케이션 프로세서의 통합 SoC화, 11) 와이어리스 커넥티비티 SoC 시장 부상과 이머징 단말로의 인입 가속화 등이 주요 이슈가 될 것이다.

---

3 이상규 기자, "스마트폰, 5월이 기다려지는 이유?", 매일경제, 2010년 2월 17일

4 ROA Group Korea, ROA Perspective Report in 2010: 2010 통신 시장 전망 보고서-단말 및 서비스 시장을 중심으로, 2010년 1월 8일

5 SK 텔레콤은 2010년 2월 17일, 안드로이드폰 내장 카메라를 이용해 인근 건물의 주요 정보를 확인할 수 있는 증강 현실 서비스 '오브제'를 무료로 제공한다고 밝혔다. 예를 들어 휴대폰 이용자가 세종문화회관 관련 정보가 궁금할 경우에 휴대폰 카메라를 세종문화회관에 비추기만 하면 세종문화회관 예약 전화 연결, 홈페이지 접속, 공연 정보 등을 실시간으로 제공받을 수 있다. '오브제'는 국내 100만여 개의 건물과 상점 정보를 제공하며, 지도 모드로 전환하게 되면 보행자 내비게이션으로도 활용할 수 있다.

8.2 스마트폰 시장의 성장 원인

8.2.1 모바일 네트워크 고도화 및 단말의 비약적인 발전

모바일 산업은 음성 통신 위주에서 데이터 통신 위주로 산업의 중심이 이동하고 있다. 패러다임의 변화에 따라 음성 중심의 휴대폰도 인터넷 통신을 위한 단말로 변화하면서 스마트폰의 시대가 온 것이다. 3G, 3.5G 등 모바일 브로드밴드 발전으로 네트워크 대역폭이 확대되고, HSDPA, Wi-Fi, Bluetooth 등 다양한 통신 방식을 통해 언제, 어디서나 대용량의 데이터를 초고속으로 전송할 수 있게 되었다. 사용자의 증가한 데이터 서비스 이용 욕구를 충분히 충족시킬 만큼 모바일 네트워크가 고도화되었고, 풀 브라우징과 같은 기술의 발전으로 사용자의 무선 인터넷 데이터 사용이 쉬워진 환경이 구축되었다. AT&T에 따르면 3G iPhone 사용자의 데이터 사용량은 기존 iPhone 사용자보다 평균 3배 이상 많은 것으로 나타났다.

Apple의 iPhone은 단말의 와이드 터치스크린, 유저 인터페이스 등에 있어서 혁신을 선보이며, 단말의 한 단계 진일보한 모습을 보여주며 스마트폰 시장 성장의 견인차 역할을 하고 있다. iPhone의 뛰어나고 간단한 터치스크린 기반의 유저 인터페이스가 성공 요인으로 나타남에 따라, 유저 인터페이스가 단말의 차별화 포인트로 각광받으며 대부분의 단말 제조사가 터치스크린을 탑재한 단말을 선보이고 있거나 계획에 있다.

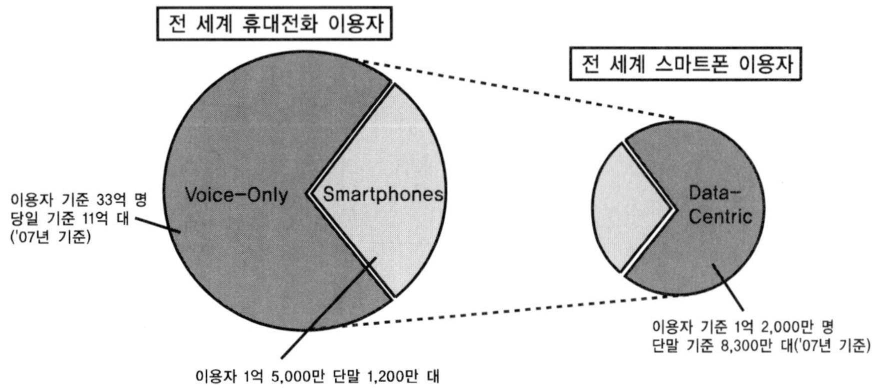

▌그림 8.2▌ 스마트폰 사용자의 데이터 서비스 현황

[출처 : 유지은, "스마트폰의 Key Enabler: 소프트웨어", SW Insight 정책리포트, 2009년 4월]

그리고 최근 출시되는 대부분의 스마트폰이 3인치 후반대의 LCD와 QWERTY 키보드를 탑재함으로써, 동영상, 모바일 웹 사용, 문자 입력 등이 쉬워졌고, 스토리지의 소형화, 대용량화, 저가격화, 유선에서의 웹 사이트와 유사한 수준의 모바일 웹 서비스 이용이 가능한 풀 브라우징 서비스 지원, 고화소 카메라, 3D 영상 및 HD 영상이 가능한 높은 해상도, CPU 향상을 통한 처리 속도 개선 등 단말의 고기능화는 스마트폰 확산에 있어 가장 큰 기여를 했다고 볼 수 있다.

8.2.2 범용 운영체제의 고도화를 통한 스마트폰 단말의 낮아진 진입 장벽

기존에는 휴대폰 모델에 따라 각각 다른 운영체제를 가지고 개발 및 출시했기 때문에 많은 인력과 비용이 소요되었으나, 범용 운영체제로 인해 휴대폰 개발 비용을 절감하고 개발 기간을 단축할 수 있게 되었다. 또한 범용 운영체제는 표준화된 개발 환경이 공개되어 있어 개발사가 소프트웨어를 개발할 수 있고, 개발된 소프트웨어는 동일 운영체제를 사용하는 모든 단말에서 호환성을 유지할 수 있게 해 준다. 이처럼 단말 생산 비용의 감소와 범용 운영체제로 인해 스마트폰 시장의 진입 장벽이 낮아짐으로써 다양한 사업자가 참여하고 경쟁이 심화된 것도 스마트폰 시장이 부상하는데 큰 역할을 하게 된 것이다.

8.2.3 휴대폰의 경쟁력이 하드웨어에서 소프트웨어로 이동

기존의 휴대폰 산업은 LCD, MP3, 카메라 화소, 경량화 등 단말 자체가 가진 하드웨어의 진화를 통해 발전되어 왔다. 그러나 하드웨어 자체가 가진 부가가치가 떨어지고, 차별화가 점차 어려워지면서, 소프트웨어가 하드웨어의 보완재 역할을 함으로써 소프트웨어를 통한 차별화가 주목받게 되었다. 스마트폰에서의 소프트웨어는 크게 2가지로 볼 수 있는데, 다양한 애플리케이션과 이를 효과적으로 운용할 수 있는 고도의 소프트웨어 플랫폼이다. Nokia, Apple, RIM은 하드웨어 생산과 더불어 자체 운영체제를 보유함으로써, 수직 통합 형태를 통해 경쟁력을 갖추고 있다.

8.3 스마트폰 응용 프로그래밍 교육현황

스마트폰의 최대 장점은 응용 개발이 기존 컴퓨터 프로그래밍과 유사하고 개발된 응용을 판매할 수 있는 시장이 존재한다는 점이다. 그 결과 Iphone 응용의 경우, 10만개 이상의 응용이 개발되어 판매되고 있는 실정이다.

과거 PC가 처음 개발되었을 때와 유사하게 스마트폰을 위한 SW 시장이 폭발적으로 성장할 것이라고 판단한다면 초기 응용 개발단계에서 응용 개발 프로그래밍 교육을 확대하는 것이 전략적으로 유용하다고 할 것이다.

국외에서는 미국 스탠포드 대학에서 2009학년도 봄 학기부터 iPhone Application 개발에 대한 강의를 제공하고 있다. MIT에서는 2009년 1월 11일부터 15일까지 5일간, ‘Introduction to iPhone Application Programming’이라는 이름으로 iPhone Application 개발과 관련된 교육을 진행하였다. Objective-C, XCode and Debugging, Cocoa Touch View and Controller Classes, Interface Builder and Application Flow, Fetching and Storing Data: disk, database, and web services 등에 대한 교육이 진행되었다.

국내에서 역시, 스마트폰 애플리케이션 프로그래밍 교육이 진행되고 있는데, 대부분이 일시적으로 이루어지는 것으로 파악된다.

Chapter 09

스마트폰 기술 및 시장 동향

9.1 스마트폰의 포지셔닝[6]

스마트폰은 컴퓨팅 능력을 보유한 휴대폰이기 때문에 초기 등장 때부터 PC의 대체재가 될 것이라는 예상이 있었으며, 특히 컨버전스 환경에서 스마트폰은 컴퓨팅 능력과 이동성을 모두 가지고 있기 때문에 유무선 통합에 매우 적합한 단말로써 주목받고 있다. 그러나 다양한 모바일 단말이 나타남에 따라, 스마트폰은 PC의 대체재보다는 2nd PC의 위치에서 MID(Mobile Internet Device), 넷북 등과 경쟁하고 있다.

MID는 UMPC보다 성능은 떨어지지만 크기와 전력 소비량이 더 작은 휴대용 디지털 단말을 의미하고, 넷북은 저전력, 저 사양, 저가격의 초소형 노트북을 의미한다. 이동성 측면에서 스마트폰만큼 뛰어난 MID나 넷북은 VoIP를 통해 음성 통신도 가능해짐에 따라 스마트폰의 최대 경쟁자로 떠오르고 있다. MID는 스마트폰에 비해 큰 화면과 고해상도, 강력한 컴퓨팅 파워를 통한 멀티미디어 처리 측면에서 강점이 있고, 넷북은 스마트폰 보다 고사양, 큰 화면, 쉬운 입력 환경 측면에서 이점이 있다. MID와 넷북이라는 강력한 경쟁자 틈에서도 스마트폰이 가진 가장 큰 경쟁력은 항상 전원이 켜져 있기 때문에 언제, 어디서나 사용이 자유롭다는 점이다. 반면, 스마트폰의 가장 큰 약점은 화면 크기, 화면 해상도, CPU이었으나 스마트폰의 성능이 날로 향상되고 있어 이러한 문제점들은 점차 해결되고 있다.

6 유지은, "스마트폰의 Key Enabler: 소프트웨어", SW Insight 정책리포트, 2009년 4월

▌표 9.1▌ 일반 휴대폰, 스마트폰, 넷북/MID 스펙 비교

휴대폰	스마트폰	넷북/MID
〈	컴퓨팅 파워	〈
=	휴대성	〉
〈	무선 인터넷 지원: WCDMA, HSDPA, Wi-Fi 지원	〉
≤	무게: 100g 내외	〈
〈	가격	〈
〉	배터리 지속 시간: 24시간 이상	〉
≤	화면 크기: 2.5~3.8인치	〈

9.2 주요 스마트폰 단말 제조사 동향[7]

2008년 스마트폰 단말 시장에서는 당연 Apple이 전년 같은 기간 대비 두 배가 넘는 10.7%로 증가하면서 두각을 나타냈다. 스마트폰 전문 제조사인 HTC 또한 점점 시장 점유율을 확대하고 있으며, 삼성전자는 전년 같은 기간 대비 1.8%에서 4.2%로 늘어나면서 스마트폰 '빅5' 안에 처음으로 진입하였다. 반면 Nokia는 전년 같은 기간 대비 50.9%에 달하던 점유율이 40.8%로 크게 하락하였다.

주요 단말 제조사들의 스마트폰 라인업이 강화되고 있으며, 거의 모든 스마트폰이 대형 화면의 터치스크린을 탑재하여, 간편하면서도 사용자 친화적인 유저 인터페이스를 추구하고 있다. GPS 탑재가 증가하고 있으며, LBS와 SNS를 활용한 단말 등 다양한 스마트폰이 출시되고 있다.

단말 제조사와 운영체제 사업자, 이동통신 사업자, 서비스 제공 업체 등 관련 사업자들의 제휴 등이 활발히 이루어지고 있는데, LG 전자는 Microsoft와 모바일 컨버전스 포괄적 제휴를 통해 Windows Mobile 기반의 스마트폰을 2012년까지 50종 출시할 계획이며, Nokia도 세계 최대의 인터넷 전화 업체인 Skype와의 제휴를 통해 Skype 가입자들이 인터넷 접속이 가능한 스마트폰을 통해 어디서든 저렴한 인터넷 전화를 이용할 수 있도록 함으로써, 스마트폰 시장에서의 입지 강화에 노력하고 있다.

또한 기존에는 단말 제조사별로 개인 시장을 타겟으로 하거나 기업 시장을 주요

7 유지은, "스마트폰의 Key Enabler: 소프트웨어", SW Insight 정책리포트, 2009년 4월

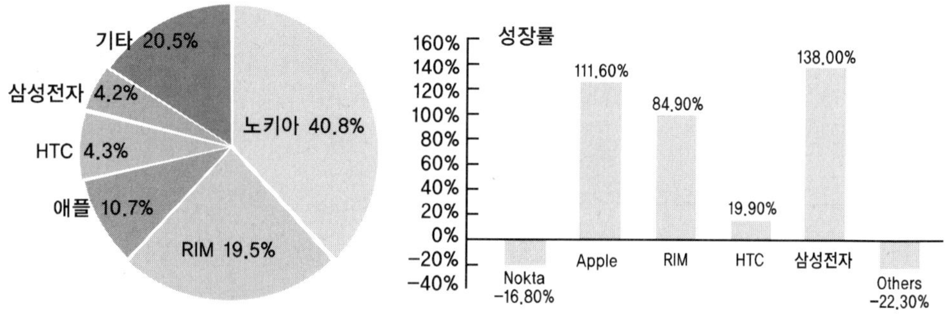

▮그림 9.1▮ 전 세계 주요 스마트폰 제조사별 시장 점유율 현황 및 전년 같은 기간 대비 성장률(2008년 4분기)

공략 층으로 하는 등으로 진행되었으나, 점차 상대의 시장까지 범위를 확장하고 있다. BlackBerry는 'BlackBerry Storm' 모델을 통해 기업 시장을 넘어 일반 개인 사용자 시장으로의 진출을 위해 노력하고 있으며, 일반 개인 사용자 시장의 스마트폰 붐을 일으킨 Apple은 보안 기능을 강화하고 기업용 이메일 시스템과의 호환성 확보를 통해 기업 시장으로 진출을 위해 노력하고 있다.

9.3 플랫폼 시장 전망[8]

9.3.1 하드웨어 플랫폼 시장 전망

기존의 이동통신 사업자와 단말 제조사의 단말 전략 관점이 디자인–폼 팩터(Design-Form Factor)이었다면 이제는 하드웨어 플랫폼–소프트웨어 플랫폼–콘텐츠 & 서비스로 이어지는 수직체계의 효율적 통합이 중요해지고 있다. 특히, 트라이버전스(Trivegence : 네트워크 상시 접속–하드웨어 플랫폼–소프트웨어 플랫폼–콘텐츠 & 서비스가 하나로 연결되는 수직 통합 현상이 이동통신 사업자 및 단말 제조사에게 중요시 되는 현상으로서, Apple 등이 자사 제품의 개발 전략에 채택하면서 부각되고 있음) 관점이 부각되면서 '시스템 온칩'(SoC : System on Chip)을 이용한 통합 원칩(One Chip)의 적용이 활성화되고 있다.

---

[8] ROA Group Korea, ROA Perspective Report in 2010: 2010 통신 시장 전망 보고서-단말 및 서비스 시장을 중심으로, 2010년 1월 8일

통합 원칩 현상은 스마트폰이나 모바일 인터넷 디바이스 등을 주요 타겟으로 하는 '애플리케이션 프로세서'(Application Processor) 영역과 개별 단말이 커넥티드 디바이스화되는데 핵심적 역할을 하는 '와이어리스 커넥티비티'(Wireless Connectivity) 영역으로 구분이 가능하다.

애플리케이션 프로세서에 있어 Qualcomm은 스마트폰, 스마트 북을 겨냥하여, 스냅드래곤(Snapdragon)을 개발하였는데, 현재 3G + Wi-Fi + GPS + Bluetooth + Media Core + GPU + Mobile TV + HD 통합의 수준까지 구현하고 있다. 와이어리스 커넥티비티 영역 내에서도 CSR이나 Atheros와 같은 업체들이 해당 영역 내에서의 확장을 위해 노력하고 있는데, 기존에는 Bluetooth나 Wi-Fi 지원을 위해 개별 안테나와 베이스밴드가 필요했다면, 최근에는 멀티 안테나와 멀티 베이스밴드에 이들 커뮤니케이션 & 커넥티비티 기능을 집적하기 위한 노력이 진행 중이다. CSR의 경우에는 2009년에 Bluetooth + Low Energy Bluetooth + FM Radio + GPS + Wi-Fi 기능을 통합한 5 in 1칩인 CSR9000을 발표하면서 커뮤니케이션 & 커넥티비티 분야에서 뛰어난 SoC 집적도를 선보이며 업계를 선도하고 있다. 특히, 2009년 2월에는 SiRF를 인수하면서 GPS 분야로의 경쟁력을 확대하는 한편, 단말 활용영역 또한 가전기기 분야 및 오토모티브 분야에 이르기까지 다양하게 확장해 나가고 있다.

9.3.2 소프트웨어 시장 전망

Apple은 iPhone을 통해 글로벌 시장을 비롯하여 국내에까지 자사 운영체제의 영향력을 확대해 나가고 있으며, 이에 맞서 Google이 최초의 자체 개발 스마트폰인 Nexus One을 내놓으며, 본격적인 모바일 시장에서의 세력 확장에 나서고 있다. Apple과 Google의 경쟁이 이처럼 심화되고 있는 반면에 상대적으로 시장에서의 입지가 점차 약해지고 있는 세력도 있는데, Symbian과 Windows Mobile의 경우, 점차 그 입지를 잃어가고 있는 상황이다. 시장 점유율 60%가 넘던 Symbian의 스마트폰 운영체제 시장 독주 체제는 2007년을 정점으로 점차 약화되어 가고 있는 추세이며, 이에 반해 Android는 2012년에 18%까지 성장할 것으로 예상되는데, 이는 클라우드 컴퓨팅 기반 확대, 관련 신규 애플리케이션 출시, 기업용 제품 출시, Android Market 운영, 채용 단말 수의 증가(2010년 : 40여 종) 등 Google의 전 방위적 지원과 전략에 기인한 것이라 할 수 있다.

ROA Group Korea는 국내에서 가장 큰 시장 점유율을 차지할 것으로 판단되는 오픈 운영체제와 플랫폼이 무엇이 될 것으로 전망되는가에 대한 설문 조사를 통신 관련 업계 종사자 1,500여명을 대상으로 실시하였는데, 그 결과 Android 플랫폼이 가장 큰 시장 점유율을 차지할 것이라는 응답이 절반 이상인 54.6%를 차지했고, iPhone 운영체제의 경우에는 27.7%의 응답자가 가장 큰 점유율을 차지할 것이라고 응답했다.

그러나 2010년 2월 15일, MWC 2010에서 Microsoft가 새로운 운영체제인 'Windows Phone 7'을 전격적으로 발표하였는데, 기존 운영체제 이름인 'Windows Mobile'을 버리고, Microsoft 제품에 통일성을 부여하던 시작 화면도 바꾸어 전혀 새로운 제품처럼 인식하도록 하고 있다. 'Windows Phone 7'은 Apple의 iPhone에서 작동하는 iTunes와 같이 소프트웨어 기반의 June을 통해 음악과 영상 등을 다양하면서도 간편하게 이용할 수 있고, 웹과 PC를 스마트폰과 연동시켜 사용자의 사진과 영상을 한 곳에 모아 볼 수 있도록 하였다. 또한 같은 날, Nokia와 Intel은 합작 운영체제인 'MeeGo'를 발표했다. 'MeeGo'는 휴대용 컴퓨터, 넷북, 태블릿 PC, 미디어폰, 차량용 인포테인먼트 시스템 등 다양한 하드웨어를 지원하는 리눅스 기반의 소프트웨어 플랫폼으로 Nokia의 'Maemo'와 Intel의 'Moblin'을 통합하여 만들었다. 양사는 2010년 2분기에 MeeGo

▌표 9.2▐ 스마트폰 운영체제별 비교(Windows Phone 7, MeeGo 포함)

운영체제	업체/시기	개요	개방성	주요 단말
Windows Phone 7	Microsoft /2010년	- Windows Mobile 후속으로 출시 - Windows OS 개발 PC와의 연결성이 강점	개방적	삼성, LG, Sony Ericsson 등
MeeGo	Nokia&Intel /2010년	- Nokia의 'Maemo'와 Intel의 'Moblin'의 결합 - 리눅스 기반 오픈 소스 모델	개방적	삼성, LG, Sony Ericsson 등 예상
Android	Google /2008년	- 오픈 소스 기반 모바일 플랫폼 - 무료 라이센스 정책	개방적	삼성, LG, Motorola, Sony Ericsson, HTC
iPhone	Apple /2007년	- Apple의 독자 운영체제 - App Store 주축으로 콘텐츠 경쟁력이 최대 강점	폐쇄적	Apple
Bada	삼성전자 /2009년	- 삼성전자의 독자 플랫폼 전략 - 추후 삼성의 모든 가전과 콘텐츠 연결 시도	폐쇄적	삼성
Symbian	Nokia&Sony Ericsson& Motoroal /2000년	- 유럽 시장 중심 - Nokia의 주력 운영체제	개방적	Nokia
BlackBerry	RIM /2000년	- 푸시 이메일 등 기업용 솔루션 강점	폐쇄적	RIM

[출처 : 매일경제, 2010년 2월 16일]

를 선보이며, 이를 적용한 스마트폰은 2010년 하반기에 출시될 예정이라도 밝혔다.[9]

이러한 자료들을 바탕으로 하여 판단해 보면, 2010년의 스마트폰 시장은 어느 때보다 치열한 양상이 펼쳐질 것으로 보인다.

9.4 스마트폰 시스템 지원 기술[10]

9.4.1 전력 관리 기술

모바일 단말에서 전력 소모를 줄이기 위한 방안으로 소프트웨어 수준에서의 전력 관리기술을 고려해야 한다. 특히 동적 CPU 클럭 속도 변경(Dynamic CPU Frequency Scaling)이나 동적인 운용 전압 변경(Dynamic Voltage Scaling) 등과 같은 기술의 적용을 위해 많은 노력이 요구된다.

배터리 충전 소프트웨어에서 중요한 요소는 배터리 충전 알고리듬인데, 지속적으로 현재 배터리 전압 상태를 파악하여 안정적인 전압 상태가 될 때까지 계속 충전을 해야 한다. 그리고 충전 시, 비정상적인 상황이나 예상치 못한 상황이 생길 것을 충분히 대비한 알고리듬을 구현해야 한다. 운영체제 수준에서의 전력 관리는 전력 관리를 위한 기본 플랫폼과 전력 관리 전략구현으로 나눌 수 있다. 전력 관리를 위한 기본 플랫폼은 전력 관리의 전략적 부분의 구현에 필요한 인터페이스 및 장치 제어 부를 의미한다. 기본 플랫폼은 전력 관리가 가능한 장치의 장치 드라이버, CPU의 전력 소모 모드 전환을 위한 인터페이스, 전력 관리 기능을 응용 소프트웨어에서 사용할 수 있도록 하는 인터페이스, 그리고 전력 관리 전략을 구현하기 위한 기본 인터페이스 등이 포함된다. 전력 소모를 관리할 수 있는 요소는 각 장치의 전력 소모 모드, CPU의 구동 클럭 속도, 그리고 메모리 버스 속도 등 성능에 영향을 줄 수 있는 요소들이다.

---

9 황인혁 기자, 손재권 기자, "모바일 '전국 시대' ... MS '윈도폰 7'들고 애플·구글에 도전", 매일경제, 2010년 2월 16일

10 윤민홍, 김선자, "글로벌 모바일 단말 소프트웨어 플랫폼 동향", 전자통신동향분석, 제23권 제1호, pp. 44-53, 2008년 2월

전력 관리 전략구현은 현재 간단한 수준을 벗어나지 못하고 있는데, 단순히 일정 시간 동안 각 장치들이 사용되지 않는 경우에 각 장치의 전력 소모 모드를 저전력 모드로 전환시키고, 특히 CPU가 수행할 작업이 일정 시간 없을 경우에 바로 유휴(Idle) 모드 또는 취침(Sleep) 모드로 CPU를 전환시키는 정도이다. 인텔에서 권장하는 전력 소모 관리 전략 중 현재 시스템에서 수행하는 작업이 계산량이 많은 작업에 해당하는지 또는 메모리 접근이 주가 되는 작업에 해당하는지 분류하여 상황에 맞게 시스템 설정을 변경하는 것이 있다. 계산량이 많은 작업으로 판단되는 경우에는 메모리 버스 속도는 낮추되 CPU 속도를 높여 작업을 빨리 끝내는 방향으로 유도하고, 메모리 접근이 많고 전송 데이터의 양이 많은 작업의 경우에는 CPU 속도는 최대한 낮추되 메모리 접근 속도를 최대한 높이는 방향으로 시스템 설정을 변경하는 전력 소모를 줄이는 것이다.

9.4.2 Fast Boot 기술

단말의 부팅 시간에 영향을 주는 요소는 실행 메모리의 속도, 파일 시스템의 구성, 부팅에 필요한 시스템 응용들의 실행 속도, 부팅에 필요한 시스템 응용들의 실행 순서 등이다.

9.4.3 XIP 기술

XIP는 플래시메모리에서 응용 프로그램을 직접 실행하는 방법으로 이 방법을 사용하면 응용 프로그램 바이너리를 DRAM으로 복사하는 오버헤드를 제거하고 전력 소모를 줄일 수 있다는 장점을 가질 수 있다. 그러나 XIP를 사용하기 위해서는 파일 시스템 내에 응용 프로그램의 바이너리가 순차적으로 저장되어 있어야 하기 때문에 일반적으로 사용되는 플래시메모리용 파일 시스템 상에서는 XIP를 구현할 수 없다.

9.4.4 멀티미디어 처리 기술

휴대단말에서 멀티미디어 기능은 매우 중요한 기능 중 하나이다. MP3와 동영상은 물론, DMB와 음성 및 동영상 캡처 등도 지원해야 한다. 동영상 캡처를 위해서는 카메라 디바이스 드라이버, 동영상 입력 데이터의 전송을 위한 DMA, 캡처와 동시에 디스플레이를 하기 위한 디스플레이 부분 등을 고려해야 한다. 동영상 데이터를 재생하기 위해서는 인코딩 시에 수행했던 과정을 역으로 수행해야 하는데, 각 단계의 최적화도 고려해야 하며, 디스플레이를 위한 버퍼 관리도 고려해야 한다.

9.4.5 OOM 처리 기술

OOM이란 잔여 메모리 용량이 지극히 부족한 상황을 말하는 것으로 휴대단말에서는 이러한 상황을 특별하게 처리해야 한다. 잔여 메모리 용량이 부족하여 새로운 프로세스 진행이 불가능한 경우에는 이미 실행 중인 프로세스 중 중요도가 낮은 프로세스를 골라 실행을 중지시켜 잔여 메모리를 확보한 후에 새로운 작업을 개시하는 방식으로 OOM 상황을 처리하는 것이 일반적이다. Symbian에서는 OOM 처리 부분을 따로 정의하고 있어 사용자가 OOM 상황을 어떻게 처리할지 명시할 수 있다. 2차 저장 장치인 플래시메모리의 접근 속도가 현저히 느려 일반적인 방식인 SWAP 영역을 2차 저장장치에 구현하는 것이 사실상 불가능하기 때문에 OOM 처리 기술이 필요하다.

9.4.6 GUI 플랫폼 및 미들웨어 기술

스마트폰에서의 GUI는 일반 데스크 탑에서의 GUI와 달리 시스템의 각종 정보를 받아들이고 이에 대한 처리를 담당해야 한다. 예를 들어 통신 상황이나 배터리 상황 정보를 받아 화면에 표시해야 한다. 따라서 휴대단말용 GUI 시스템에서는 이러한 시스템의 정보를 수집하는 메커니즘에 대한 정의가 필요하다.

9.5 모바일 2.0 기술 동향[11]

스마트폰과 개방형 플랫폼, 모바일 브로드밴드의 확산을 통해 모바일 환경은 다양한 콘텐츠와 애플리케이션을 빠르고 자유롭게 활용하는 환경으로 발전해 가고 있다. 이를 통해 과거 모바일 환경이 읽기 전용(Read-Only)의 환경이었다면 이제는 자유롭게 읽고 쓰는(Read & Write) 진정한 의미에서의 모바일 2.0 환경이 되고 있다.

9.5.1 스마트폰 단말

2007년을 기점으로 2008년 이후로 모바일 분야에서 가장 많은 변화를 주도하고 있는 키워드는 '스마트폰'이다. 2007년 iPhone 2G와 2008년 iPhone 3G의 등장 이후 단

---

11 전종홍, 이승윤, "차세대 모바일 웹 애플리케이션 표준화 동향", 전자통신동향분석, 제25권 제1호, pp. 100-1132010년 2월

순히 업무용 PDA 정도로 인식되던 스마트폰에 대해 획기적인 인식 개선이 이루어졌다. iPhone의 뛰어난 사용자 인터페이스와 지능형 처리를 위한 센서 기술들, 그리고 웹 브라우저와 인터넷 소프트웨어 기술들은 스마트폰에 대한 인식을 바꾸고 새로운 관점을 갖게 하면서 많은 변화들을 촉발시키기 시작했다.

스마트폰의 성장은 세 가지 의미를 갖고 있는데, 1) 모바일 단말 시장이 스마트폰을 중심으로 하는 고급 시장과 일반 휴대폰의 시장으로 세분화, 2) 스마트폰의 확산과 함께 단순 음성 통화 위주의 단말에서 벗어나 인터넷 복합 단말기로 발전하면서 데이터 서비스 중심의 모바일 인터넷으로 발전, 3) 스마트한 단말 기능을 제공하기 위해 센서, 터치스크린과 같은 지능형 유저 인터페이스 기술과 단말 기술, 지능형 처리 기술의 빠른 발전이 그것이다.

9.5.2 모바일 플랫폼

2008년 Apple이 iPhone 3G와 함께 iPhone 애플리케이션 개발용 SDK와 API를 공개하고, Google이 Android 플랫폼 개발을 시작하면서 모바일 플랫폼 기술 경쟁은 본격화되기 시작하였다.

Google은 OHA(Open Handset Alliance)를 중심으로 개방형 플랫폼의 개발을 선도하고 있다. OHA의 Android는 "Open Software, Open Device, Open Ecosystem"이라는 목표 아래 운영 시스템, 미들웨어, 사용자 인터페이스, 응용으로 구성되며, 자유로운 형태의 개방형 라이선스도 함께 제공되는 것이 특징이다. Apple의 SDK 공개와 개방형 안드로이드의 등장으로 Nokia의 Symbian도 개방형 플랫폼 경쟁에 뛰어들기 시작

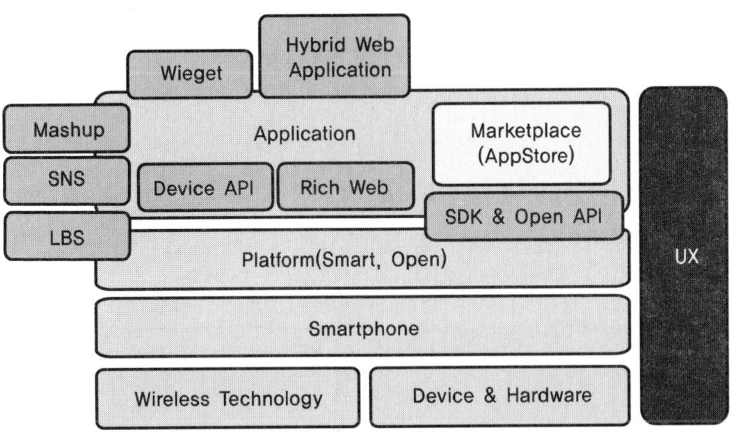

그림 9.2 스마트폰, 플랫폼, 애플리케이션의 변화

하였다. Nokia는 Symbian의 나머지 지분 52%를 인수하고, Symbian Foundation을 설립한 이후, 2~3년 이내에 오픈 플랫폼으로 공개하겠다는 계획을 발표하였다. 2008년 11월에 발표된 Symbian 오픈 소스화 일정에 따르면, 2010년 6월부터 소스 코드를 공개할 계획이다.

이처럼 플랫폼이 중요해지고 있는 이유는 수요와 공급 측면에서 살펴볼 수 있는데, 수요 측면에서는 단말이 지능화되고, 고도화되면서 고급 관리 기능이 요구된다는 점이고, 공급 측면에서는 동일한 소프트웨어 플랫폼을 사용하는 환경 간의 상호호환성과 교류성이 높아지는 것과 같은 네트워크 효과를 기대할 수 있다는 점이다.

플랫폼 기술의 확산과 성장은 하드웨어의 종속성을 낮추고, 애플리케이션 개발 편의성을 높이며, 나아가 애플리케이션을 통해 사용 편의성을 높이고 있다. 결국 차세대 모바일 환경의 관건은 얼마나 진보적이고 진화된 다양한 모바일 애플리케이션을 제공할 수 있는가를 결정짓는 모바일 플랫폼에 있다고 할 수 있을 것이다.

9.5.3 UX

최근 직관적이고 혁신적인 인터페이스를 채택한 제품이 시장에서 성공하고 실감형 인터페이스가 각광을 받는 것처럼, 모바일 분야에서도 진보된 사용자 인터페이스를 위한 장치와 소프트웨어 기술이 주목을 받고 있다. iPhone의 등장 이후, 터치 인터페이스를 채용한 단말들이 급속히 확산되기 시작하고 있는데, Microsoft의 Windows Mobile 7 버전에서는 터치스크린과 모션 센서 기반의 인터페이스를 기본으로 장착할 예정이며, 삼성전자와 LG 전자 등도 햅틱(Haptic) 인터페이스와 터치스크린을 활용한 다양한 휴대폰을 출시하고 있다.

멀티 터치스크린 기능 외에도 근접센서, 조도센서, 가속도센서와 같이 다양한 센서들을 단말에 내장하고 이를 이용하여 UX를 개선하려는 시도들도 함께 진행되고 있다.

인터페이스 기술에 대한 중요성이 높아지면서, 관련 특허 출원과 특허 분쟁도 증가 추세에 있다. Apple의 멀티 터치 분쟁 사례 등에서 예상할 수 있듯이 인터페이스 기술과 관련된 특허 분쟁의 소지는 점점 커지고 있다. Apple은 멀티 터치 이외에도 다양한 인터페이스 관련 특허를 지속적으로 출원하고 있고, PCT를 통해 특허를 다수 출원하고 있다는 사실만으로도, 향후 인터페이스 관련 기술 경쟁이 치열할 것임을 예상할 수 있다.

9.6 모바일 웹 애플리케이션 표준화[12]

9.6.1 네이티브 애플리케이션(Native App.) Vs. 웹 애플리케이션(Web App.)

2005년 이후로 웹 2.0의 성장과 함께 콘텐츠 유통과 상거래 방식의 변화, 브라우징 방식의 변화, 웹 애플리케이션 환경의 변화, 서비스 제공 방식의 변화 등과 같은 변화와 함께 다양한 신규 응용과 기술들이 등장하기 시작하였다. 이 중에서도 가장 많은 변화를 일으킨 부분은 RSS/Atom 등의 XML 데이터 조각을 이용한 서비스 연동 기술과 AJAX와 같은 비동기식 처리 기술, 브라우저 및 JavaScript 가속화 기술, Open API와 Mash-Up 기술 분야 등이었고, 이러한 기술들을 종합하는 웹 애플리케이션 기술 분야에서 많은 발전이 있었다.

모바일 분야에서도 전통적인 VM 기반의 네이티브 응용(Native Application)과 더불어 웹 브라우저 기반의 웹 애플리케이션도 함께 발전해오고 있다. 일반적으로 네이티브 애플리케이션은 빠른 속도를 제공하고 단말의 기능들을 효과적으로 활용할 수 있다는 장점을 갖는 반면, 많은 단말을 지원해야 할 경우에 각각 별도로 개발을 해야 한다는 문제점과 함께 애플리케이션의 재활용과 업그레이드 등이 쉽지 않다는 단점을 갖고 있다.

그러나 웹 애플리케이션의 경우에는 별도 설치 없이도 계속 업그레이드된 기능을 사용할 수 있고, Open API 등을 통해 손쉽게 Mash-Up할 수 있도록 기능을 제공하는 등 재활용을 할 수 있다는 장점을 갖는 반면, 오프라인 처리와 단말의 특성 정보를 활용할 수 없고, 브라우저의 성능에 좌우되며 대용량의 처리 등에 한계를 갖는다는 단점을 갖고 있다.

이에 두 애플리케이션들의 장점을 가질 수 있도록 하며, 보다 빠르고 손쉽게 애플리케이션을 개발할 수 있도록 하기 위해 네이티브 애플리케이션과 웹 애플리케이션을 합성하는 하이브리드형 애플리케이션(Hybrid Application)들이 등장하고 있다. 최근 Apple의 iPhone, Google의 Android, Palm의 WebOS 등에서는 좀 더 빠르고, 손쉽게 하이브리드형 애플리케이션을 개발할 수 있도록 하는 웹 런타임(Web Runtime) 엔진들이 개발되어 활용되고 있다.

12 전종홍, 이승윤, "차세대 모바일 웹 애플리케이션 표준화 동향", 전자통신동향분석, 제25권 제1호, pp. 100-113, 2010년 2월

▌표 9.3▌ Native App., Web App., Hybrid App.의 비교

특성	Native App.	Web App.	Hybrid App.
Graphic Performance	상	하	상
App Store 판매	가능	불가능	가능
Offline Mode	가능	일부 가능	가능
웹 서비스 Mash-Up	불가능	가능	가능
멀티 플랫폼 지원	어려움	쉬움	중간
스토리지	로컬	서버, 클라우드	모두
Device Capability 이용	쉬움	불가능(개선중)	쉬움
다중 사용자 공동 작업	불가능	가능	가능
소프트웨어 갱신 방법	재설치	사용 중 수정	부분 재설치
애플리케이션 재활용성	소스/Lib 활용만	소스 및 SaaS로	모두
UI 제작 난이도	상	하	중
UI 표현 능력	상	하	중

9.6.2 차세대 웹 애플리케이션 표준

일반적으로 '웹 애플리케이션'이라는 용어는 HTTP를 통해 전달되는 웹 페이지(XHTML 또는 그 변이형과 CSS, ECMAScript로 구성되는)의 집합체들이 웹 브라우저 내에서 애플리케이션 같은 환경을 제공하는 것을 말한다. 즉, 웹 애플리케이션은 여러 페이지를 거치는 대화형 처리 절차를 가지며, 이를 위한 상태 유지와 데이터 유지를 필요로 한다는 점에서 단순한 웹 콘텐츠와는 구분된다. 이 중에서도 '협의의 웹 애플리케이션'은 브라우저상에서 동작되는 형태만을 고려하지만, '광의의 웹 애플리케이션'은 HTTP,(X)HTML, URI를 필수 동작 요소로 가지며, 브라우저뿐 아니라 독립 애플리케이션으로 동작하는 것도 포괄하는 개념으로 사용된다.

웹 애플리케이션을 효과적으로 개발할 수 있도록 하기 위한 차세대 웹 애플리케이션 기술 동향 중, W3C를 중심으로 진행되고 있는 핵심적인 다섯 가지 기술 표준화 동향은 다음과 같다.

(1) HTML5와 새로운 마크업

웹 기술이 확산된 가장 큰 배경은 HTML이라는 언어를 이용하여 정보를 표현하고, 이를 다양한 단말의 브라우저에서 효과적으로 활용할 수 있다는 점에 있다. 1993년

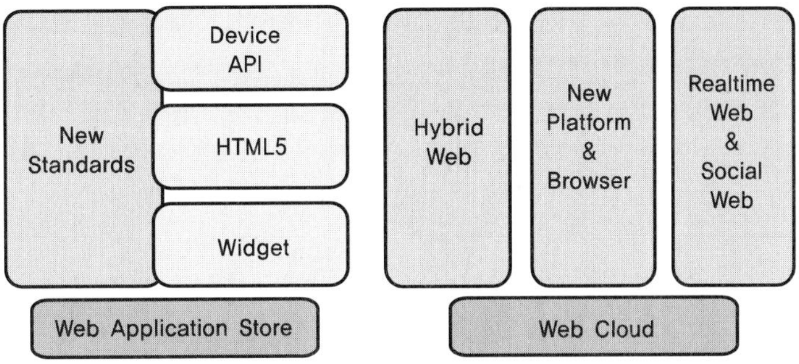

▌그림 9.3▌ 차세대 모바일 웹 애플리케이션 기술 동향

HTML1.0 규격이 만들어지고 난 후, 1997년 HTML4.0과 1999년의 HTML4.01 규격이 만들어지기까지 웹 기술은 폭발적으로 성장하였다. 그러나 HTML 자체가 갖는 확장의 어려움으로 W3C에서는 1999년부터 좀 더 다양한 확장성을 가질 수 있도록 하기 위해서 XML을 기반으로 하는 새로운 XHTML1.0 개발을 추진하였고, 2009년까지 XHTML2.0 개발을 진행하여 왔다.

HTML은 단순함을 가졌으나 확장이 어려웠고, XHTML은 확장성은 좋았으나 지나치게 복잡하다는 단점을 가지고 있었다. 이러한 이유로 XHTML 표준화는 계속 지연이 되었고, 이에 다양한 기술적 진화 내역들을 흡수한 새로운 마크업 언어를 필요로 했던 업계 전문가들이 2004년 WHATWG을 구성하고 다양한 웹 애플리케이션에 효과적으로 사용할 수 있는 보다 단순하면서도 다양한 확장성을 갖는 HTML5.0 규격을 만들기 시작하였다. 이에 W3C는 2008년 새로운 HTML 규격을 만들기 위한 HTML WG을 구성하였고, WHATWG의 HTML5 규격을 기초로 한 새로운 표준안을 만들기 시작하였으며, 2009년에는 공식적으로 HTML5 표준화의 시작을 알리고, XHTML2.0 표준화 활동을 중단하였다.

HTML5는 HTML4와 XHTML1 문법과 호환되며 하위호환성을 고려하여 개발 중에 있다. 현재 표준 개발 중인 HTML5와 HTML4와의 차이에 대해서는 W3C의 기술문서로 정리되어 있으며, 주요 내용은 표 9.4와 같다.

HTML5 표준안은 아직 초안 상태로 앞으로도 많은 수정과 보완 작업이 필요할 것으로 예상되고 있지만, 현재 스펙을 기준으로 한 구현은 이미 대부분의 브라우저에서 구현되어 동작되고 있다. 이 밖에도 Google, Apple, Mozilla, Microsoft 등을 비롯한 많은 브라우저 개발사들은 브라우저 기능 개선과 함께 자사 규격을 표준에 반영하고 서비스 개발에 반영하기 위한 확장 노력을 병행하고 있다.

2009년 W3C에서는 HTML5뿐 아니라 DOM3, CSS3, WAI-RIA, XSLT를 비롯한

▌표 9.4▌ HTML5와 HTML4의 주요 차이점

분류	내용
새로운 요소	section, article, aside, header, footer, nav, dialog, figure 등이 추가
새로운 속성	a와 area 요소에 media, ping, hreflang, rel 등을 추가하였고, 이 밖에 다양한 새로운 속성들이 추가
변경 요소	href, address, b, hr, l, label, menu, small, strong 등 요소의 의미를 변경
중단 요소	basefong, big, center, font, s, strike, tt, u, frame, frameset, noframes 등이 제외
중단 속성	HTML4에서 사용되던 속성 중 몇 개의 속성들의 사용을 중단
기타	2차원 그래픽 API 사용을 위한 canvas 요소 내장 비디오 및 오디오 재생을 위한 video 및 audio 요소 내장 스토리지와 데이터베이스 지원 기능 온라인/오프라인 이벤트 기능, 네트워크 API

Xpath, XQuery 등에 대한 많은 새로운 마크업 관련 표준 개발을 진행하였고, Google 등을 중심으로 하는 웹 애플리케이션 진영에서의 HTML5 기반의 다양한 시도들을 하고 있다는 점은 주목할 만하다. 특히 Geolocation API와 다양한 Device API 표준들이 개발되고 있고, HTML5가 웹 애플리케이션에 좀 더 초점을 맞추고 있다는 점은 HTML5를 중심으로 한 웹 애플리케이션 기술의 큰 변화를 예상하게 하는 점이다.

(2) 디바이스 API

웹 애플리케이션이 갖는 가장 큰 단점 중 하나는 네이티브 애플리케이션과 달리 단말의 하드웨어와 관련되는 제어를 할 수 없다는 점이라 할 수 있다. 예를 들어, 간단한 애플리케이션을 통해 배터리의 잔량, 주소록의 주소정보, 단말에 저장된 일정정

▌표 9.5▌ 브라우저별 HTML5 지원 현황

기능	Chrome	Firefox	Safari	Opera
Canvas	○	○	○	○
Video	○	○	○	○
Geolocation	○	○	○(iPhone)	○
AppCache	○	○	○	○(Mobile)
Database	○	○	○	○(Mobile)
Workers	○	○	○	○(Mobile)

보 등을 활용하고자 해도 할 수 없다는 점은 치명적인 약점이었다. 이러한 웹 애플리케이션의 약점은 모바일 환경에서 더욱 치명적이라 할 수 있다. 데스크 탑의 웹 애플리케이션과 달리 모바일 단말의 경우에는 많은 플랫폼으로 부터의 제약을 갖고 있지만, 반면에 더 다양하게 디바이스 기능들을 활용할 필요를 갖고 있어 단말 기능 접근에 대한 요구가 훨씬 크다고 할 수 있다.

이에 W3C에서는 2008년 12월 Device API와 관련되는 다양한 표준화 이슈들을 발굴하기 위해 관련 워크숍을 개최하였고, 워크숍 논의 결과를 기초로 WG 설립 작업을 진행하여 2009년 6월 DAP WG을 발족하게 되었다. 이에 앞서 OAA의 Mobile Device API, OMTP의 Bondi Activity, JIL 표준화 등으로 이어져 오면서 Device API 표준화에 대한 다양한 논의들이 이루어진 바가 있기 때문에 이러한 기존 작업 결과들이 W3C로 취합되는 형태가 되고 있다.

현재 W3C DAP WG은 OMTP의 Bondi 1.0 규격과 Nokia에서 제출한 Device API 규격들을 중심으로 1단계 표준화 활동을 2010년 말까지 마무리할 계획에 있으며, 8개 이상의 핵심 API 문서(Contact API, System Information and Events API, Camera API, User Interface API, Tasks API, Messaging API, Gallery API, File System API, Communication Log API, Device Interface)와 요구사항 문서(Device API Requirements, Device API Policy Requirements)를 개발할 예정에 있다.

DAP WG는 2009년 11월, TPAC 회의에서 제1차 대면 회의를 개최하고, WG 활동과 관련한 전반적인 계획을 재조정하고, 본격적인 표준화 작업을 시작하였다. 또한 1단계 작업 범위를 확정하고, 향후 작업 일정을 위한 로드맵을 만들었으며, 주요 API들에 대한 우선순위를 선별하고 표준화 작업을 진행 중에 있다. 우선 작업 대상으로는 현재 5개의 API(Contact API, Calendar API, Filesystem : File Writing API, Capture(audio/video) API, Messaging API)를 선정하여 우선 표준화 초안 작업 중에 있다.

표 9.6 주요 API의 표준화 작업 상황

API	현재 상황
Contact API	2009년 10월에 1차 초안이 나온 상태로 2010년 9월 완료를 목표
Calendar API	2010년 1월 1차 초안 작성을 목표
File System API	2009년 12월 1차 초안을 기초로 2010년 9월 완료를 목표
Capture API	2009년 12월 1차 초안을 목표로 2010년 9월 완료를 목표
Messaging API	2009년 12월 1차 초안을 기초로 2010년 9월 완료를 목표

Device API와 중첩된 영역이지만, Geolocation API와 관련된 표준화는 DAP 구성 이전에 W3C의 Geolocation API WG을 통해 표준화가 마무리 단계에 있기 때문에 DAP WG의 활동 범위에서는 빠지게 되었다. 또한 Google이 제안하였던 Notification API는 웹 애플리케이션 WG으로 넘기고, 가로/세로 전환 및 가속 센싱과 관련되는 API는 Geolocation WG으로 넘겨서 작업하기로 하였다.

Device API와 관련된 표준화는 W3C DAP WG을 중심으로 진행하되, OMTP Bondi와 JIL 등 다양한 조직들에서 적극적이고 빠른 표준화를 진행할 예정으로 있어 앞으로 많은 논의와 빠른 진행이 예상되고 있다. 또한 모바일 웹 애플리케이션과 관련하여 가장 많은 영향을 미칠 수 있는 표준으로, 2010년 W3C DAP의 1단계 표준화가 완료되고 다양한 모바일 브라우저에서 구현된다면 훨씬 강력한 기능을 제공하는

▌표 9.7▐ WebApps WG 작업 문서 현황

Name of Spec	Last Publication	Type
Cross-Origin Resource Sharing(CORS)	2009-03-17	WD
DataCache API	2009-10-29	FPWD
DOM Level 3 Events	2009-09-03	WD
Element Traversal	2008-12-22	REC
File API	2009-11-17	FPWD
Indexed Database API	2009-09-29	FPWD
Progress Events	2008-05-21	WD
Selectors API	2008-11-14	LC #2
Server-Sent Events	2009-10-29	WD
Web SQL Database	2009-10-29	WD
Web IDL	2008-12-19	WD
We Sockets API	2009-10-29	WD
Web Storage	2009-10-29	WD
Web Workers	2009-10-29	WD
XBL2 Spec	2007-03-16	CR
XBL2 Printer	2007-07-18	WD
XmlHttpRequest	2009-11-19	LCWD
XmlHttpRequest Level 2	2009-08-20	WD

다양한 모바일 웹 애플리케이션이 등장할 것으로 예상된다.

(3) 웹 애플리케이션 표준(Web Application Standard)

W3C는 2006년 Rich Web Client Activity를 시작하며 Web Application WG과 Web API WG을 만들어 표준화 작업을 진행하다, 2008년 Web Application WG으로 통합하여 표준화 작업을 진행해오고 있다. 현재 약 20여 개 이상의 웹 애플리케이션 관련 표준안들이 Web Application WG 내에서 검토되고 협의 중에 있으며, 여기에는 XHR, Widget, Web IDL, Web Socket API, CORS 등이 포함되어 있다. 이 밖에도 HTML5 규격과 연관된 Web Storage, Web Workers, Data-Cache API, DOM Level 3 Events 등도 작업 대상으로 포함되어 있다.

Web Application WG의 작업 표준 현황에서 알 수 있듯이, 다수의 웹 애플리케이션 관련 규격들이 개발되고 있다. 특히 주로 HTML5와 관련하여 스토리지 처리, 백그라운드 처리, 소켓 처리, 비동기 데이터 처리 등과 같은 새로운 규격들이 개발 중

표 9.8 Web Application WG의 주요 표준화 활동

표준화 대상	내용
XHR	XHR은 AJAX와 같은 비동기식 웹 애플리케이션 개발 기법의 핵심 요소, 서버와 클라이언트 사이의 데이터 전송을 위한 기능을 정의 XHR 1.0 버전은 최종 초안으로 조만간 권고안 제정 단계로 진입할 예정으로 있으며, 이러한 XHR 1.0을 확장하는 XHR 2.0 표준에 대한 초안 작업을 진행 중
Web IDL	Web IDL은 브라우저에서 구현되어 웹상에서 인터페이스를 설명하기 위한 용도로 사용될 수 있는 IDL(인터페이스 정의 언어)을 정의 인터페이스의 정의와 더불어, 인터페이스와 ECMAScript, 그리고 자바 바인딩에 대한 명료한 적합성 요구사항을 제공하는데 이용
Web Socket	웹 소켓 API 규격에서는 원격 서버와의 양방향을 가능하도록 하는 웹 소켓을 이용하는 웹 페이지를 가능하도록 API를 정의 웹 소켓에 대한 규격은 IETF에서 표준화 작업을 진행 중
Web Storage	웹 저장소 규격에서는 웹 클라이언트 내에 구조화된 키-값 쌍 데이터의 영구적 데이터 저장을 위한 API를 정의
Web Workers	웹 워커 규격에서는 웹 애플리케이션 작성자가 메인 페이지 내에서 병렬적으로 스크립트 백그라운드 작업을 생성하여 실행할 수 있도록 하는 API를 정의
DataCache API	데이터 캐시 API 규격에서는 정적/동적 응답을 이용하는 HTTP 리소스 요청에 대한 오프라인 제공을 위한 API를 정의 연관된 규격은 HTML5 내의 AppCache 규격

에 있다는 것은 향후 차세대 웹 애플리케이션의 기능과 형태에 많은 변화가 있을 것을 나타내는 것이라 할 수 있다.

(4) 위젯(Widget)

'위젯'(Widget)이란 용어에 대해 아직 다양한 정의와 인식의 차이들이 있기는 하지만, 일반적으로 '사용자 기기 또는 모바일 단말에 다운로드 하거나 설치할 수 있으며, 간편히 쓸 수 있도록 만든 작은 창(Window) 형태의 응용' 개념으로 정의되고 있다. 위젯은 그 실행 유형과 구동 플랫폼, 구동 방식에 따라 다양한 유형으로 구분되는데, 보통 웹 위젯은 웹 기술을 사용하여 구동되는 위젯 형태를 의미하며, 모바일 위젯은 모바일 단말에서 구동되는 위젯을 의미한다.

위젯 표준화에 대한 필요성은 2006년부터 제기되기 시작하였다. 위젯에 대한 관심이 높아지고 다양한 위젯 플랫폼들이 개발되면서, 위젯 플랫폼 간의 위젯 호환성을 높이고, 기 개발된 위젯 애플리케이션들을 공유하여 사용할 있도록 하자는 필요성이 제기되었기 때문이다. 예를 들어 A사가 개발한 위젯과 B사가 개발한 위젯 정의에 사용되는 마크업 언어가 틀리고, 구동 방법이 달랐기에 상호 호환되는 동작을 할 수 없었기 때문이다. 이에 2007년부터 W3C의 웹 애플리케이션 WG을 중심으로 표준화 작업이 시작되었다. 초기에는 단순히 2개의 표준안(위젯 요구 사항과 위젯 언어) 작성 계획으로 출발하였지만, 위젯 아키텍처 참조 모델을 기초로 9개 문서로 나누어 현재 작업 중에 있다.

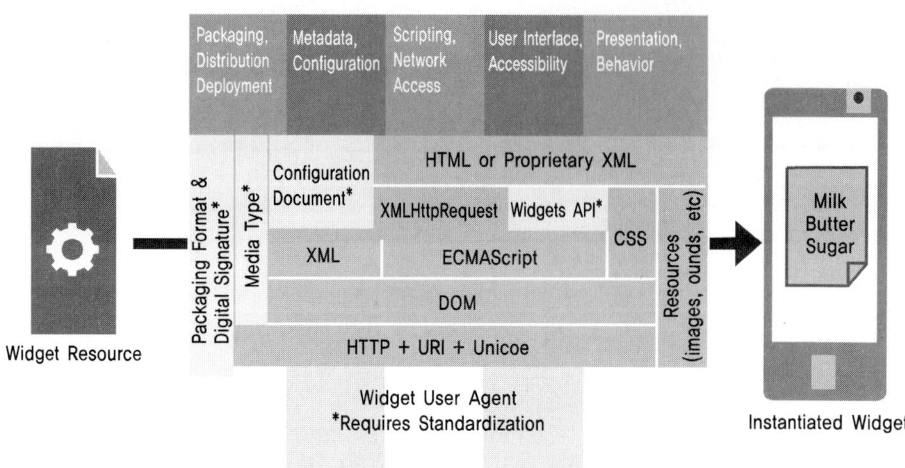

▌그림 9.4▌ W3C의 웹 위젯 기술 구성도

9개의 문서는 Widget 1.0 Landscape(위젯 관련 규격 및 제품 등을 총괄 정리: WG Note로 2010년 완성 예정), Widget 1.0 Requirements(위젯 표준화에 관한 요구 사항들을 총괄 정리: 2010년 초안 완료 예정), WPC(위젯 배포를 위한 패키징 및 환경 설정 규격: 2010년 중 권고안 예정), Widget 1.0: Digital Signatures(안전한 위젯 리소스 배포를 위한 전자 서명 규격: 2010년 권고안 예정), Widget 1.0: Widget Interface(위젯 데이터 메타 데이터 액세스를 위한 API 규격: 2010년 권고안 예정), Widgets 1.0: Updates(위젯 버전 관리를 위한 규격: 2010년 초안 완료 예정), WARP(위젯으로부터의 네트워크 액세스 제어를 위한 보안 모델 규격: 2010년 초안 완료 예정), Widgets 1.0: Widget URIs(위젯 URI 스킴 규격: 2010년 최종 초안 완료 예정), Widgets 1.0: View Models Media Feature(뷰 모델과 표현 모드에 대한 규격: 2010년 최종 초안 완료 예정)로 구성된다.

이 밖에도 다국어 환경을 위한 Widget I18N, 위젯 상호호환성 검증을 위한 테스트 슈트 등과 같은 새로운 규격들에 대한 논의들도 진행되고 있다. 앞으로 또한 HTML5를 비롯하여 오프라인 처리를 위한 웹 스토리지, 웹 애플리케이션을 위한 Web Worker, Web Socket, Device API 등의 규격이 발전함에 따라 위젯의 응용 범위와 용도도 지속적으로 확장되고 개선될 것으로 보인다. 이를 통해 데스크 탑, 모바일, 정보가전의 위젯 환경을 아우르는 통합 위젯 표준화에 대한 요구 또한 증가할 것으로 예상된다.

(5) 모바일 웹 애플리케이션 베스트 플랙티스(Mobile Web Application Best Practices)

지난 1999년 웹에서 아이디어를 얻어 만들었던 WAP 환경이 발전하지 못했던 가장 근본적인 이유가 폐쇄적 서비스와 비 표준화된 환경인 것을 통해 볼 때, 모바일 웹 활성화를 위해서는 모바일 웹 표준화가 필수적이다.

2005년부터 시작한 W3C MWI Activity에서는 유무선 환경에 상관없이 일관된 웹 사용 환경을 만들기 위한 모바일OK 표준화를 추진하였고, 이를 통해 다양한 문제점들을 해소하면서 상호호환성 있는 모바일 웹 환경을 만들기 위해서 노력해오고 있다. 그 문제점으로는 1) 사용자들은 모바일 단말을 이용하여 손쉽게 다양한 웹 콘텐츠를 볼 수 없음, 2) 개발자들은 각각 서로 다른 이동통신 사업자와 단말에 맞도록 웹 콘텐츠를 수작업으로 만들고 유지 보수하는 등 많은 비용을 들여야 함, 3) 이동통신 사업자들은 다수의 고유 규격들을 사용함으로써, 웹 콘텐츠와 애플리케이션 간의 호환성이 없고, 중복 개발해야 하는 문제를 가짐, 4) 콘텐츠 제공자는 단말의 성능과 기능에 대한 특성 정보를 공유할 수 없기 때문에 단말 적응형 응용을 만들고 제공할 수 없음, 5) 모바일 브라우저가 필요한 웹 표준을 구현하지 않고 있거나, 상호호환되지 않는 방식으로 구현하고 있어 호환성이 없음, 6) W3C의 MWBP 워킹 그룹은 2005년부터 2007년까지의 1단계 작업을 통해 모바일 웹을 위한 기술적 모범사례 표준화를 진행하였고, 2008년부터는 모바일 웹 애플리케이션 호환성 확보를 위한 베스트 프랙티스 표준과 관련 기술 표준을 만들기 시작하여 현재 두 개의 표준안(CT Guideline 1.0: 웹 콘텐츠 변환 시에 동작하는 콘텐츠 변화 서버와 프록시의 동작 방식과 그 결과에 대한 표준, MWABP: 모바일 웹 애플리케이션의 개발 및 활용에 대한 베스트 프랙티스 표준)을 개발하고 있다. 특히, MWABP 표준에서는 모바일 단말 상에서 구동되는 '모바일 웹 애플리케이션'의 개발과 배포에 관한 베스트 프랙티스들을 정리하는 것을 목적으로 하고 있는데, 기존의 MWBP는 정적인 문서와 콘텐츠를 중심으로 하는 베스트 프랙티스를 정리하였다면, MWABP에서는 동적인 모바일 웹 애플리케이션에 초점을 맞춘 베스트 프랙티스들을 정리하고 있다.

또한 MWABP에서는 기존 표준인 MWBP 1.0과 차별성을 갖는 새로운 베스트 프랙티스를 중심으로, 애플리케이션 데이터(대부분의 애플리케이션은 다양한 형태의 데이터를 저장해야 하는데, 이러한 웹 애플리케이션의 데이터와 관련된 적절한 기술 및 기법에 관한 베스트 프랙티스), 보안 및 프라이버시(신뢰성 있는 정보사용과 프라이버시 보호를 위한 베스트 프랙티스), 사용자 인식 및 제어(애플리케이션의 동작 방식에 관해 사용자가 편리하고 효과적으로 인식하고 제어할 수 있도록 하기 위한 베스트 프랙티스), 사용자 경험(복잡한 상호작용을 단순화시키고 최적의 사용자 경험을 제공하기 위해 고려해야 할 베스트 프랙티스), 단말 기능 활용 등과 관련된 총 39개 정도의 베스트 프랙티스들을 정리하고 있다.

2010년 중에 최종 표준안으로 확정될 예정인 모바일 웹 애플리케이션 베스트 프랙티스는 다양한 모바일 웹 애플리케이션과 관련된 베스트 프랙티스를 정리하였다는데 그 의의가 있으며, 앞으로 모바일 웹 애플리케이션의 확산과 함께 모바일 웹 애플리케이션의 개발/활용과 관련하여 중요한 기초 가이드로 활용될 것으로 예상된다.

(6) 국내 표준화 동향

국내의 모바일 웹 표준화는 TTA PG605(웹 프로젝트 그룹)와 산하의 WG6051(모바일 웹 실무반)에서 진행하고 있고, 모바일 웹 2.0 포럼에서 모바일OK 표준화를 포함한 다양한 모바일 웹 표준화를 추진하고 있다.

모바일OK 표준화의 경우 2008년까지 진행되었던 표준화 및 시범 사업방향이 모바일 웹 콘텐츠 호환성에 초점을 맞추었다면, 2009년부터는 모바일 웹 애플리케이션 중심 표준화 및 이를 기반으로 하는 2단계(2010년 3단계) 모바일OK 표준화를 추진 중에 있다. 모바일 웹 2.0 포럼에서는 모바일OK 콘텐츠 표준 이외에도, 모바일OK 애플리케이션 표준화, Device API, 위젯 표준화, 한국형 MWABP 표준 개발 등을 진행하고 있다.

이 밖에도 모바일 웹 2.0 포럼은 차세대 모바일 웹 애플리케이션과 모바일 2.0 분야의 국내/국제 표준화를 선도하기 위해 주요 표준화 이슈 발굴과 협력을 위한 MWAC를 개최하고 있으며, W3C MWI 멤버 등으로 활동하며 국내의 다양한 기업과 포럼 등과의 표준화 협력을 강화하고 있다.

9.7 스마트폰과 Wi-Fi[13]

이동통신 기술의 발전으로 인하여 기존에는 고정된 장소에서만 사용이 가능하던 인터넷 서비스를 위치에 구애받지 않고 이동 중에도 이용할 수 있게 되었다. 하지만 기존 이동통신망을 이용할 경우에 수반되는 상대적으로 높은 비용이 이동통신망을

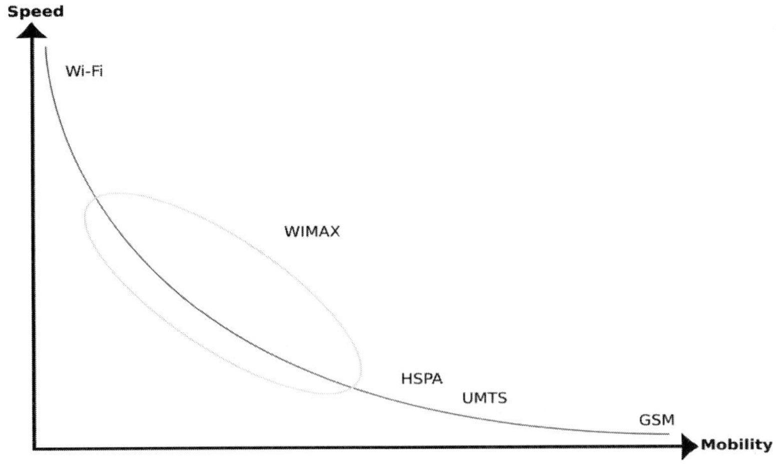

그림 9.5 무선 시스템에서의 속도와 이동성 비교

13 김민식, 정현준, "스마트폰 Wi-Fi 적용에 대한 시사점", 정보통신정책연구원, 2009년 5월 1일

통한 인터넷의 접속을 저해하는 요인으로 작용하고 있는 것 또한 사실이다. 그런데 이러한 상황에서 스마트폰에 이동통신 이외에도 Wi-Fi 접속 기능이 기본 장착되어 출시됨에 따라 국내에서도 이에 대한 관심이 증가하고 있는데, Wi-Fi가 적용된 스마트폰은 상대적인 빠른 속도와 저비용이라는 장점을 바탕으로 기존 유선 인터넷과 유사한 환경을 제공하고 있다. 특히 검색, 이메일, 대용량 데이터 등을 이용할 때 상대적으로 고비용이 드는 이동통신 네트워크 대신 Wi-Fi를 사용하는 추세가 강화되고 있다.

현재 이동통신과 Wi-Fi를 모두 지원하는 스마트폰은 2008년 약 6천만 대로 세계 휴대폰 단말의 약 4.7% 수준이나 2012년에는 약 5억 7천만 대로 세계 이동전화 단말의 약 31.5% 수준에 이를 전망이다.[14] 스마트폰의 Wi-Fi 적용을 촉진하고 있는 요인으로는 1) 무선 인터넷을 빠른 속도에 저비용으로 이용하려는 이용자의 증가, 2) Wi-Fi를 이용할 수 있는 접속 인프라의 증가, 3) Wi-Fi 기술의 지속적인 개선, 4) Wi-Fi를 활용하는 신규 모바일 애플리케이션 증가, 5) 이동통신망과 Wi-Fi 망 간 역할 분담을 통한 모바일 시장 활성화 등을 제시할 수 있다.

그러나 이러한 긍정적인 전망의 이면에는 몇 가지 제한적 요인들이 존재하는데, 1) Wi-Fi 서비스가 기존 이동통신망을 통한 음성 및 데이터 서비스와 일부 대체 관계에 있어 이동통신 사업자는 Wi-Fi 지원 이동 전화 단말기 보급에 미온적일 수 있고, 2) 보안에 대한 문제와 더불어 Wi-Fi 기능 이용에 있어 이용자 측면에서 복잡한 Setting 및 Log-in 과정, 이동 시 Access Point 간 Handover 문제가 있으며, 3) Wi-Fi 서비스 제공 지역에서만 사용할 수 있다는 한계가 존재하며, 4) Wi-Fi 기능을 탑재하고 있는 스마트폰의 가격 자체가 비싼 편이며, 5) 배터리 효율성 문제 등으로 인하여 스마트폰에서 Wi-Fi 활용이 제한되는 측면들이 그것이다.

결과적으로 스마트폰에 Wi-Fi가 적용되는 것은 과거 폐쇄적인 무선 인터넷 접근 방향에 개방화를 촉진하고 있으며, 기존 이동통신망과 보완적인 구조로 발전시키는 유무선 통합 서비스의 활성화를 촉진시키고 있다. 또한 장기적으로 스마트폰의 가격 및 이동통신의 데이터 이용료가 하락하여 이동통신망을 통한 각종 데이터 수요가 급증하게 되는 것을 전제로 하면 이동통신 사업자는 이동통신망의 트래픽 부담 문제를 해결하기 위해 Wi-Fi를 활용할 가능성이 크다. 이때, 단말의 액세스 망의 문제와 더

[14] ABI Research는 Wi-Fi와 이동통신을 모두 지원하는 듀얼 모드 스마트폰의 출하량이 2010년 말에는 2008년 1월에 비해 2배로 증가할 것이고, 이러한 성장세는 2013년까지 유지될 것으로 예상하고 있으며, 2014년까지 전체 스마트폰에서 Wi-Fi를 탑재한 듀얼 모드 단말 비중이 90%로 증가할 것으로 전망하고 있다.

불어 백홀(Backhaul)[15] 용량 확보의 문제가 중요한데, Wi-Fi는 이동통신망의 트래픽 부하 문제를 효과적으로 분산시켜 백홀 문제를 완화할 수 있는 해결책이 될 것이다.

9.8 스마트폰 애플리케이션의 활용 기회[16]

9.8.1 디지털 콘텐츠 판매 채널로 활용

애플리케이션 마켓의 가장 일반적인 활용 방안은 대부분의 모바일 애플리케이션 개발 업체가 주목하고 있듯이, 모바일 애플리케이션의 판매 채널이다. 그러나 최근 등록되는 애플리케이션을 살펴보면 다수의 e-Book을 묶은 애플리케이션, 이미지를 묶은 만화 또는 화보집, e-Book과 Audio를 묶은 교육 프로그램 등 콘텐츠를 애플리케이션으로 판매하려는 움직임이 있다. 이처럼 애플리케이션 마켓은 모바일 애플리케이션뿐만 아니라 e-Book, 음반, 영화 등 디지털 콘텐츠 전반에 대해 판매할 수 있는 채널로 확장되고 있다고 보인다. 특히, iPhone OS 3.0에서 추가된 애플리케이션 내 판매(In-App Purchase) 기능은 이러한 디지털 판매를 더욱 쉽게 하고 있다.

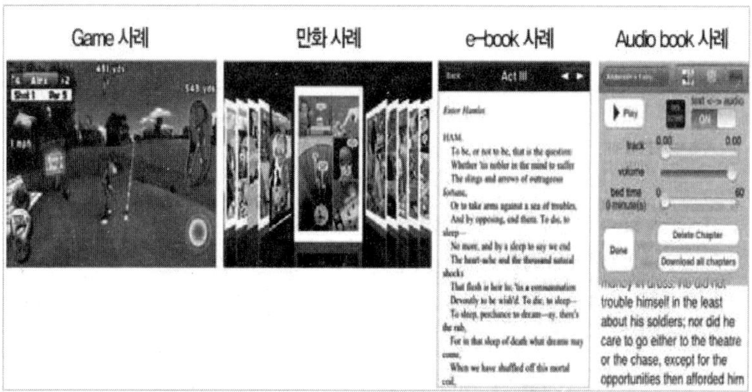

▌그림 9.6▌ 디지털 콘텐츠 판매 사례(자료: 김종대, 2009)

15 백홀(Backhaul)은 여러 가지 의미로 사용되고 있는데, 기본적으로 전체 네트워크 구조의 경계에서 백본망과 서브 네트워크(액세스 망)를 연결하는 구간을 의미한다. 모바일 백홀은 간선망이라고도 불리며, 이동통신망의 기지국에서 백본망까지 연결하는 구간의 설비를 의미한다.

16 김종대, "모바일 시장에 부는 기회의 바람, 앱스토어", LG Business Insight, 2009년 8월 19일

애플리케이션 내 판매 기능이란, Apple App Store 상에서 뿐만 아니라 사용자가 다운로드받은 모바일 애플리케이션을 통해서도 개발자가 디지털 콘텐츠를 쉽게 판매할 수 있도록 Apple이 결제를 대행해주는 기능이다. 예를 들어 App Store를 통해 판매된 e-Book 애플리케이션 내에서 e-Book을 판매하는 행위, 게임 애플리케이션 내에서 게임 아이템을 판매하는 행위가 그것에 해당한다.

9.8.2 비즈니스 확장을 위한 무료 배포 채널로 활용

애플리케이션 마켓을 판매 외에 단순한 배포 용도로도 유용하게 활용할 수 있다. 스마트폰 사용자라면 대부분 애플리케이션 마켓을 사용할 것이 분명하기 때문에 애플리케이션 마켓의 방문자 수가 일정 수준의 홈페이지의 방문자 수를 능가할 것으로 예상된다. 또한 애플리케이션 마켓은 PC에서 스마트폰으로 옮기는 불편함 없이 스마트폰에 바로 다운로드받을 수 있다는 장점이 있다. 게다가 무료 판매되는 애플리케이션인 경우에 애플리케이션 마켓에 대한 활용을 마다할 이유는 없을 것이다.

애플리케이션 마켓을 배포 채널로 활용하는 데는 애플리케이션 개발에 익숙한 인터넷 기업들이 가장 선도적이다. 이들은 인터넷 비즈니스를 모바일 영역으로 확장하고자 모바일 애플리케이션을 개발하여 애플리케이션 마켓을 통해 배포하고 있다. 소셜 네트워크 서비스 대표 기업인 Facebook, Twitter, 온라인 쇼핑업체인 e-Bay, Amazon 등에서 모바일 애플리케이션을 배포하고 있으며, NHN에서도 이미 Naver의 모바일 웹 버전이 존재함에도 불구하고 지도, 오픈캐스트, 웹툰, 실시간 검색어 등 주요 서비스를 모바일 애플리케이션으로 제작하여 애플리케이션 마켓을 통해 배포하고 있다.

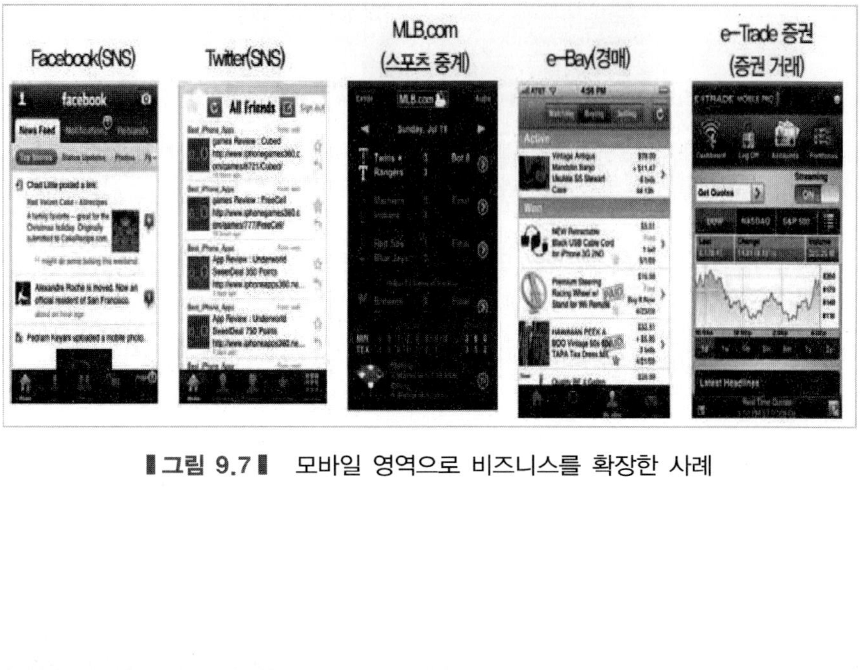

▌그림 9.7▐ 모바일 영역으로 비즈니스를 확장한 사례

▌그림 9.8▐ 모바일 애플리케이션을 활용한 차별적 서비스 사례

9.8.3 차별적 서비스 제공을 위한 무료 배포 채널로 활용

가장 활발한 움직임을 보이는 것은 당연히 인터넷 기업이지만, 비 인터넷 기업 중에서도 몇몇 기업은 차별적 서비스를 제공하기 위해 모바일 애플리케이션을 개발하여 제공하고 있다. Nike의 경우, 오프라인으로 이루어지는 트레이닝 프로그램의 동영상을 전송하여 보여주고 개인별 프로그램의 진도를 체크하면서 친구들과 비교해 볼 수 있는 모바일 애플리케이션을 개발하여 제공하고 있으며, Fedex는 배송한 물건을 추적하는 애플리케이션을, Bank of America는 모바일 뱅킹 애플리케이션을, AP는 뉴스를 읽을 뿐만 아니라 독자가 직접 뉴스를 작성하여 보낼 수도 있는 애플리케이션을 제공하고 있다. 이러한 애플리케이션들을 통해 제공되는 차별적 서비스는 독자적으로 기업의 매출액을 증대시키지는 못한다 하더라도, 해당 기업의 제품 또는 서비스와 결합하여 고객 가치를 높이는 역할을 하게 된다.

9.8.4 마케팅을 위한 무료 배포 채널로 활용

웹상에서의 비즈니스와 전혀 관계가 없는 기업이라 하더라도 최소한 각 기업의 홈페이지는 제공하고 있는 것처럼, 모바일 애플리케이션을 활용한 비즈니스 확장 또는 차별적 서비스 제공의 여지가 거의 없는 기업이라 하더라도 마케팅에 모바일 애플리케이션을 이용하는 것은 고려할 수 있다. 샤넬이나 구찌는 기업의 최근 소식 및 신제품 정보 제공, 주변의 샤넬 매장 안내 등을 위한 애플리케이션을 제공하였으며, 폭스바겐이나 지포는 간단한 게임을 통해 자사의 제품을 알렸다.

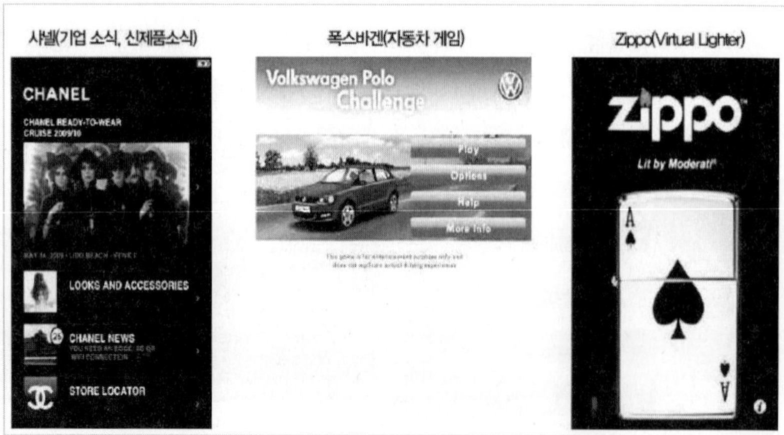

▌그림 9.9▌ 마케팅을 위한 모바일 애플리케이션 사례

소비자 이용 패턴의 차이로 인해 단순 비교는 어렵겠지만, 최근 마케팅 채널로 주목받고 있는 Twitter가 2009년 5월 기준 가입자는 3천 2백만 명, 월 방문자는 1천 9백만 명 수준인 것과 비교할 때, Apple App Store의 경우 이미 4천 8백만 명 가량의 사용자를 확보하고 있으며, 월 방문자 수도 1천만 명 이상으로 추정되고 있어, 애플리케이션 마켓 역시 마케팅 채널로서 상당한 가치를 보유하고 있다고 보여 진다. 또한 애플리케이션 마켓을 통한 마케팅은 모바일 애플리케이션 개발 비용만 부담하면 배포는 무료로 할 수 있어 비용 효율적인 마케팅 채널이라 할 수 있다. 게다가 단순한 텍스트 메시지 또는 이미지뿐만 아니라 동영상, 게임 등의 콘텐츠까지 제공할 수 있어서 신제품 등의 체험 마케팅에 효과적인 채널이 될 수 있다. 스마트폰의 확산과 더불어 애플리케이션 마켓 사용자의 확대가 예상되는 만큼 마케팅 채널로서의 가치는 현재보다 미래에 더욱 높아질 것으로 기대된다.

9.8.5 애플리케이션 거래현황[17]

게임이 애플리케이션 거래의 가장 큰 비중을 차지하고 있는데, 2009년 8월 기준으로 Apple사의 App Store에 등록된 67,280개의 애플리케이션 중 게임은 12,103개(18%)로 가장 큰 비중을 차지하고 있다. 다운로드 순위가 높은 유료 애플리케이션들만 볼 경우, Top 15 유료 애플리케이션 중 게임은 9개로서, 다른 유형의 애플리케이션들을 압도하고 있다.

---

17 김기태, "모바일 애플리케이션 마켓의 확산 동향과 전망", 산업은행, 2009년

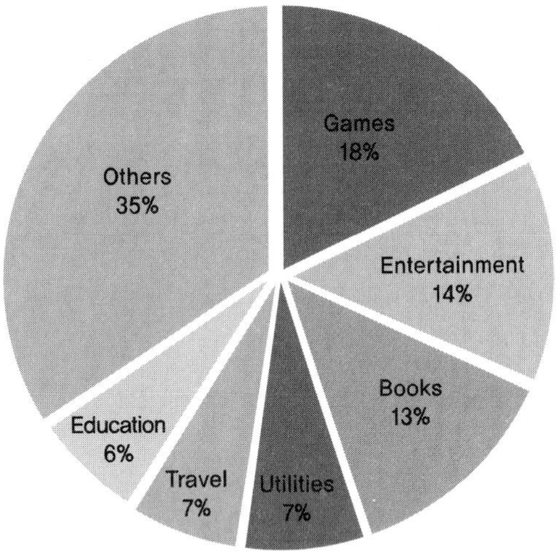

▌그림 9.10▐ Apple사의 App Store 애플리케이션 유형별 비중

▌표 9.9▐ Top 15 애플리케이션(2009년 8월 기준)

RANK	Application	Category	Price
1	The Moron Test	Entertainment	$0.99
2	Camera Zoom v1.1	Photography	$0.99
3	Fight Control	Games	$0.99
4	iFitness	Healthcare&Fitness	$1.99
5	StoneLoops! of Jurassica	Games	$0.99
6	Bejeweled 2	Games	$2.99
7	Pocket God	Entertainment	$0.99
8	Sally's Spa	Games	$0.99
9	ColorSplash	Photography	$1.99
10	F.A.S.T-Fleet Air Superiority Trining!	Games	$0.99
11	Fast & Furious The Game	Games	$1.99
12	emoji iEmoji icons-get smiley, emoticon keyboard	Social Networking	$0.99
13	Flick Fishing	Games	$0.99
14	Bloons	Games	$0.99
15	StickWars	Games	$0.99

9.9 국내 스마트폰 소비자 실태현황[18]

9.9.1 스마트폰 구매 목적

스마트폰을 구입한 경험이 있는 소비자의 연령층은 20대(54%)가 가장 높게 나타났으며, 30대(23%), 10대(14%) 순으로 조사되었다.

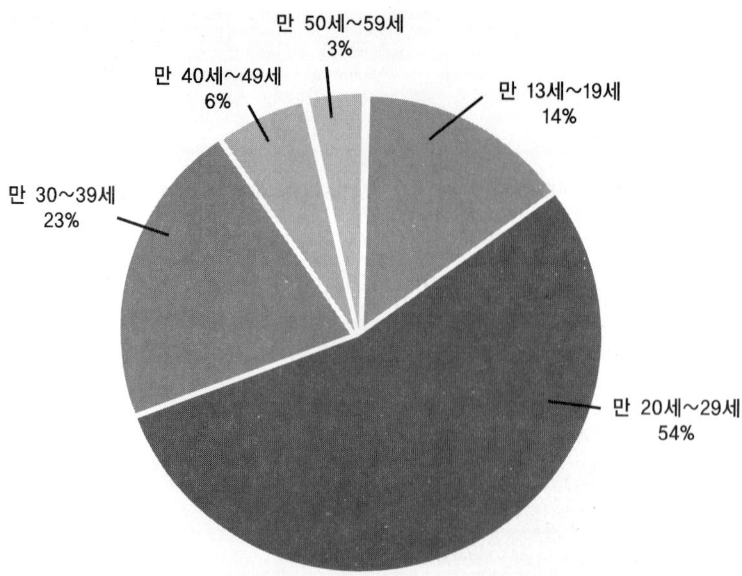

▌그림 9.11▐ 스마트폰 구입 연령 분포

스마트폰을 구입한 이유로는 터치스크린(41.7%), 풍부한 애플리케이션 사용(25.0%), 신제품에 대한 사용 의도(11.1%) 등의 높은 비중을 차지하고 있는 것으로 조사되었다.

18 정지범, "이동통신 이슈 리포트: 2009년 국내 휴대폰 이용 현황 실태 조사", 2009년 12월 28일 본 설문 조사는 2009년 10월부터 11월까지 2개월 간, 정보통신연구진흥원 정보 서비스단 통계 분석팀과 SK 마케팅 & 컴퍼니의 공동 조사를 통해 진행되었고, 2008년 통계청의 인구 구성비에 따라 표본을 구성하였으며, 전체 응답자는 1,000명임

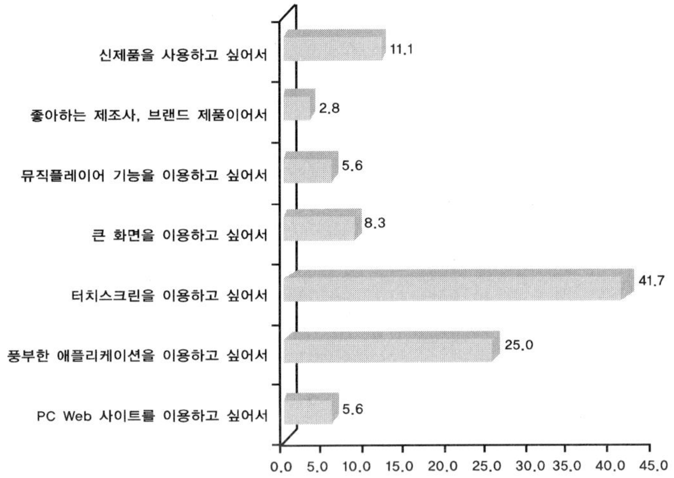

▌그림 9.12▌ 스마트폰 구입 이유 분포

9.9.2 스마트폰에 대한 인식

스마트폰 사용 경험이 있는 소비자들의 구입 이유로는 큰 화면(30.6%), 터치스크린(19.4%), 기능의 다양성(13.9%) 순으로 나타났으며, 스마트폰 사용 경험이 없는 소비자들도 유사한 순으로 나타났다. 스마트폰 사용 경험이 있는 소비자들도 스마트폰의 가장 큰 특징인 무선 인터넷의 자유로운 사용 등과 같은 고유 기능 등이 구매 결정에 커다란 영향을 미치지는 못하는 것으로 조사되었다.

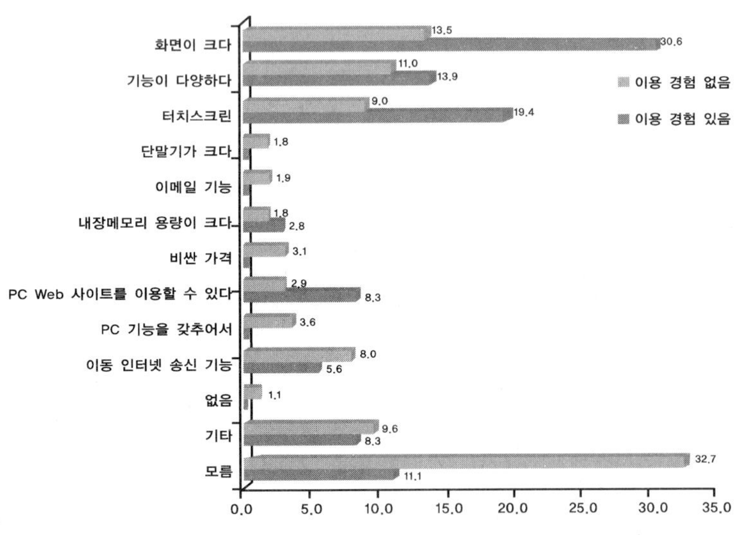

▌그림 9.13▌ 스마트폰 구입 이유(이용 경험 있음 Vs. 이용 경험 없음

스마트폰의 주요 기능에 대한 인식도 조사에서도 사용 경험이 있는 소비자의 41.7%, 사용 경험이 없는 소비자의 16.5%가 터치스크린을 스마트폰의 대표 기능이라고 응답하고 있어, 현재 대부분의 국내 휴대폰 사용자들은 스마트폰과 일반 휴대폰을 구분하지 못하고 있는 것으로 나타났다.

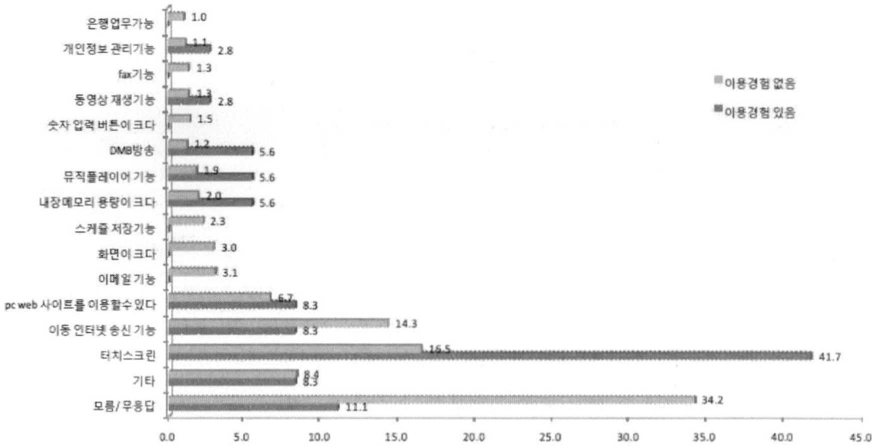

▌그림 9.14▌ 스마트폰 주요 기능에 대한 인식

9.9.3 소비자의 구매 성향

국내 휴대폰 소비자의 구매 스타일 유형을 '유행 선도형 소비자', '다수 수용적 소비자', '품질 수용적 소비자', '경제적 소비자', '정보 의존적 소비자' 등 5개 유형으로 구분하면, 국내 휴대폰 소비자의 구매 스타일 분포는 '유행 선도형 소비자'(23.0%), '다수 수용적 소비자'(26.2%), '품질 수용적 소비자'(21.0%), '경제적 소비자'(14.8%), '정보 의존적 소비자'(15.0%)의 비중으로 나타났다.

▌표 9.10▌ 소비자 구매 성향 분류

구분	유형	내용
Segment 1	유행 선도형 소비자	가격은 고려하지 않으며, 최신 기능, 유행을 추구
Segment 2	다수 수용적 소비자	최신 기능, 유행과는 상관없이 익숙한 제품을 선호
Segment 3	품질 수용적 소비자	최신 기능, 유행과는 상관없이 제품의 품질, 성능 중시
Segment 4	경제적 소비자	제품 구입 시, 가격을 중시
Segment 5	정보 의존적 소비자	사전에 제품에 대한 정보를 미리 알아보고 구매

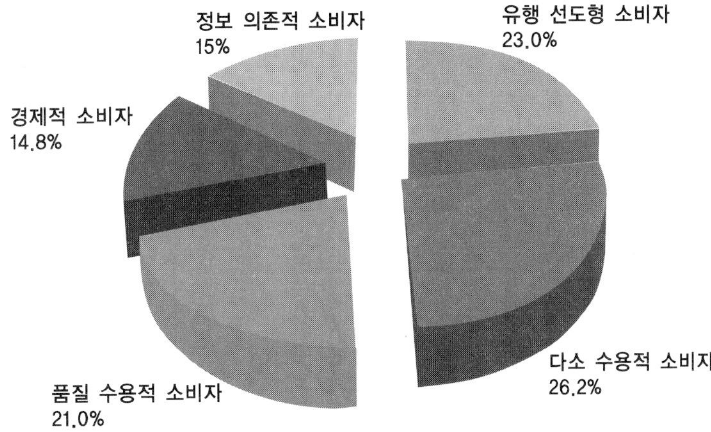

그림 9.15 소비자 수매 성향 분포도

국내 휴대폰 소비자의 5가지 구매 스타일에 따른 스마트폰, PDA, 일반 휴대폰 구매 의향 선호도 조사에서는 유행 선도적 소비자는 스마트폰, 다수 추종적 소비자는 일반 휴대폰, 경제적 소비자는 PDA를 보다 선호하는 것으로 나타났다.

향후 구입 브랜드별 소비 성향 분석 결과, 삼성전자는 다수를 추종하는 소비자가 상대적으로 높게 나타났으며, LG 전자는 정보 의존적 소비자, Apple은 다수 수용적, Motorola는 유행 선도적 소비자 분포가 타 브랜드 보다 다소 높게 나타났다.

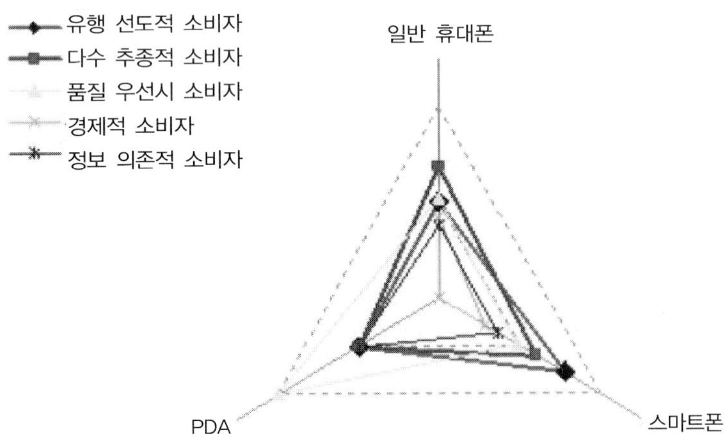

그림 9.16 소비 성향별 향후 구입 의향 휴대폰

스마트폰 사용 경험자의 구매에 대한 태도 조사에서는 77.2%의 사용자들이 스마트폰을 구매한 것에 대해 후회하지 않고 있는 것으로 나타났다.

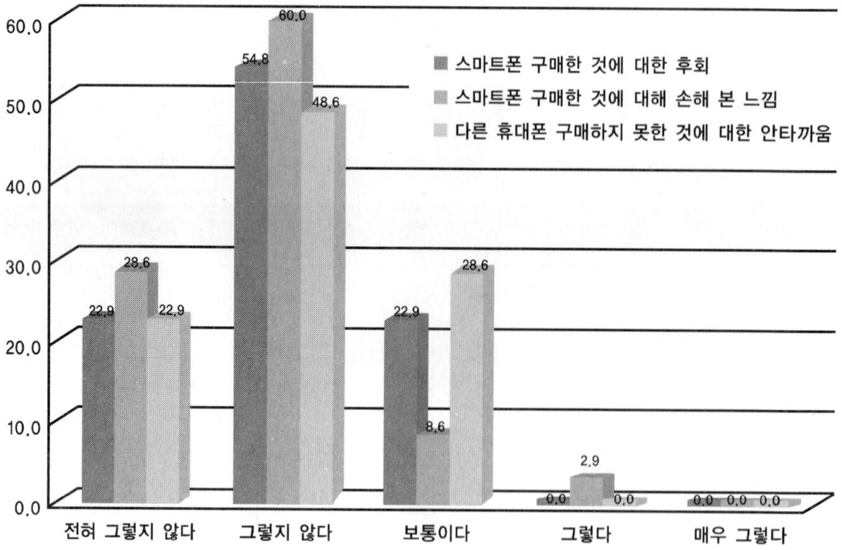

▌그림 9.17▐ 스마트폰 구매자의 태도

Chapter 10

스마트폰 플랫폼

10.1 스마트폰 플랫폼 비교[19]

현재까지 가장 높은 시장 점유율을 차지하고 있는 Symbian은 유럽의 주요 단말 제조업체들의 공동 투자로 만들어진 스마트폰을 위한 운영체제이다. Symbian 운영체제는 기본적으로 마이크로 커널 기반의 경량 운영체제 구조를 갖추고 있고, 네트워크 기능을 포함한 대부분의 기능이 마이크로 커널 상의 서버의 형태로 존재한다. Symbian 운영체제의 잘 정의된 OEM Adaptation Layer는 하드웨어 구성요소에 대한 지원 소프트웨어 및 통신 프로토콜 부분을 지원하기 위한 인터페이스 소프트웨어 부분 등이 서버 모듈의 형태로 정의되어 있어 다른 부분에 대한 고려 없이 비교적 독립적으로 새로운 하드웨어에 Symbian을 탑재할 수 있도록 돕는다. Symbian은 C++를 기본 언어로 하고 있으며, OPL, Python 등의 언어도 지원하며 최근엔 J2ME도 지원한다.

Apple의 iPhone은 소프트웨어적인 특징보다 버튼이 없는 터치스크린으로만 동작하는 폰으로 관심을 끌었다. 멀티 터치스크린이 가능한 480×320 해상도의 3.5인치 LCD는 두 손가락을 사용한 다양한 UI를 가능하게 하고, 가속도계와 접근탐지센서를 활용하여 편의 기능을 제공한다. iPhone은 MAC OS X를 사용하는데, 이 플랫폼은 FreeBSD 기반의 Darwin을 바탕으로 풍부한 멀티미디어 기능과 그래픽스 기능을 제공한 UI를 내세우고 있다.

Android는 기존의 WIPI, BREW, GVM 등과 같은 모바일 디바이스를 위한 플랫폼으로서, 운영체제, 미들웨어, 키 애플리케이션들을 포함하는 모바일 디바이스를 위한

19 윤민홍, 김선자, "글로벌 모바일 단말 소프트웨어 플랫폼 동향", 전자통신동향분석, 제23권 제1호, pp. 44-53, 2008년 2월

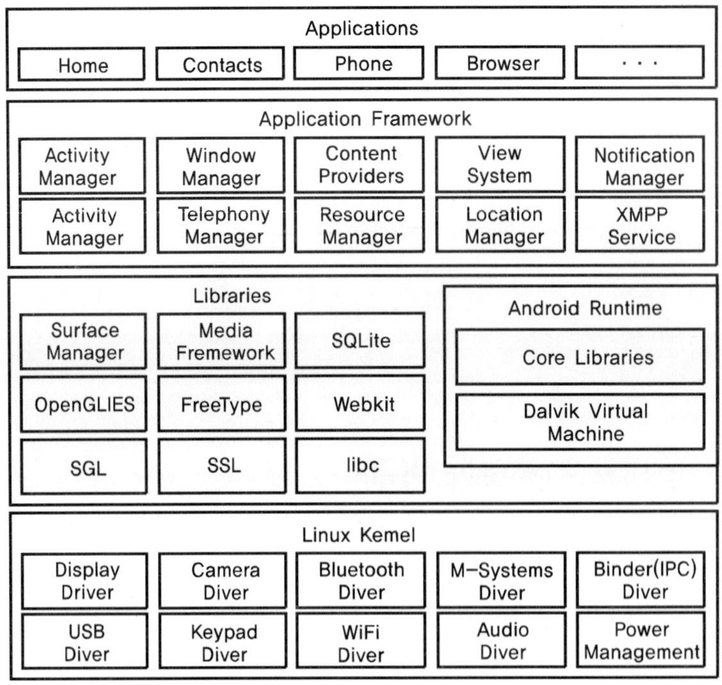

▌그림 10.1▐ Android 아키텍처

소프트웨어 집합인 것이다. 애플리케이션들은 Java 프로그래밍 언어로 작성해야 하고, Dalvik 위에서 실행되는데, Dalvik은 Google이 만든 가상 머신으로서, Linux 커널의 최상위 영역에서 동작하게 된다. Android는 애플리케이션 프레임워크를 제공하고, 모바일 디바이스를 위해 최적화된 Dalvik을 제공하며, 최적화된 그래픽, SQLite, 다양한 파일 형태의 미디어를 지원하는 등의 특징을 가지고 있다.[20] Android의 아키텍처는 그림 10.1과 같이 나타낼 수 있다.

Android 아키텍처는 '애플리케이션'(Android에서는 이메일을 확인할 수 있는 클라이언트, SMS 프로그램, 캘린더, 지도, 브라우저, 주소록 등을 키 애플리케이션으로 제공하며, 모든 애플리케이션은 Java 언어로 작성됨.), '애플리케이션 프레임워크'(Android에서는 애플리케이션이 사용하는 프레임워크를 제공하는데, 애플리케이션을 개발하기 위한 각종 클래스와 메소드들이 제공됨.), '라이브러리'(시스템 C 라이브러리, 미디어 라이브러리, Surface 관리자, LibWebCore, 2D 그래픽 엔지, 3D 라이브러

20 김정훈, "구글의 안드로이드와 안드로이드 마켓", 주간기술동향, 통권 1391호, pp. 13-30, 2009년 4월 8일

리, 경량화된 관계형 데이터베이스 엔진 등이 라이브러리 형태로 제공됨.), '안드로이드 런타임'(Android는 자바의 핵심 라이브러리 기능들을 대부분 포함하고 있고, 모든 Android 애플리케이션은 Dalvik 가상 머신 내에 자신의 인스턴스를 가지고 동작함. Dalvik에서는 최소 메모리만을 사용하도록 최적화된 Dalvik Executable(.dex) 포맷의 파일들을 실행하는데, Dalvik VM은 자바 언어 컴파일러에 의해 컴파일된 클래스를 'dx'라는 도구에 의에 .dex 포맷으로 변환시켜 실행함.), '리눅스 커널'(Android 플랫폼은 보안, 메모리 관리, 프로세스 관리, 네트워크 관리, 드라이버 모델 등의 핵심 서비스를 리눅스에 기초하여 구현되었는데, 이 리눅스 커널은 하드웨어와 나머지 소프트웨어 스택 간의 추상화된 계층 역할을 수행함)로 구성된다.

Windows Mobile은 다양한 제품군으로 다양한 디바이스를 지원한다. Windows Mobile 계열은 C, C++, C#을 지원하며 데스크 탑에 탑재되는 Windows와 상당부분 동일한 API를 제공하여 쉽고 빠른 개발환경을 제공한다. Symbian과 마찬가지로 오랫동안 사용되어 안정성과 성능이 검증된 플랫폼으로 기본 라이브러리부터 UI까지 풍부한 기능을 제공하는 것이 특징이다.

표 10.1 스마트폰 플랫폼 비교

	Mac OS X	Android	RIM OS	Symbian	Windows Mobile
개발사	Apple	Google	RIM	Nokia	Microsoft
Language	Object-C	Java	Java	C++, Java and etc.	C++, C# and etc.
Platform	Cocoa	Java SE + ext	Java Me + ext	Java Me	.NET CF
특징	• 기존 Mac 데스크 탑의 UI를 적용 • UI가 편리하나 애플리케이션의 멀티태스킹 미지원	• 스마트폰 운영체제 중 유일하게 무료 플랫폼을 선언 • 애플리케이션의 멀티태스킹이 가능하지만, 보안이 취약	• 기업용으로 특화된 운영체제 • 푸시 이메일 서비스가 가능하고, 강력한 보안 기능	• 저렴한 운영체제 가격 책정으로 기반 확장 • 기본적으로 제공되는 애플리케이션의 성능이 뛰어나지만, 보안 취약	• 오피스, 아웃룩 등을 사용할 수 있으나, 라이센스 비용이 높으며, 구동 속도가 느리고, 다른 운영체제와의 호환 제한
시장 점유율 (2009년 3분기)	17.8%	3.5%	20.6%	46.2%	8.8%

표 10.2 스마트폰 운영체제 비교

	iPhone 3.0	Android (T-Mo G1)	BlackBerry 4.6+	Windows Mobile 6.5
Apps Running in Background	No	Yes	Yes	Yes
Background Notification	Yes	Yes	Yes	Yes
Push Mail	Yes	Yes	Yes	Yes
Multi-touch Interface	Yes	Maybe	Yes	Maybe
Capacitive Screen Support	Yes	Yes	Yes	No
Stereo Bluetooth	Yes	Yes	Yes	Yes
Flash Support in Browser	No	No	No	Yes
Data Tethering Capable*	Yes	Maybe	Yes	Yes
Mass Storage Mode	No	Yes	Yes	Yes
Video Recording	No	Yes	Yes	Yes
Turn-By-Turn Navigation	Yes	Yes	Yes	Yes
Copy and Paste	Yes	Yes	Yes	Yes
Universal Search	Yes	No	No	Yes
MMS Messaging	Yes	Yes	Yes	Yes
WebKit Browser	Yes	Yes	No	No
Application Market	Yes	Yes	Yes	Yes
Open Source OS	No	Yes	No	No

* Dependent on carrier, and where permitted, usually requires extra data charges.

[출처 : www.gizmodo.com]

10.2 스마트폰 플랫폼의 장단점

10.2.1 스마트폰 플랫폼별 장점과 특성

스마트폰의 사용을 통해 사용자는 멀티태스킹, 멀티미디어, 통신 등 기능이 우수한 단말을 사용하게 되고, 다양한 애플리케이션을 통해 서비스에 대한 니즈를 만족시킬 수 있게 되며, 자유로운 타 단말과의 연동이 가능해진다. 이동통신 사업자는 신규 서비스 런칭 기간이 단축되고, 사업자 테스트를 위한 비용이 절감되며, 애플리케이션 다운로드 등으로 ARPU가 높아지는 효과를 누릴 수 있다. 그리고 단말 제조사는 플랫폼 사용에 따른 소프트웨어 재활용 극대화로 개발비가 절감되고, 제3자(Third Party)를 통한 애플리케이션 확보가 쉬워져 단말의 가치를 증가시킬 수 있는 기회를 가지게 된다.[21]

▌표 10.3▐ 스마트폰 운영체제의 분야별 경쟁력 및 주요 특징

구분		Mac OS X	Android	RIM	Symbian	Windows Mobile
이동통신 사업자 관점	이통사 ARPU 증대 기여	3**	3	2	1	1
	콘텐츠 Profit Sharing	No	Yes	No	협의 중 (Ovi)	N/A
	신규 가입자 Churn-In* 효과	4	3	3	2	2
개발 관점	자사 독점/공유	자사 독점	공유	자사 독점	공유	공유
	오픈 소스 여부	No	Yes	No	Yes	No
	UI 및 Apps Customizing	N/A(독점)	3	N/A(독점)	2	1
단말 벤더 관점	지원 벤더	Apple	HTC, Motorola, Acer, Samsung, LG, Huawei, Sony Ericsson, Dell, Phillips	RIM	Nokia, Samsung, Sony Ericsson	Motorola, Samsung, LG, Sony Ericsson, HTC, Palm
	라이센스 Fee	N/A(독점)	무료	N/A(독점)	무료/$10	%10~15

* Churn-In: 기존에 이용 중인 타 이동통신 사업자를 해지한 후에 가입하는 것을 의미함.
** 숫자로 표기된 경우, 그 숫자가 높을수록 해당 영역에서 상대적으로 우수함을 의미함.
[출처 : STARBASE, 2009]

[21] 김민식, 정현준, "휴대폰 산업의 탈추격형 대응 전략: 스마트폰을 중심으로", 정보통신정책연구원, 2010년 1월 16일

10.2.2 iPhone이 이동통신 사업자의 실적에 미친 영향[22]

Apple의 iPhone은 높은 고객만족도[23]를 기반으로 하여, 이동통신 사업자에 대해 강한 교섭력을 가지고 있는 것이 사실이다. 그렇다면 iPhone이 이동통신 사업자의 실적에는 어떠한 영향을 미쳤는가?

(1) 미국 AT&T

미국의 통신 회사인 AT&T의 2009년 1분기 매출과 순수익은 각각 전년도 같은 기간과 비교하여 1%, 9%씩 하락한 305억 7,000만 달러와 31억 달러로 집계되었다. 그러나 여기서 주목해야 할 점은 유선 사업부, 전화번호부 사업부 등의 저조한 실적과는 달리 이동통신 사업부는 AT&T에서 미국 내 독점 판매 중이었던(2010년 내 독점 계약 종료 예정) iPhone의 판매 호조에 힘입어 비교적 안정적인 성장세를 보였다는 점이다. AT&T의 유선 사업부, 전화번호부 사업부 등 다른 분야에서 매출이 감소한 반면 AT&T 이동통신 사업부는 2007년 6월 아이폰을 선보인 이후 계속되는 성장세를 보이고 있다. 2009년 1분기에는 116억 4,000만 달러의 매출을 기록하며, 전년 동기 9.8%의 성장세를 기록하였다.

▮표 10.4▮ AT&T 영업 실적

(단위: 백만 달러)

분야	2007				2008				2009
	1분기	2분기	3분기	4분기	1분기	2분기	3분기	4분기	1분기
이동통신	9,070	9,513	9,834	10,151	10,605	10,894	11,227	11,523	11,646
유선	10,455	10,378	10,164	9,801	9,693	9,519	9,313	8,796	8,506
인터넷	5,655	5,746	5,880	5,925	5,927	6,054	6,144	6,203	6,250
전화번호부	1,022	1,155	1,240	1,389	1,389	1,383	1,333	1,302	1,249
기타	2,767	2,686	3,014	3,083	3,076	3,016	3,325	3,252	2,920
총 매출액	28,969	29,478	30,132	30,349	30,744	30,866	31,342	31,076	30,571
순수익	2,848	2,904	3,063	3,136	3,461	3,772	3,230	2,404	3,126

22 이선영, "아이폰이 이동통신사 실적에 미치는 영향", 정보통신정책연구원, 2009년 6월 16일

23 J.D Power에 의하면 iPhone은 비즈니스 무선 스마트폰 사용자들을 대상으로 한 고객 만족도 조사에서 1,000점 만점에 811점으로 1위로 선정되었다. 그 뒤를 LG(776점), RIM(759점)이 뒤따르고 있다. 고객들이 iPhone에 높은 점수를 주는 부분은 쉬운 작동법과 디자인의 우수성 등이다.

AT&T 이동통신의 가입자 수 역시 계속해서 증가 추세이며, 시장 점유율 또한 매년 증가하는 추세인데, AT&T는 2009년 4분기에만 270만 명의 신규 가입자를 유치했다.[24] 또한 AT&T는 iPhone 가입자 중 약 40%가 다른 이동통신 사업자로부터 이동한 고객이라고 밝히고 있다.

iPhone 효과로 주목할 만한 또 한 가지의 부분은 데이터 수익이다. Apple은 특정 통신사에 독점적 판매 권리를 주는 대신 수익 배분을 요구하는 정책을 펴고 있는 것으로 알려져 이동통신 사업자의 수익성에 대한 우려도 제기된 바 있으나, 실제로는 iPhone 사용자의 데이터 사용량이 많아 Apple과의 수익 배분을 고려한다 하더라도 충분한 수익을 올릴 수 있는데, 이는 AT&T의 ARPU 추이를 보면 명확하게 알 수 있다. 2009년 1분기 데이터 ARPU는 13.64달러로 전년도 같은 기간의 10.80달러와 비교해 보았을 때, 큰 폭으로 상승한 것을 알 수 있다.

(2) 캐나다 Rogers Communications Inc.

캐나다의 Rogers Communications Inc.사는 이동통신, 집 전화 서비스, 케이블 TV, 인터넷 등의 서비스를 제공하는 캐나다 제1위의 통신 회사이다. 이 회사에서는 2008년 7월에 iPhone 3G를 출시하였는데, iPhone 출시 이후 2008년 하반기 동안 약 38만 5천 대의 iPhone 단말 가입자를 확보했는데, 이 중 35%가 신규 가입자이고, 65%가 기존 가입자들이 iPhone으로 기기 변경을 한 경우이다. iPhone 가입자들의 대부분이

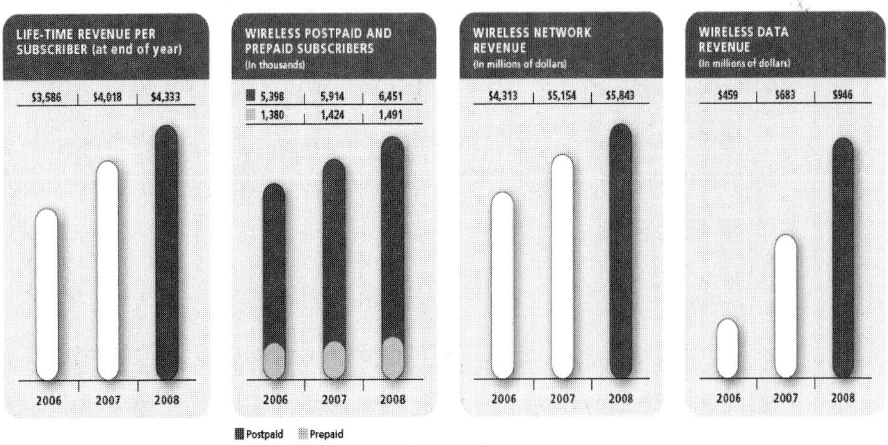

▌그림 10.2▐ Rogers Communications Inc.사의 이동통신 분야 영업 실적

24 안희권 기자, "AT&T, 아이폰 고맙다...4분기 순익 26%↑", 아이뉴스 24, 2010년 1월 29일

음성과 월 데이터 패키지에 높은 가입률을 보이고 있기 때문에 iPhone 가입자들은 전체 이동통신 가입자 수를 기반으로 한 평균 ARPU에 상회하는 월별 ARPU를 기록하고 있다.

실제로 2009년 1분기 Rogers Communication Inc.사의 이동통신 분야의 영업 실적에서 스마트폰이 가지는 영향력은 컸는데, 음성 전용 단말의 저조한 판매에 의한 실적 부진을 스마트폰과 무선 랩톱 가입자들의 증가로 인한 가입자 수의 증가가 상쇄해 주는 구조를 보였다.

(3) 호주 Optus

싱가포르에 기반하고 호주, 방글라데시 등 총 7개국의 시장에 진출해 있는 SingTel Telecommunications LTD.의 호주 자회사인 Optus는 2009년 1분기에 iPhone 3G가 창출한 수요 때문에 좋은 영업 실적을 달성할 수 있었다. Optus의 모바일 사업부는 2009년 1분기 약 17%의 매출 증가를 기록했고, 15만 6천명의 신규 가입자를 확보했다.

(4) 일본 Softbank Corp.

일본에서는 일본 제3위의 이동통신 사업자인 Softbank가 Apple과의 독점 계약을 통해 2008년 7월 일본 시장에 iPhone 3G를 출시했다. 그러나 기대와는 달리 일본 시장에서는 그다지 성공적인 성과를 내지 못하고 있다. 이에 대해서는 일본 토종 단말을 선호하는 일본 휴대폰 시장의 특징과 일본인들에게 어필할 만한 기능을 갖추지 못했다는 것, 일본에서 적절한 마케팅 포인트를 찾지 못한 것 등을 원인으로 보고 있다. 특히, 연간 5,000만 대의 판매가 형성되는 세계 최대의 휴대폰 수요지 중 하나인 일본에는 10개 이상의 일본 토종 단말 생산 업체가 있는데, 토종 기업들에서 만들어진 일본 토종 단말에 대한 수요가 매우 높다. 세계 1위의 Nokia가 일본 시장 점유율이 1% 미만인데 반해, 일본 기업인 Sharp의 점유율은 25%에 달하고 있다는 점이 이를 잘 뒷받침 해주고 있다.

(5) 인도

인도에서 iPhone이 공급되기 시작한 것은 2008년 8월 Vodafone과 Bharti Airtel의 두 이동통신 사업자에 의해서이다. 일본과 마찬가지로 인도 시장에서 iPhone은 그다지 성공적이지 못한 실적을 보이고 있는데, 이에 대해서는 인도 시장에서 꾸준한 인기를 끌고 있는 Nokia의 위치, iPhone의 고가격, iPhone을 음성 통화를 하거나 문자 메시지를 주고받는 정도의 일반 휴대폰으로 인식하는 인도 사람들의 IT 문화 등을

도 Nexus One 도입을 검토 중인 것으로 드러났다.

(1) Nexus One의 특징

2009년 말 Google에서 자사 브랜드로 스마트폰을 출시한다는 소문이 나더니 2010년에 'Nexus One'이라는 이름으로 출시하였다. 2010년 1월 6일 Google에 의하면 Nexus One은 현재 출시된 제품의 단일명이 아닌, 앞으로 자사 브랜드로 출시될 스마트폰 시리즈의 총칭이라고 밝혀졌다. 조만간 미국의 Verizon과 영국의 보다폰을 통해 CDMA 버전도 출시될 것이며, 이 경우 현재 판매 중인 UMTS/GSM 버전의 Nexus One과는 달리 잠금(Locked) 방식으로만 판매될 것으로 전해졌다. 운영체계는 Google의 Android 운영체제의 최신 버전인 Android 2.1을 최초로 탑재하였으며, iPhone 보다 두께는 더 얇고 가벼우며, 스크린은 3.7인치 AMOLED 터치스크린으로 iPhone보다 조금 더 크다.

이외에도 500만 화소의 카메라가 탑재되어 있으며 메인 프로세서는 퀄컴의 QSD 8250 1GHz이며, 1,400mAh의 배터리를 장착하고 있다. 또한 Nexus One은 이동통신 사업자의 협조 없이 만들어진 Google의 독자적인 단말기로서 이동통신 사업자의 서비스와 경쟁할 수 있는 모바일 VoIP 등 다양한 서비스가 탑재 가능하며 음성 인식 기능과 Google 맵스, Facebook 등 온라인 서비스와의 통합 기술이 돋보이며, 무료로 GPS 서비스도 이용할 수 있다. 그러나 Nexus One은 iPhone과 달리 테더링[27]과 멀티터치를 지원하지 않으며, 내장 메모리가 512MB에 불과하여 애플리케이션 저장에 한계가 있다는 약점이 있다.

(2) 단말기 유통 구조의 변화

3G 서비스는 GSM방식의 단말기에 SIM 카드를 장착하여 사용하게 되면서 소비자들이 단말기 제조사로부터 자신이 원하는 단말기를 구입하고, 원하는 이동통신 사업자의 SIM 카드를 단말기에 장착하는 방식이 가능하다. 이는 이동통신 사업자를 통해서 단말을 구입하였던 기존의 유통방식과는 전혀 다른 것으로 3G 서비스의 활성화는 단말기 제조사의 유통망 강화를 가져와 이동통신 사업자 중심의 단말 판매 방식이 단말기 제조사를 통해 이루어지게 될 가능성을 열어 주었다.

3G 서비스를 제공할 수 있는 단말인 iPhone의 경우 Apple 매장에서 직접 구입하는 것이 가능하다. 그러나 지금까지 iPhone 조차도 사실상 이동통신 사업자를 선택하는

[27] 테더링은 무선 인터넷에 연결된 휴대폰이 중계기 역할을 하여 주변의 다른 기기들이 인터넷을 사용할 수 있도록 하는 서비스이다.

것은 불가능하였다. 그러나 Nexus One의 판매 방식은 Google이 자사의 Phone Store에서 잠금 해제(Unlock) 상태로 판매하여 이동통신 사업자와의 서비스 계약 없이 소비자들은 단말기 구입 후 자신이 원하는 이동통신 사업자의 서비스를 선택할 수 있게 되었다. 이러한 Google폰의 판매 방식은 향후 휴대폰 시장에 적지 않은 파장을 발생시킬 것으로 예상되고 있다.

다만, 현재 미국에서의 Nexus의 판매 가격은 잠금 해제의 경우 529달러이지만, T-Mobile과의 2년 약정 계약 시, 보조금을 지원받아 179달러에 구입할 수 있다. 또한 잠금 해제 방식인 경우에도 현재 모든 네트워크에 대해 개방적이지는 않으며, AT&T의 EDGE 데이터 네트워크에서만 사용가능하다. 이에 Google은 가능한 네트워크 확장을 위해 이동통신사를 확대하기 위한 전략을 세울 것으로 판단된다. 만약 Google의 Nexus One이 국내에 출시된다면 국내 이동통신 사업자 중심의 폐쇄적인 유통 구조를 변화시킬 수 있는 좋은 촉매제가 될 것으로 전망된다.

(3) 구 버전 Android폰 탑재 스마트폰 판매자들에 위협 요소

스마트폰 분야에서 Microsoft의 'Windows Mobile'에 대항하여 Google에서 2007년 개발하여 선보인 운영체제인 Android는 리눅스 운영체제를 기반으로 설계되었으며, 오픈 소스라는 강점이 있어 누구나 제한 없이 Android 플랫폼을 이용하여 프로그램을 만들 수 있다. Nexus 출시 이전에 흔히 Google폰이라고 불려왔던 Google의 Android 운영체제 구 버전을 탑재한 스마트폰과는 달리 Nexus One에는 Android 최신 버전인 2.1이 탑재되어 있는데, 이 버전이 다른 버전과 차별화되는 강력한 요소로는 음성 인식 기능과 라이브 월페이퍼, 확장된 홈 스크린(3패널에서 5패널로 확장), 새로운 홈 패널 내비게이션 시스템, 3G 포토 갤러리, 새롭게 디자인된 앱 드로워(Drawer) 등이다. 특히 모든 텍스트 영역에 음성으로 입력(Typing)이 가능하여 사용자들은 이메일이나 내비게이션의 루트를 음성으로 직접 입력할 수 있게 되었다. 또한 프로세서의 속도와 RAM 및 ROM 메모리도 기존 Android폰인 HTX Hero와 T-Mobile G1에 비해 2배가량 향상되었다. 이로 인해 기존 버전이 탑재된 스마트폰이 Nexus One에 비해 열등하다고 사용자들에게 인식되어 기존 Android 탑재 스마트폰 판매자들에게 위협적인 요소가 될 수 있다.

최근까지 Android 운영체제의 가장 최신 버전을 탑재하였던 스마트폰인 Motorola Droid는 Verizon Wireless에 의해 지난해 하반기부터 제공되었는데, Android 2.0.1 버전이 탑재되어 GPS 기능과 향상된 인터페이스를 선보였지만, 이번에 Google에 의해 출시된 Nexus One의 2.1 버전에 비하면 열등한 운영체제가 되었다.

표 10.6 Nexus One, Droid, iPhone의 특징 비교

특징	Nexus One	Motorola Droid	Apple iPhone 3GS
운영체제	Android 2.1	Android 2.0.1	iPhone OS
프로세서	1GHz Snapdragon	ARM Cortex A8 550MHz	ARM Cortex A8 600MHz
메모리	512MB onboard, 4GB MicroSD card, 32GB expandable, 512MB RAM	133MB onboard, 16GB MicroSD Card, 32GB expandable, 256MB RAM	16/32GB onboard, 256MB RAM
배터리	1,400mAh	1,400mAh(BP6X)	1,219mAh
크기/두께 /무게	119×59.8×11.5mm, 130g	115.8×60×13.7mm 165g	115.5×62.1×12.3mm 135g
액정 크기	3.7인치 Widescreen WVGA AMOLED Touchscreen 800×480 Pixels	3.2인치 TFT Capacitive Touchscreen 480×854 Pixels	3.5인치 TFT Capacitive Touchscreen 320×480 Pixels
카메라	5 Megapixel 30 VGA fps Video Dual LED Flash	5 Megapixel 30 VGA fps Video Dual LED Flash	3.15 Megapixel WVGA 25 fps Video Dual LED Flash
블루투스	v2.1, with EDR	v2.1, with A2DP	v2.1, with A2DP
가격	EUR 370 USD 530	EUR 480 USD 690	EUR 620 USD 890
출시일	2010년 1분기	2009년 4분기	2009년 2분기

게다가 구형 Android폰에 Android 2.1 버전을 다운받아 업데이트하기 위해서는 예상보다 시간이 더 걸릴 것으로 알려지고 있으며, 경우에 따라서는 속도 향상이 제한적일 수도 있는 것으로 밝혀졌다. 그러나 이러한 요소들로 인해 오히려 최신 버전을 선호하는 사용자들에 의해 Nexus One이 활성화될 수도 있으나 장기적으로는 Android 운영체제의 업데이트 방식과 는 달리 새로운 버전이 나오면 수일 이내에 업데이트 설치가 가능한 iPhone으로 사용자들의 선택이 옮겨갈 수 있는 가능성이 있다.

(4) Google의 소매 시장으로의 진출

Nexus One의 출시는 Google이 지금까지 운영체제인 Android 공급만을 주도하는데 그치지 않고, 직접 스마트폰의 설계와 판매를 통해 소매시장으로 진출하는 계기가 되

었다. 시장에서는 Google이 소매 시장으로 직접 진출한 것에 대해 PC 위주의 컴퓨팅 환경에서 모바일로 이행해 가는 과정 중 스마트폰 시장을 통해 모바일 광고 시장에서의 선점을 놓치지 않기 위한 전략으로 비쳐지고 있다. 그러나 Google의 Nexus One의 소매 시장 진출 방식에 대해서는 iPhone과 비교하여 볼 때 잘못된 전략을 선택하고 있다고 보는 시각이 있다. 즉 iPhone이 Apple Store와 AT&T 판매 대리점에서 오프라인으로 판매되는데 반해, Nexus One은 오직 Google의 온라인 스토어를 통해서만 구입이 가능하여 소비자들은 Nexus One을 주문하고도 얼마간의 배달 기간을 거쳐야만 입수할 수 있다. 이는 Apple의 iPhone 출시 당시 Apple Store에 길게 늘어선 줄과 iPhone 구매자들이 iPhone을 오픈하는 장면의 동영상을 올리는 등 사용자들 스스로가 iPhone의 광고자가 되게 하는 시각적인 효과를 Nexus One의 판매 방식으로는 얻을 수 없음을 의미한다.

10.3.3 국내 스마트폰 단말 최신 동향

2010년 2월 4일, 삼성전자가 Google의 Android를 탑재한 스마트폰(모델명 SHW-M1005)을 공개하였으며, 2월 말에서 3월 초 사이에 SK 텔레콤을 통해 공식 출시될 예정이다. Google Android 2.1을 채택하였으며(모토로이는 Android 2.0을 채택), 'Context A8' 기반의 800MHz CPU를 탑재하여 빠른 구동 속도를 장점으로 내세웠으며, 3.7인치 WVGA(480×800) AMOLED를 탑재하여 화질이 선명하고, 감압식이 아닌 정전식 터치 방식을 사용하여 터치 감을 향상시켰다. 그리고 802.11 n을 지원하는 무선 랜 모듈을 장착하여 Wi-Fi 속도를 향상시켰고, 전면부에 카메라를 탑재하여 Android폰 최초로 영상 통화 기능을 지원한다.

10.4 플랫폼별 개발환경 및 개발자 등록

10.4.1 Apple 플랫폼

(1) 개발환경

iPhone Application을 개발하기 위해서 가장 먼저 준비해야 할 것은 'Mac OS X 10.5.4 이상이 설치된 매킨토시'(2009년 6월에 발표된 SDK 3.0을 설치하기 위해서는 OS X 10.5.8 이상이 요구됨), 'iPhone SDK와 개발 프로그램'(http://developer. apple.

com/iphone/), 'iPhone 또는 iPod Touch'이다.

SDK를 이용해서 개발하고 장치에서 테스트하기 전에 다음과 같은 과정을 거쳐야 하고, 이는 iPhone Developer Program Portal에서 만들 수 있으며, 여기서 팀 구성 아래에 1) Certificates(인증서), 2) Devices(개발에서 사용할 장치를 등록), 3) App IDs(애플리케이션 ID), 4) Provisioning(서명), 5) Distribution(배포)의 내용을 직접 설정해야 한다.

개발용과 배포용으로 구분되는 Certificate는 프로그램 개발자를 구분하며, 프로그램 테스트 및 배포에서 애플리케이션 서명에 사용된다. Certificate는 개발자 프로그램 가입 시, 사용한 이메일 주소를 이용해 생성할 수 있다. Device 메뉴에서는 개발용 iPhone 또는 iPod Touch를 등록하는데, 이곳에서 사용하는 아이디(Identifier)는 40바이트 문자열로서, 이것은 iTunes 장치 선택 메뉴의 Summary 탭에 있는 Serial number 부분을 클릭하면 알 수 있다. App IDs는 개발한 프로그램끼리 정보를 공유할 때에 사용되는데, 여러 관리 프로그램을 만들었다면 그 공통 암호를 사용하게 할 수 있다. 즉, App ID를 같게 하면 암호를 공유할 수 있다. Provisioning은 인증서, 장치 등록, App ID 등의 정보를 하나로 묶은 프로비전 프로파일로 만들게 하는데, 이후에 프로그램을 다운로드하고 실행하는 것이 가능해진다. 이 프로비전을 생성했으면 Xcode에서 Organizer 창에 등록을 한다.

(2) 개발자 등록

iPhone 개발자 프로그램은 '개인용'(Standard Program, 애플리케이션을 개발해서 판매하는 것을 목적으로 함)과 '업체용'(Enterprise Program, 500명 이상의 직원을 둔 업체에서 자체 사용할 애플리케이션을 개발하는 것을 목적으로 함) 두 가지가 존재한다. '개인용'은 99달러를 지불하면 홈페이지에서 등록할 수 있는데, 다시 '개인'과 '기업' 구분을 선택해야 한다. 이때 개인 개발자라 하더라도 공동으로 팀 작업을 하는 경우에는 기업으로 선택해야 한다.

'Standard Program'에서 개인이 아닌 기업을 선택하면, 팀 관리를 할 수 있는데, 팀원은 Team Agent, Team Admin, Team Member로 구성된다. 개발자로 가입하고 iPhone SDK Dev Center(http://developer.apple.com/iphone/)에 로그인을 하면 된다. iPhone Developer Program Portal에서 팀 관리, 인증서, 장치 관리, App ID, 프로비전, 배포 서비스를 제공하게 되고, iTunes Connect는 판매, 세금, 재무 보고서 등의 서비스를 제공한다.

10.4.2 안드로이드 플랫폼

Android Application 개발을 위해서는 다음과 같은 사항이 요구된다.

(1) 운영체제

Windows XP(32-bit) 또는 Vista(32- or 64-bit)

Mac OS X 10.4.8 또는 그 이상

Linux(tested on Linux Ubuntu Hardy Heron): 32-bit 응용들이 실행될 수 있는 64-bit 버전. 32-bit 응용을 위한 지원정보는 Ubuntu Linux 설치정보를 참조한다.

(2) 개발환경

Eclipse IDE

- Eclipse 3.4(Ganymede) or 3.5(Galileo)
  - 주의 : Eclipse 3.3은 최선 버전에 대해 테스트되지 않았으며 더 이상 지원이 보장되지 않는다. Eclipse 3.4 or 3.5.버전으로 업그레이드할 것을 제안한다.
  - 권장 Eclipse IDE 패키지 : Java EE Developers용, Eclipse Developers용, RCP/Plug-in Developers용, Eclipse 또는 Eclipse Classic(3.5.1+)
  - Eclipse JDT 플러그인(Eclipse IDE 패키지에 포함)
- JDK 5 or JDK 6(JRE만으로는 안됨)
- Android Development Tools 플러그인(선택사항)
- GNU의 Java 컴파일러(gcj)와 호환이 안 된다.

기타 개발환경

- JDK 5 or JDK 6(JRE만으로는 안됨)
- Linux와 Mac용 Apache Ant 1.6.5 이상 또는 Windows용 1.7 이상
- GNU의 Java 컴파일러(gcj)와 호환이 안 된다.

(3) 하드웨어

기본 SDK 패키지를 사용하려며 600MB 이상의 설치용 디스크 공간과 100MB의 추가공간이 필요하다.

Android 개발환경을 세팅하기 위해 필요한 파일은 아래의 세 가지이다.

- JDK - http://java.sun.com/javase/downloads/index.jsp
- Android SDK - http://developer.android.com/sdk/index.html
- Eclipse - http://www.eclipse.org/downloads/

Android 애플리케이션의 개발자 등록은 http://market.android.com/publish에서 할 수 있으며, 25달러의 비용이 필요하다.

10.4.3 Symbian 플랫폼

Symbian 애플리케이션 개발을 위해서는 다음과 같은 사항이 요구된다.

- 윈도우 XP 32bit, 램 2GB, 하드디스크 4~5GB
- ActivePerl 5.6.1.638 윈도우용(S60_5th_Edition_SDK_v1_0에는 반드시 이 버전만 사용)
- ADT(Application Development Toolkit) v1.4
- S60_5th_Edition_SDK_v1_0_en.zip
- Qt-sdk-win-opensource-2010.01

관련 파일은 http://developer.symbian.org/에서 다운로드받을 수 있다.

Symbian 애플리케이션 개발자 등록은 https://publish.ovi.com/info/에서 할 수 있으며, 50 유로의 비용이 필요하다.

10.4.4 Windows Mobile 플랫폼

Windows Mobile 애플리케이션 개발을 위해서는 다음과 같은 사항이 요구된다.

- Windows XP(ActiveSync 4.5를 반드시 설치해야 함), Vista(6.1로 업데이트), 7
- Visual Studio 2008 설치
  (http://www.microsoft.com/downloads/details.aspx?FamilyID=83c3a1ec-ed72-4a79-8961-25635db0192b&DisplayLang=ko)
- Visual Studio 2008 Service Pack 1(.NET 프레임워크 3.5 및 Windows Mobile 개발 컴포넌트를 업데이트할 수 있음)
  (http://www.microsoft.com/downloads/details.aspx?FamilyID=fbee1648-7106-44a7-9649-6d9f6d58056e&DisplayLang=ko)

- Windows Mobile 6 Professional Edition SDK
  (http://www.microsoft.com/downloads/details.aspx?FamilyID=06111a3a-a651-4745-88ef-3d48091a390b&DisplayLang=en)
- Windows Mobile 6 Emulator Localization Images(Windows Mobile 6 Professional Edition SDK에서는 한글이 지원되지 않기 때문에 필요)
  (http://www.microsoft.com/downloads/details.aspx?FamilyID=38c46aa8-1dd7-426f-a913-4f370a65a582&DisplayLang=en
- Microsoft Virtual PC 2007 Service Pack 1
  (http://www.microsoft.com/downloads/details.aspx?displaylang=en&FamilyID=28c97d22-6eb8-4a09-a7f7-f6c7a1f000b5)

Windows Mobile 애플리케이션 개발자 등록은 http://developer.windowsphone.com/Default.aspx에서 할 수 있으며, 99달러의 비용이 필요하다.

Chapter 11

스마트폰 애플리케이션 마켓

11.1 스마트폰 애플리케이션 마켓 개요 및 의의[28]

범용 운영체제를 사용하는 스마트폰의 특성상, 사용자가 원하는 다양한 소프트웨어를 신속하게 전달하기 위한 소프트웨어 조달 체계는 핵심 경쟁력 중 하나의 요소일 것이다. 이에 소프트웨어 개발에 제3의 개발자들을 참여시킴으로써, 다양한 소프트웨어를 사용자들에게 제공할 수 있는 애플리케이션 마켓이 빠르게 확산되고 있다.

11.1.1 애플리케이션 마켓의 전략적 의미와 환경 변화

(1) 모바일 산업구조의 변화

기존의 모바일 산업 환경은 희소 자원인 주파수와 네트워크를 보유한 이동통신 사업자에 의해 주도되는 폐쇄적인 환경이었다. 따라서 애플리케이션의 유통을 위해서는 이동통신 사업자의 사전 승인이 요구되었고, 사용자들은 이동통신 사업자가 허용하는 콘텐츠에 대해서만 접근이 가능했다.

또한 모바일 소프트웨어 시장이 국가별로, 이동통신 사업자별로 분절되어 있었기 때문에 개발자들은 이동통신 사업자 별로 서로 다른 스펙에 맞추어 애플리케이션을 개발해야 했다. 이에 개발자들의 마케팅도 애플리케이션 유통에 대한 절대적인 통제권을 가진 개별 이동통신 사업자들을 대상으로 수행되었다.

그러나 범용 운영체제가 탑재된 스마트폰이 확대되고, Wi-Fi와 같은 우회 경로가 만들어짐에 따라 이동통신 사업자의 사전 승인 없이도 원하는 애플리케이션을 자유롭게 유통시킬 수 있는 애플리케이션 마켓이 등장하게 되었다. 개발자들도 이동통신

28 정제호, “스마트폰 마켓 플레이스, 도전과 기회”, SW Insight 정책리포트, 2009년 10월

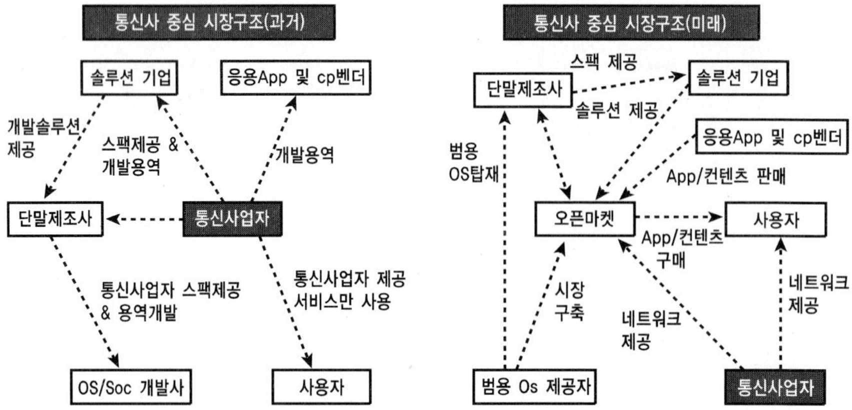

▮그림 11.1▮ 모바일 산업 환경의 변화

사업자 별로 다른 사양과 다양한 단말 기종을 개별적으로 지원해야만 했던 환경에서 벗어나, 글로벌하게 통합된 하나의 시장을 통해 판매할 수 있게 되었다.

즉, 개발자들이 이동통신 사업자의 종속에서 벗어나 광범위한 소프트웨어 유통의 자유를 얻고, 사용자들도 이동통신 사업자의 폐쇄 정책(Walled Garden)을 벗어나 원하는 애플리케이션을 선택할 수 있는 환경이 만들어지면서, 이동통신 사업자에 의해 주도되었던 폐쇄적인 모바일 산업 환경이 사용자 중심의 개방적인 환경으로 변화하고 있는 것이다.

(2) '네트워크+주파수'에서 '플랫폼+소프트웨어'로

범용 운영체제 탑재는 모바일 환경을 플랫폼 위에 원하는 소프트웨어를 설치하여 사용하는 PC 환경과 같이 변화시킨다. 즉, 어떠한 소프트웨어를 설치하느냐에 따라 스마트폰이 내비게이션으로, e-Book으로, 일정 관리 도구로 기능할 수 있다는 것이다. 이러한 환경은 '네트워크+주파수'에 의해 주도되었던 모바일 산업 환경의 헤게모니를 PC 산업 환경과 같이 '플랫폼+소프트웨어로'로 변화시키고 있는 것이다.

PC 산업 환경은 운영체제로서의 플랫폼과 그 플랫폼을 지원하는 애플리케이션에 의해 결정된다. Microsoft가 플랫폼을 장악할 수 있었던 이유도 플랫폼을 지원하는 광범위한 애플리케이션 환경 때문이다. 이에 플랫폼을 보유한 스마트폰 기업들은 사용자가 원하는 다양한 애플리케이션을 제공함으로써, 광범위한 애플리케이션 환경을 구축하고자 노력하고 있다.

이에 폐쇄적인 파트너십을 통해 조달하는 소프트웨어 유통 채널에 한계를 느낀 기업들은 PC 기반 산업 환경에서와 마찬가지로 제3의 개발자들을 활용하여 소프트웨어를 조달하고자 하는 모습을 보이고 있다. 플랫폼을 개방하고, 개발환경을 제공함으로써 제3의 개발자들을 유인하는 애플리케이션 마켓 모델이 등장하게 된 것이다. 이러한 의미에서 애플리케이션 마켓은 새로운 모바일 생태계의 헤게모니를 주도하는데 필수적인 신속한 소프트웨어 조달체계 구축을 위한 사업자들의 전략적 선택인 것이다.

(3) 경쟁 구조의 변화

과거 이동통신 시장의 경쟁은 서비스와 단말로 이원화되어 있었다. 그러나 서비스와 단말로 이원화되어 있던 모바일 시장의 경쟁 구조가 애플리케이션 마켓을 중심으로 충돌하면서, 사업영역별로 이루어졌던 '분절된 경쟁'이 플랫폼, 콘텐츠가 연계되는 '통합 경쟁'으로 발전하고 있다.

기존 이동통신 사업자의 주된 경쟁력은 이동통신 서비스 그 자체였으며, 이를 위해 네트워크 확충과 주파수 확보에 열중했다. 단말 제조사 역시 단말 그 자체의 성능에 열중하여, 카메라 화소를 높이고, DMB, MP3 등의 기능을 장착하고, 풀 터치 유저 인터페이스를 제공하는 등의 노력을 했다.

그러나 단말에 탑재되는 소프트웨어에 대한 사용자의 선택이 가능해지며, 단말의 경쟁력이 단말 그 자체를 넘어서 탑재되는 소프트웨어의 경쟁력과 연계되고 있다. 즉, 단말 그 자체의 기능뿐만 아니라, 그 단말을 통해 이용 가능한 서비스가 중요해지면서, 단순한 기능성에 초점을 맞추었던 하드웨어 중심의 경쟁은 소프트웨어와 단말이 하나의 선택지로 연계되는 새로운 경쟁 구도를 나타나게 하였다. 이에 따라 단말 제조사 역시 하드웨어를 넘어, 플랫폼과 단말, 콘텐츠를 하나의 가치 사슬로 통합하는 전략을 추진 중이며, 애플리케이션 마켓은 이러한 전략의 결과물인 것이다.

11.1.2 애플리케이션 마켓의 개방적 구조[29]

개발자가 애플리케이션을 개발한 후 원하는 가격표를 붙여서 애플리케이션 마켓에 올려놓으면, 사용자는 자신이 원하는 애플리케이션을 구매하고, 구매한 애플리케이션은 사용자의 스마트폰으로 설치된다. 그리고 애플리케이션의 판매 수익은 개발자를 포함한 이해 관계자가 일정 비율로 분배하게 되는데, 이는 Nate, ez-i 등 현재까지 국내 모바일 애플리케이션 시장의 대부분을 차지하는 이동통신 사업자 중심의 유통 방식과 크게 다르지 않다.

그러나 애플리케이션을 개발하더라도 대형 개발업체 또는 지속적으로 애플리케이

29 김종대, "모바일 시장에 부는 기회의 바람, 앱스토어", LG Business Insight, 2009년 8월 19일

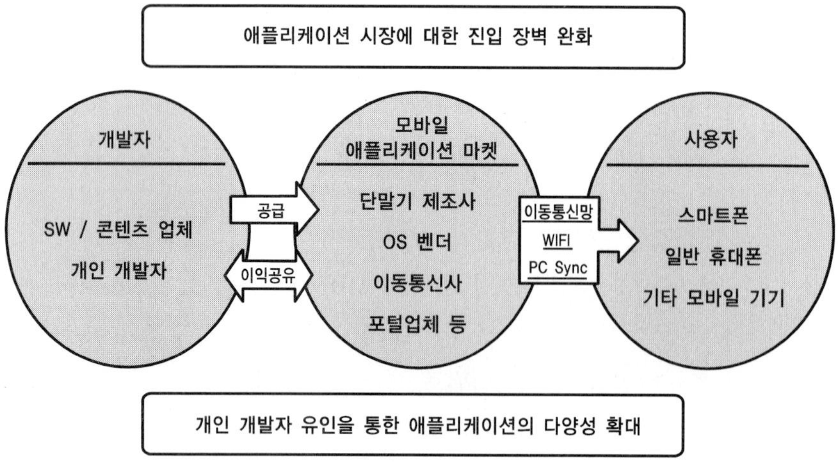

그림 11.2 스마트폰 애플리케이션 마켓의 구조

션을 공급해오던 업체 외에는 판매가 불가능하다거나 설혹 가능하더라도 판매까지는 오랜 시간이 걸리던 기존의 이동통신 사업자 중심 유통 방식과 달리, 애플리케이션 마켓의 유통 방식은 소프트웨어 개발 키트(SDK : Software Development Kit)가 공개되어 있어 누구나 자유롭게 애플리케이션을 개발할 수 있으며, 개발 즉시 애플리케이션의 등록 및 판매를 요청할 수 있다. 또한 작동 오류, 저작권 침해, 불건전한 내용 등 애플리케이션 품질상의 결정적 결함이 없다면 대부분 등록 및 판매가 허가된다. 이러한 점이 애플리케이션 마켓의 유통 구조와 기존 이동통신 사업자 중심 유통 구조와의 결정적 차이점이라 할 수 있다.

결국 이러한 애플리케이션 마켓의 개방성은 개발자의 진입 장벽을 크게 낮춤과 동시에 개발에서부터 판매까지 소요되는 비용 및 기간을 획기적으로 낮추었으며, 결과적으로 소규모 개발 업체 및 개인 개발자들의 적극적인 참여를 이끌어내게 된 것이다.

11.2 스마트폰 애플리케이션 마켓의 시장성[30]

11.2.1 스마트폰 애플리케이션 마켓의 유형

현재, Apple을 포함하여 Nokia, 삼성전자, LG전자, Sony Ericsson, RIM, Palm 등

30 김종대, "모바일 시장에 부는 기회의 바람, 앱스토어", LG Business Insight, 2009년 8월 19일

대다수의 주요 스마트폰 단말 제조사와 Google, Microsoft 등 Mobile 운영체제 개발 업체, Vodafone, T-Mobile, O2, Verizon 등 이동통신 사업자들이 애플리케이션 마켓을 오픈하였거나 오픈 예정에 있다. 이렇게 다양한 업체에서 추진되고 있는 애플리케이션 마켓들은 공통적으로 개발자 측면의 개방성을 나타내고 있지만, 사용자 측면의 개방성에서는 일부 차이점을 보이고 있는데, 이를 기준으로 폐쇄형, 부분 개방형, 완전 개방형의 세 가지로 분류할 수 있다.

폐쇄형의 대표적인 사례는 Apple인데, Apple은 자사의 단말을 구매한 고객만이 자사의 애플리케이션 마켓을 이용할 수 있도록 하고 있을 뿐만 아니라, 타사의 애플리케이션 마켓을 통해서는 애플리케이션을 다운로드 받을 수 없도록 하고 있다.

부분 개방형은 주로 자체 운영체제를 보유한 스마트폰 단말 제조사 또는 모바일 운영체제 개발 업체들이 추구하고 있는 형태이다. 자사의 고객 외에는 자사의 애플리케이션 마켓을 이용할 수 없도록 하고 있으나, 자사의 고객이 타 애플리케이션 마켓에서 애플리케이션을 다운로드받는 것을 억지로 막지는 않고 있다.

완전 개방형은 전문 애플리케이션 마켓 또는 일부의 이동통신 사업자 및 자체 모바일 운영체제가 없는 스마트폰 단말 제조사에서 추진되고 있는 형태인데, 자사의 고객이 타 애플리케이션 마켓에서 애플리케이션을 다운로드받는 것을 막지 않을 뿐만 아니라 타사의 고객도 얼마든지 자사의 애플리케이션 마켓에 접근하여 애플리케이션을 다운로드받을 수 있도록 하고 있다. 예를 들어 최근 오픈한 LG 전자의 애플리케이션 마켓은 어떤 스마트폰 단말 제조사의 사용자라도 애플리케이션을 다운로드 받을 수 있고 LG 전자의 스마트폰 사용자는 타사의 애플리케이션 마켓에서도 애플리케이션을 다운로드받을 수 있다.

위와 같은 애플리케이션 마켓의 형태 중, 폐쇄형은 자사의 애플리케이션 마켓에서 애플리케이션을 구매할 수밖에 없기 때문에 고정적인 수요를 확보할 수 있다는 장점이 있는 반면 차별적 가치가 없다면 사용자를 모으기 어렵다는 한계가 존재한다. 반대로 부분 개방형 또는 완전 개방형은 사용자를 모으기에는 쉽지만 사용자가 자사의 애플리케이션 마켓에서 애플리케이션을 구매할 것이라는 보장이 없다는 한계가 존재하는 것이다.

11.2.2 애플리케이션 마켓의 사업성

현존하는 가장 성공한 애플리케이션 마켓인 Apple의 애플리케이션 마켓에 대해서도 독사적인 비즈니스인가 아니면 iPhone을 판매하기 위한 마케팅 수단인가에 대해서는 많은 논란이 존재하는 것이 사실이다. Pinch Media의 조사 결과, 전체 다운로드

중 약 12%만이 유료 다운로드인 것으로 나타났으며, O'Reilly의 조사 결과, 유료 애플리케이션 중 판매량 기준 상위 100개의 평균 가격이 약 2억 8천만 달러인 것으로 나타났다. 이를 토대로 계산해 볼 때, Apple의 애플리케이션 마켓에서 1년간 판매된 애플리케이션의 총 판매 금액은 약 5억 달러일 것으로 추산되며, '개발자:Apple=7:3'의 수익 배분 기준을 고려할 때 Apple의 매출로 인식되는 부분은 1억 6천만 달러 가량일 것으로 보인다. 이는 Apple이 같은 기간 동안 iPhone으로 벌어들인 총 매출액 52억 6천만 달러와 비교할 때 3% 수준에 불과하다는 것을 고려하면, 현재 시점에서는 수익 사업이라고 보기에는 약한 측면이 있다.

하지만 Gartner 등 여러 리서치 기관의 예측처럼 향후 스마트폰의 급속한 보급이 진행된다면, 그리고 모든 스마트폰 사용자들이 iPhone 사용자처럼 애플리케이션 마켓을 보편적 서비스로 사용하게 된다면, 2013년경에는 전 세계에서 약 158억 달러의 애플리케이션이 판매되고, 47억 달러 가량의 수수료 매출을 올릴 수 있는 애플리케이션 마켓 시장이 열릴 것으로 전망된다.

11.3 스마트폰 애플리케이션 마켓 현황[31]

주요 모바일 애플리케이션 마켓의 특징은 주로 자사가 보유하고 있는 범용 운영체제 기반의 표준 플랫폼(또는 이를 기반으로 하는 Eco System)을 바탕으로 형성해 나가고 있으며, 자사가 보유하고 있는 강점과 연계시켜 다수의 시장 참여자들의 참여를 유인함으로써, 애플리케이션 마켓의 성공을 담보할 수 있는 Critical Mass(임계 수준 확보)에 초점을 두고 있다. 또한 애플리케이션 마켓 활성화를 통한 개발자, 소비자 증가, 플랫폼 확대는 서로 선순환 구조를 이루면서 Win-Win하는 모바일 생태계를 구축해 나가고 있다.

11.3.1 Apple의 App Store

Apple의 'App Store'는 2008년 7월에 오픈한 이래로 등록된 애플리케이션 수만 3만 8천 개에 이르며, 현재 10억 건 이상의 다운로드 수를 기록하고 있고, 1억 6천만 달러 매출을 달성한 것으로 예상되고 있다. Apple의 경우 기존에 시장을 형성하고 있

31 권지인, "국내외 모바일 애플리케이션 마켓 현황 분석", 세상을 이어주는 통신 연합, 2009년

던 iPod 및 iTunes를 중심으로 충성도(Loyalty) 높은 가입자 기반을 보유하고 있는 상황에서 이를 App Store로 전이시킴으로써, 다수의 개발자들을 App Store로 유인하고 있다. 이렇게 다양한 아이디어를 가진 개발자들의 애플리케이션 마켓 참여는 사용자들을 유인함으로써, Apple의 주력 제품인 iPhone, iPod의 판매 확대로 연계시키는 선순환 구조를 형성하고 있다.

또한 Apple은 이미 통합된 형태의 우수한 개발 툴(SDK)을 보유하고 있으며, 이를 개발자들에게 공개하고 매 버전별로 업그레이드하여 제공함으로써, 개발자들이 쉽게 Apple의 플랫폼 위에서 개발할 수 있도록 지원하고 있다. 한편 사용자에게는 Wi-Fi 및 PC-Sync 등의 전송 채널(Side-Loading)을 제공함으로써, App Store에서 낮은 비용으로 다양한 애플리케이션을 이용할 수 있는 유인책을 제공하고 있다. 위와 같은 Apple의 핵심 역량은 Apple의 App Store를 선호하는 개발자 및 사용자를 만들어 냈으며, App Store 시장 확대에 기반이 되고 있다.

그림 11.3 Apple App Store의 핵심 역량

11.3.2 Google의 Android Market

Apple의 App Store에 대응할 수 있는 수준의 서비스로 가장 먼저 공개된 것은 오픈 소스 운영체제 'Android'로 모바일 시장을 공략 중인 Google이다. Google은 2008년 10월 'Android Market'을 오픈하였으며, 2009년 2월에 유료화로 전환하여 애플리케이션 판매를 시작하였다. Google의 등록 애플리케이션 수는 아직 적으나, Google이 유선 인터넷 상에서 보유하고 있던 핵심 역량은 모바일 애플리케이션 마켓 활성화에 중요한 성공 요인으로 작용할 것으로 보인다. Google은 Apple과 마찬가지로 이미 유선 인터넷 상에서 다수의 열성 사용자들을 형성하고 있다.

또한 Google의 대표적 웹 애플리케이션인 'Google Map'의 존재는 모바일 애플리케이션 마켓에 진입하고자 하는 개발자들에게 다양한 활용 가능성을 기대할 수 있도록 하여, Android Market으로의 참여를 이끌 수 있게 하고 있다. 그리고 Google의 Android 플랫폼은 JAVA 기반 개발 언어를 활용하고 있기 때문에 기존 JAVA 개발자 풀을 확보할 수 있다는 장점을 가지고 있으며, Android 플랫폼이 제공하는 개발 도구인 '이클립스'(Eclipse) 역시 편리한 개발환경을 제공하고 있어 다수의 개발자를 끌어 모을 수 있는 유인책이 될 것으로 보인다.

▮그림 11.4▮ Google Android Market의 핵심 역량

11.3.3 Microsoft의 Windows Marketplace for Mobile

2009년 10월에 오픈한 Microsoft의 'Windows Marketplace for Mobile'의 경우는 이미 유선 인터넷 환경에서 Windows를 통한 플랫폼 장악력을 보유하고 있으며, 다수의 강력한 Windows 기반 애플리케이션을 가지고 있어, 기존 Windows 기반의 개발자들을 Windows Marketplace for Mobile로 끌어들임으로써, 무선 환경에서의 플랫폼 장악력을 이어가고자 하고 있다. 그리고 기존 데스크 탑 상의 Windows와 상당 부분 동일한 API를 제공하여, 쉽고 빠른 개발환경을 제공할 수 있으며, 유무선 동일한 플랫폼 사용으로 유무선을 연동시킨 애플리케이션 개발 역시 쉬울 수 있다는 장점을 가지고 있다. 또한 Microsoft 역시 유선 환경에서의 개발 노하우 및 SDK를 보유하고

▮그림 11.5▮ Microsoft Windows Marketplace for Mobile의 핵심 역량

있어, Apple이나 Google 못지않은 편리한 개발환경을 제공함으로써, 개발자들을 유인할 수 있다.

11.3.4 Nokia의 Ovi Store

전 세계 단말기 1위 사업자인 Nokia는 2009년5월, 'Ovi Store'를 9개국 시장에 정식 출시하고, 게임, 비디오, 위젯, 팟 캐스트, 개인화 콘텐츠, 위치 기반 애플리케이션 등을 제공하고 있다. Nokia의 경우, 2008년 2분기 기준으로 57.1%의 스마트폰 시장 점유율을 가지고 있기 때문에 대규모의 사용자 접점을 보유하고 있으며, 자사 단말에 탑재된 Symbian 플랫폼의 확산은 Ovi Store 활성화의 핵심 역량이 될 것으로 보인다. 특히 Nokia는 Symbian을 오픈 소스화함으로써 자사 단말뿐만 아니라 다양한 단말의 플랫폼으로 작동함으로써 Ovi Store 활용 기반을 확대하고자 하고 있다. 또한 Nokia는 Navteq 인수를 통해 Map을 확보함으로써, 단말의 GPS와 Map을 활용한 다양한 애플리케이션 개발의 토대를 마련해 놓고 있다.

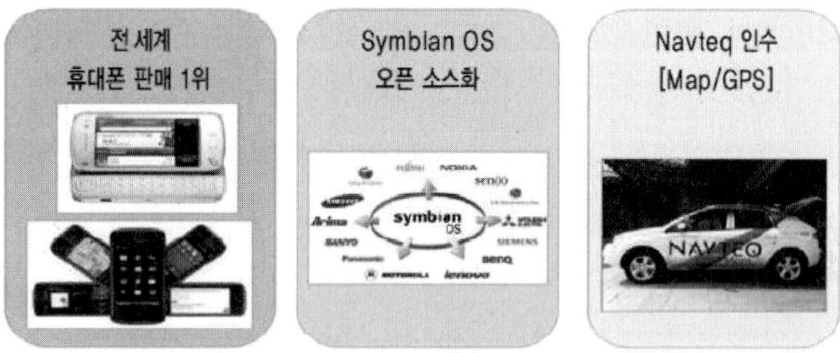

▮그림 11.6▮ Nokia Ovi Store의 핵심 역량

최근 애플리케이션 마켓에서 주목해야 할 점은 그동안 애플리케이션 마켓에 유보적이었던 보다폰, O2, Verizon Wireless 등과 같은 이동통신 사업자들이 진출하고 있다는 것인데, 이들의 애플리케이션 마켓의 진출은 네트워크를 통해 유지해왔던 콘텐츠에 대한 통제권이 약화되고, 글로벌 마켓을 통한 애플리케이션의 유통이 빠르게 증가하는데 따른 불가피한 선택으로 볼 수 있다.

특히 2010년 2월 15일, MWC에서 전 세계 대표적인 24개 이동통신 사업자가 참여하는 도매 애플리케이션 커뮤니티인 WAC(Wholesale App Community)를 창설한다고 발표하였다. WAC는 국내의 SK 텔레콤, KT를 비롯하여, AT&T, Verizon, FT, DT,

NTT 도코모, 텔레포니카, 텔레콤이탈리아, 보다폰, 차이나유니콤 등 전 세계 이동통신 가입자의 70% 이상을 보유한 상위 24개 이동통신 사업자가 주도하였다. WAC는 도매 시장 개념으로 전 세계 이동통신 사업자가 자사 애플리케이션 마켓과 연동하여 세계 각지에서 개발된 애플리케이션을 동시에 공급받을 수 있게 하는 것이 특징이다. 기존 애플리케이션 마켓이 스마트폰에서만 운용되었다면, WAC는 스마트폰을 중심을 일반 휴대폰에서도 이용할 수 있도록 하고, 향후 그 영역을 PC와 TV로 까지 확대하겠다는 계획을 가지고 있다.[32]

▌표 11.1▐ 주요 애플리케이션 마켓의 특징

애플리케이션 마켓	OS	특징	수익 배분
App Store(Apple)	Mac OS X	• 3G iPhone 출시와 함께 2008년 7월 오픈함 • 애플리케이션의 통제권을 갖는 폐쇄적 운영 형태를 가지고 있음 • 개발자가 등록을 하기 위해 연 $99를 지불해야 함	개발자:Apple=7:3
Android Market(Google)	Android	• T-Mobile의 G1폰 출시와 함께 2008년 10월 오픈함 • 개발자와 통신사 중심의 개방적 운영형태를 가지고 있음	개발자:이통사=7:3
BlackBerry App World(RIM)	RIM OS	• 2009년 3월 오픈함 • 사용자 휴대폰과 호환되는 애플리케이션 검색이 가능함 • 이통사가 등록 콘텐츠를 결정하며, RIM의 승인은 요구되지 않음	개발자:RIM=8:2
Ovi Store(Nokia)	Symbian S40/S60	• 2009년 5월에 정식으로 오픈함	개발자:Nokia=7:3
Windows Marketplace for Mobile(Microsoft)	Windows Mobile 6.5 (Windows Phone 7 발표)	• 2009년 10월 오픈함 • Windows Live ID로 휴대폰과 PC에서 구입이 가능함. • 20,000개 이상의 기존 Windows Mobile 애플리케이션과 연계됨	개발자:MS=7:3

[출처 : 정제호, 2009]

32 황인혁, 손재권 기자, "애플 능가할 '슈퍼 앱스토어'", 매일경제, 2010년 2월 15일

11.4 Apple App store 현황 및 분석

총 19개의 카테고리에 10여만 개의 응용을 보유하고 있다. 카테고리의 종류는 아래와 같다.

1. 도서
2. 비즈니스
3. 교육
4. 엔터테인먼트
5. 경제
6. 건강 및 피트니스
7. 라이프스타일
8. 의학
9. 음악
10. 내비게이션
11. 뉴스
12. 사진
13. 생산성
14. 참고
15. 소셜 네트워킹
16. 스포츠
17. 여행
18. 유틸리티
19. 날씨

각각의 카테고리에서 한국인에게 친숙한 대표적인 응용을 소개하였다.

11.4.1 도서(App수 약 17,580개)

(1) 정재승의 도전 무한지식

▌그림 11.7▐ 장재승의 도전 무한지식

MBC FM라디오 <정재승의 도전 무한지식>의 내용을 그대로 담아 세상 모든 궁금증에 대한 속 시원한 해결책을 준다. 책의 주요내용은 다이어트, 돈쓰지 말고 무의식으로 하자. 하품은 왜 눈치 없이 튀어나오는 걸까? 고추장은 고체일까 액체일까? '꼬르륵'소리는 마른 사람이 더 크다 등 총 143개의 생활 속 상식과 지식, 과학적 호기심, 궁금증 등이 있다.

(2) NIV한영(개역개정판) 성경

▌그림 11.8▌ NIV 한영(개역개정판) 성경

한영성경은 한글 개역개정성경과 영문 NIV성경을 동시에 대조하여 읽을 수 있다.

쉬운 성경 찾기 방법으로 빠르게 성경을 찾아서 읽을 수 있으며 영문 성경과 대조하여 읽을 수 있어서 좀 더 쉽게 성경을 이해할 수 있다. 또한 성경을 통한 영어 학습에도 도움이 될 수 있다.

특징 : 한글 개역개정성경 66권 내장, 영문 NIV성경 66권 내장, 한글/영문 대조 읽기 지원, 빠른 성경 찾기

(3) FF13 – PerfectGuide

인기게임인 파이널 판타지13의 가이드북이다. 완벽공략으로 사소한 대화 하나하나까지 완벽하게 번역되어 있다.

▌그림 11.9▐ FF13 – Perfect Guide

(4) Touch Text Reader

▌그림 11.10▐ Touch Text Reader

Touch Text Reader는 Text와 RTF(Rich Text Format) 파일을 보여줄 수 있는 애플리케이션이다. Text와 RTF 파일을 보기 위해선 Touch Finder를 통해서 .txt, .rft 파일들을 Touch Text Reader에 업로드 해야 한다.

특징 : 큰 파일의 텍스트문서를 읽을 수 있고, 여러 종류의 인코딩을 지원한다. 인코딩 우선순위를 지정할 수 있고 가로모드로 지원한다. 폰트 크기조절도 가능하다.

(5) MCB–The Princess and the Pea(MCB = Mobile Children's Books)

▌그림 11.11▌ MCB–The Princess and the Pea

2세~6세의 어린이들을 위한 애플리케이션이다. 영어, 독일어, 러시아로 번역이 되어 있고, 12가지 색으로 구성진 그림책이다.

The Princess and the Pea는 안데르센의 '공주와 완두콩'이라는 동화이다. 멋있는 왕자가 진짜 공주를 찾는 이야기이다.

특징 : 아이들의 엄마나 아빠가 동화의 내용을 녹음해 아이들에게 동화책을 보는 동시에 녹음된 음성을 들을 수 있다. 페이지를 쉽게 찾을 수 있고, 읽기 쉽고 텍스트 사이즈를 확대할 수 있다.

11.4.2 Business(App수 약 3,420개)

(1) WorldCard Mobile(명함 리더기 및 명함 스캐너)

▌그림 11.12▌ World Card Mobile

iPhone 3GS전용 명함 리더기 및 인맥 관리 시스템으로 아이폰의 내장 카메라를 통해서 명함을 인식한다. 명함 자체를 커버 플로우로 조작할 수 있다. 내장 카메라로 명함을 찍어 인식하면 이름, 회사, 직책, 회사주소 및 전화번호 등을 인식하게 돼서 보기 쉽게 정리해 준다.

(2) TurboScan : intelligent scanner

▌그림 11.13▐ Intelligent Scanner

아이폰 내장 카메라로 문서를 사진으로 찍어 사진을 불러와 사용할 부분을 선택하고 농도를 선택하여 저장할 수 있다. TurboScan 프로그램은 영수증, 화이트보드에 쓰여 있는 글씨, 문서, 명함 등을 카메라로 찍어 PDF 파일 또는 JPEG 파일로 만들 수 있다. 사진보다는 텍스트 인식률이 좋다.

(3) iFax

설명 : 이 프로그램은 아이폰으로 팩스를 보낼 수 있는 애플리케이션이다. 인터넷을 통해 팩스를 보낼 수 있지만, 미국 내에 있는 팩스번호만 가능하다.

▌그림 11.14▌ iFax

11.4.3 Education(App수 약 9,020개)

(1) 북앤딕 – 오바마 연설(Book&Dic – Obama Speeches)

▌그림 11.15▌ Book & Dic

대중을 위한 오바마의 연설문은 간결하고 알기 쉬운 문장으로 구성되어 있어 영어를 배우는 사람들에게는 좋은 학습기회를 제공한다. 지구 온난화, 빈곤 퇴치, 실업 및 인종문제, 교육 및 의료정책 등 현대 미국 사회의 쟁점들에 대한 다양한 주제와 주장들이 포함되어 있기 때문에 연설을 읽고 듣는 것만으로도 각종 국제적 이슈들에 대한 해박한 지식을 얻을 수 있다. 오바마의 대통령 출마/당선 연설, 노벨평화상 수상 소감 등 2004년부터 2010년까지 총 47개의 연설의 스크립트 전문을 수록하고 있다.

실제 오바마의 육성 및 동영상을 제공하여 연설 현장의 감동을 그대로 느낄 수 있도록 하였다.

특징 : 47개의 연설의 전문 스크립트 수록 및 육성 MP3 내장, 동영상 링크 기능 제공으로 손쉬운 동영상 감상 가능, 본문에서 터치로 단에 해석 제공, 편한 독서를 위한 글 읽기 옵션 제공, 모르는 단에 대한 단어장 추가 및 게임을 통한 학습 능력

(2) 암기짱 – FlashCard Master

▌그림 11.16▐ Flash Card Master

설명 : 원하는 단어장을 만들어 암기할 수 있는 통합 암기 프로그램이다.

구구단, 수도이름, 초등학교 영어 단어, 중학교 영어 단어, 고등학교 영어 단어, 일본어 히라가나, 일본어 가타카나 일본어 기초단어, 일본어 JLPT 1급 단어, 일본어 JLPT 2급 단어, 일본어 JLPT 3급 단어, 천자문, 한자 1급~8급의 단어장이 제공된다.

특징 : 음성파일 업로드 및 음성 재생, 단어장을 사용한 퀴즈, 틀린 퀴즈 다시 풀기, 다양한 웹사전 지원

(3) Star Walk – 5 stars astronomy guide

설명 : 별 관측 응용 프로그램으로 모든 별, 별자리, 행성 및 메시에 목록이 달 위상, 위키피디아 링크, 관측할 천체의 타임머신과 함께 포함되어 있다.

특징 : APOD(오늘의 천문 사진), 3D 지구 뷰, Star Spotter가 있는 디지털 나침반, 3GS iPhone은 폰을 기울이면 Star Spotter 기능이 활성화된다.

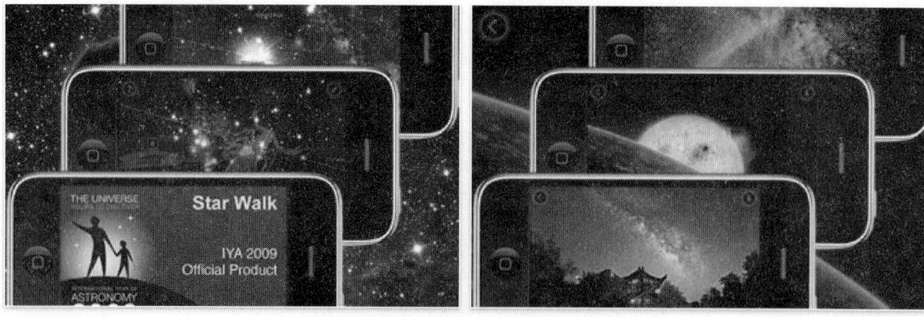

▮그림 11.17▮ Star Walk

(4) 김PD의 스피드 자동 번역 Lite Update(Korean – English Translator)

▮그림 11.18▮ 김 PD의 자동 번역

설명 : iPhone/iPod Touch용 번역 프로그램. 원하는 단어 또는 문장을 입력하시면 빠르게 번역해 보여준다.

특징 : 한-영, 영-한 전환기능, 단어·어휘·문장 번역, 긴 문장 번역 시 텍스트 페이즈 스크롤기능, 하루 번역 1000번으로 제한, 네트워크가 연결된 상태에서만 번역이 가능

11.4.4 Entertainment(App수 약 16,760개)

(1) Booooly!(불리)

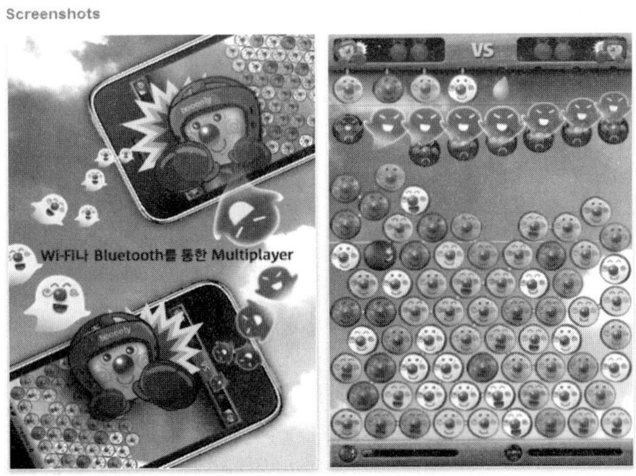

▌그림 11.19▐ Booooly!

설명 : 두뇌퍼즐 게임. Wi-Fisk Bluetooth를 통해 다른 사람과 멀티 플레이 가능하다. 같은 색으로 묶여져 있는 원으로 된 캐릭터들을 누르면 터지게 되는데, 다른 사람과 멀티 플레이를 할 경우 내가 터트린 캐릭터의 수만큼 상대방 화면에는 그 수만큼 쌓여지고 끝까지 다 차게 되면 지는 게임

(2) 헬키드(HELLKID) : hook & jump

설명 : 점프하려면 화면터치, 점프 도중, 후킹하려면 한 번 더 터치하고, 터치한 상태를 유지한다. 공중에서 토치한 손을 놓는 시점에서 공중제비를 돕는다.

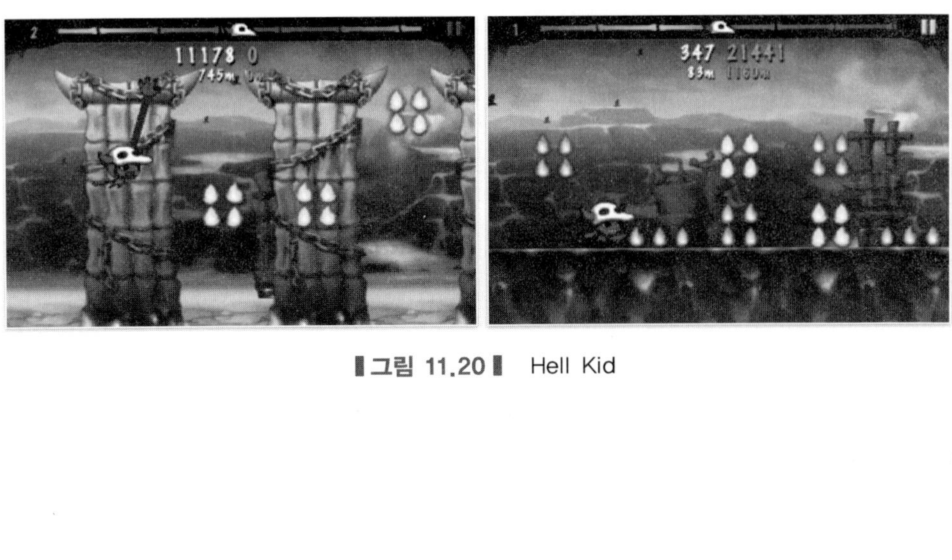

▌그림 11.20▐ Hell Kid

특징 : [영혼의 계곡] : 12단계로 점점 빨라지는 스테이지, [절망의 계곡] : 끝없이 계속해서 달려가는 스테이지, 글로벌 랭킹 지원, 38개의 업적/호칭 제공/ 트위터/페이스 북 스코어 자랑하기, 6개 국어 지원(한국어, 영어, 일본어, 프랑스어, 독일어, 러시아어)

(3) 무서운 카메라 – '사진기'의 상식을 깨다!

▌그림 11.21▐ 무서운 카메라

무서운 카메라를 구입한 후 다른 사람에게 카메라로 인물 사진을 찍어달라고 부탁하고 셔터가 눌러지는 순간 괴물이 비명을 지르면서 찍은 사람에겐 공포를 그리고 당신에겐 큰 웃음을 선사하는 애플리케이션이다. 특히 평소에 강한 척 대범한 척 하는 사람에게 시도해 보기 좋은 애플리케이션이다.

특징 : 어둡고 조용한 곳에서 할수록 상대는 많이 놀람, 사진을 찍을 때 마이크를 손으로 막지 않아야 한다.

(4) 레알 사다리

사다리 게임 애플리케이션이다. 2~10인까지 설정할 수 있다.

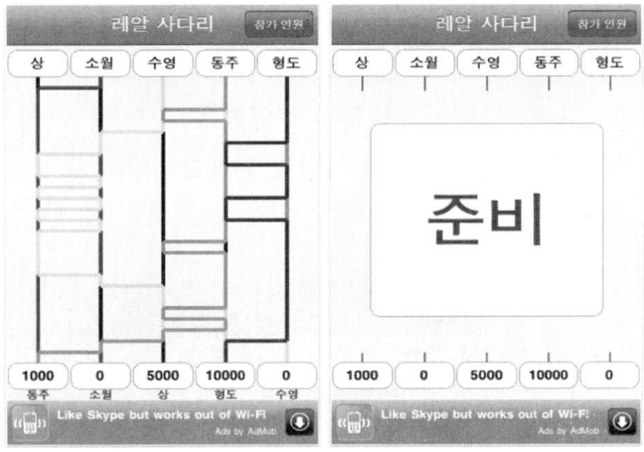

▌그림 11.22▐ 레알 사다리

11.4.5 Finance(App수 약 2,000개)

(1) 보안카드/신용카드/통장 관리-노른자

▌그림 11.23▐ 노른자

설명 : 카드나 은행통장 등을 소지하고 있는 사람이라면 핸드폰에 카드에 대한 정보를 모두 입력하고 카드 분실 시 해지하려고 카드번호를 찾을 필요 없이 핸드폰에 저장된 카드번호를 가지고 해지할 수 있다. 보안강화하기 위해 비밀번호 10회 오류 시 모든 데이터가 삭제되고, 계좌 비밀번호 등을 조회한 때는 비밀번호를 한 번 더 확인하도록 업데이트될 예정이다.

(2) Money Agent Pro(Finance App)

설명 : 가계부 프로그램이다.

매월 새로운 계정을 등록해 수입과 지출 항목을 입력해 주면 당신의 수입과 지출을 한눈에 확인할 수 있고 각각의 카테고리별로 통계 데이터도 확인할 수 있다. 수입과 지출이 많이 있을지를 확인할 수 있도록 그래프도 제공된다.

▌그림 11.24▐ Money Agent

(3) MyStocks

▌그림 11.25▐ My Stocks

설명 : 주식 시세를 실시간으로 확인할 수 있는 애플리케이션이다.

KOSPI, KOSPI 200, KOSDAQ, 세계 인덱스. KOSPI/KOSDAQ 상장사의 주식 시세를 알려준다.

11.4.6 Healthcare&Fitness(App수 약 3,100개)

(1) Sleep Cycle alarm clock

설명 : 수면 패턴을 분석해 주는 알람시계이다. 오른쪽 사진처럼 아이폰을 바닥을 향하도록 해서 잠을 자면 자는 동안 뒤척이는 중력의 변화를 그래프로 표시를 하게 되는 어플이다. 왼쪽 사진의 그래프는 수면상태를 Awake-Dreaming-Deep Sleep 3단계로 구분하여 보여준다.

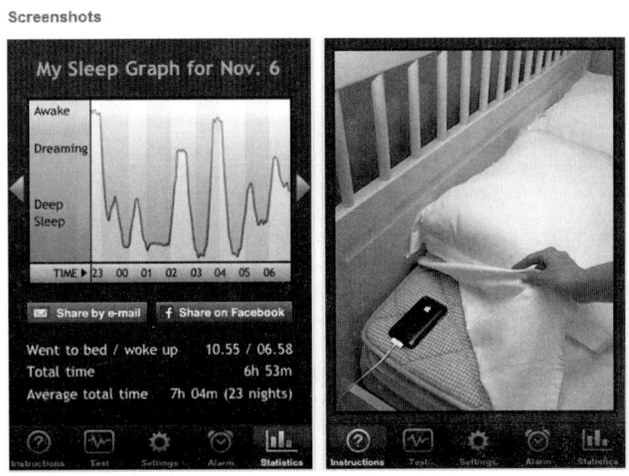

▮그림 11.26▮ Sleep Cycle Alarm Clock

(2) 금연모니터 – mySmoking

▮그림 11.27▮ 금연 모니터

설명 : 금연모니터는 흡연자의 상황에 맞는 3가지 모드를 제공한다. 지겨운 담배 지금 바로 끊고 싶은 분들을 위한 '금연 모드', 금연의 필요성을 느끼지만 아직 준비가 되지 않은 흡연자를 위한 'D 데이 모드', 그리고 흡연자의 흡연 패턴을 분석하고 흡연 일정을 관리할 수 있는 애연가를 위한 '모니터 모드'가 있다.

특징 : 각 모드의 진행 상황을 모니터로 쉽게 확인, 희망 구매 목록을 통한 금연 동기 부여, 금연 계산기, 흡연의 이유 분석, 하루 흡연 목표치 설정 및 일정 관리, RSS Feed 리더

(3) 칼로리 균형

▌그림 11.28▐ 칼로리 균형

설명 : 기존의 섭취/소모 칼로리 데이터들을 사용자 마음대로 검색, 추가, 삭제, 초기화할 수 있다. 음식 종류별 섭취량에 맞는 칼로리 정보를 볼 수 있다. 운동 종류별 시간당 체중에 맞는 칼로리 정보를 볼 수 있다. 운동 종류별 시간당 체중에 맞는 칼로리 정보를 볼 수 있다. 섭취 칼로리와 소모 칼로리의 계산을 쉽게 할 수 있다. 자기가 즐겨먹는 과자에 대한 데이터가 없는 경우 직접 등록해서 사용할 수 있다.

(4) 혈도

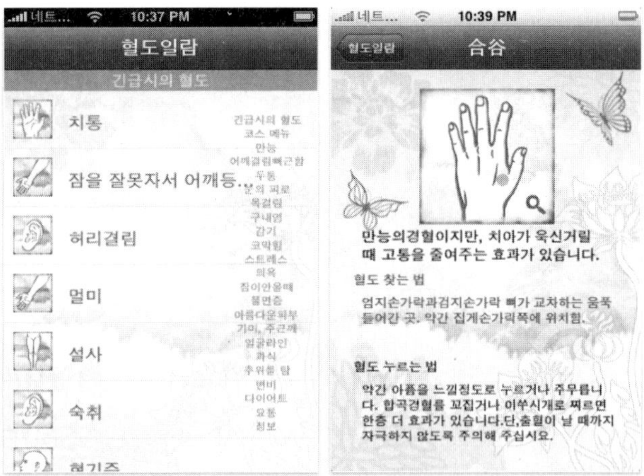

▌그림 11.29▐ 혈도

설명 : 증상별로 혈도의 위치와 자극방법을 소개해 준다. 눈의 피로, 어깨 결림, 다이어트 등을 위한 코스도 있다.

특징 : 증상일람에는 치통, 잠을 잘못 잤을 때, 허리 결림, 차멀미, 설사, 숙취, 현기증, 이명, 과식, 어깨 결림, 두통, 눈의 피로, 목 결림, 구내염, 감기, 코 막힘, 스트레스, 의욕증진, 숙면, 불면증 해소, 요통 등이 있다.

(5) 성형 견적

설명 : 눈 성형에서부터 코 성형, 얼굴성형, 보톡스까지 34개의 미용성형을 살펴보고 본인이 원하는 시술을 체크해 볼 수 있는 애플리케이션이다. 압구정 성형외과들의 평균가로 산출된 성형 견적을 무료로 받아볼 수 있다. 친구와 서로 견적을 내보며 평가를 해보기도 하고, 무료로 전문 의료진의 상담도 받을 수 있다.

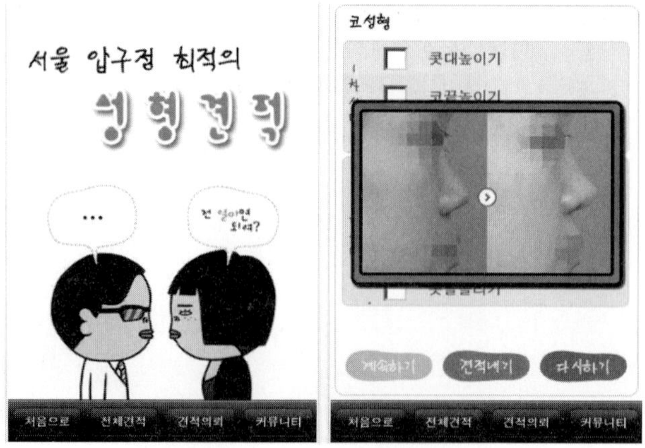

▌그림 11.30▐ 성형 견적

(6) 무료 진동 마사지기

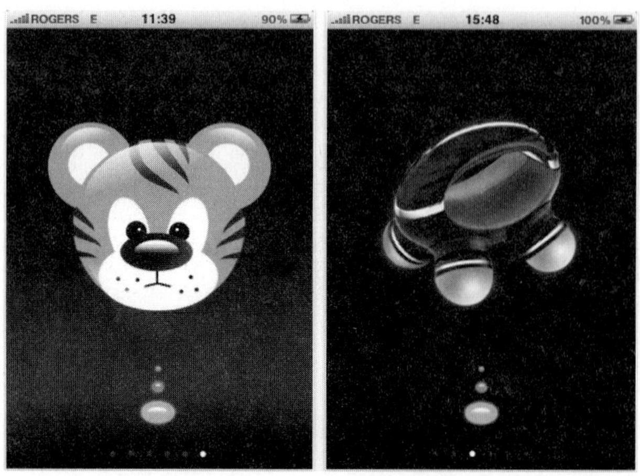

▌그림 11.31▐ 무료 진동 마사지기

설명 : 진동 모드 6가지 중에서 선택할 수 있다. 변경 진동 패턴이 다른 요구를 충족시킬 수 있다. 진동 및 애니메이션 동기화할 수 있다(평생 무료 업데이트를 지원하고 독일어, 일본어, 한국어, 프랑스어, 중국어, 이탈리아어를 지원한다).

(7) CalorieDowner – 칼로리 다우너

설명 : 그날 섭취한 음식의 칼로리를 검색할 수 있다. 해당 음식을 선택한 후 줄넘

기/만보기 등을 선택한다. 줄넘기를 선택한 경우 칼로리를 소비하기 위해 몇 회의 줄넘기를 해야 하는지 나타내준다. 시작버튼을 누른 후 아이폰을 손에 쥔 채 줄넘기를 시작한다. 시작버튼을 누른 후 아이폰을 손에 쥔 채 줄넘기를 시작한다. 목표횟수만큼 줄넘기를 하였을 경우 트위터로 운동한 내역을 등록할 수 있다. 만보기도 비슷한 방식으로 동작한다.

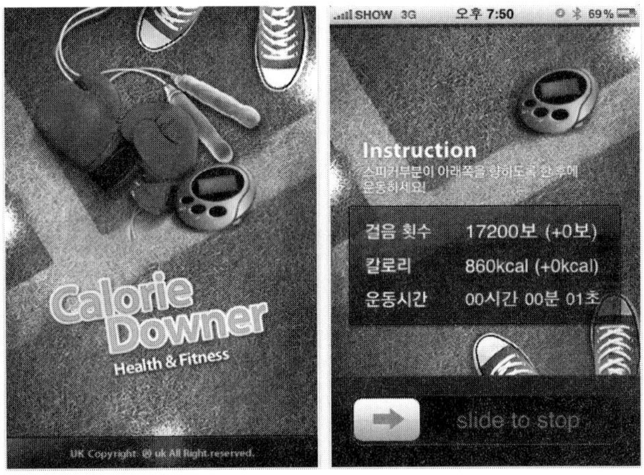

▌그림 11.32▐ 칼로리 다우너

11.4.7 Lifestyle(App수 약 8,380개)

(1) Momento

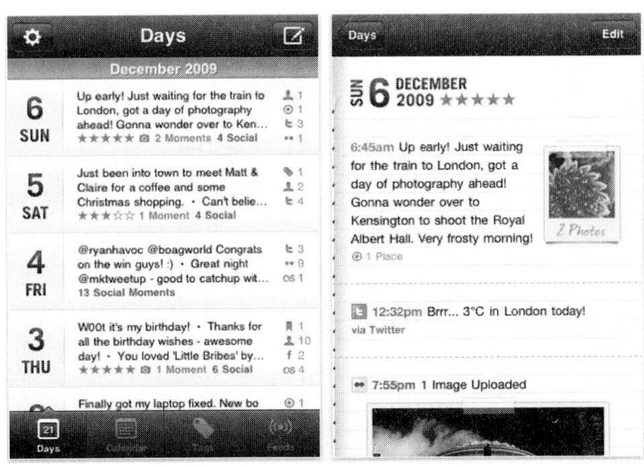

▌그림 11.33▐ Momento

설명 : 기본적으로 일기장 애플리케이션이라고 생각하면 된다. 고급스러운 디자인의 일기장, 자신의 Twitter, Facebook, Filckr, Last.fm의 글이나 사진도 동기화가 가능하다. 굳이 일기장을 쓰지 않아도, 트위터를 쓰고 있다면 자신의 트위터가 시간별로 잘 정리되어 예쁜 일기장이 탄생하게 된다. Filckr에 올린 사진도 자동으로 첨부되고, 물론 자신이 따로 올릴 수도 있다.

(2) 누구세요? - 밤이 무서워?!

설명 : 여성들을 위한 애플리케이션이다. 낯선 사람이 갑자기 초인종을 눌렀을 때, 여자 혼자 있다는 것을 티내기 싫을 때 유용하게 사용할 수 있다. 급한 상황에서 일일이 찾지 않도록 상황별로 구분되어 총 158문장으로 구성됐다. 남자친구를 대신해 남성 목소리로 대답을 하게하고, 옆에 남자가 있는 척 말 상대가 되어주고 한다. 그것마저 힘들거나 멀리 있는 사람에게도 알려야 할 때 아이폰의 한계를 뛰어넘는 무지막지한 사이렌 소리가 울려 퍼질 수 있다. 애인이나 친구, 가족이 직접 녹음할 수 있는 녹음 기능이 있다.

그 외 난감한 상황과 재미있는 상황에 유용하게 쓰일 수 있는 몇 가지 보너스 상황이 있다.

그림 11.34 누구세요?

(3) 폭탄주

설명 : 폭탄주는 특별히 음주 모임에 어울리는 다양한 혼합주의 제조법과 즐기는 방법을 소개하는 애플리케이션이다. 현란하고 까다로운 재료들로 고민할 필요 없이 그저 흔한 맥주, 위스키나 보드카 등이면 충분하다. 모두 31개의 폭탄주가 제조법과 즐기는 법에 관한 상세한 그림과 설명도가 함께 수록되어 있다.

▌그림 11.35▐ 폭탄주

(4) EggMon

설명 : 에그몬은 바코드를 이용한 가격 및 상품 정보 검색 애플리케이션이다. 가격 비교, 상품 정보, 사용 후기 등을 언제 어디서나 빠르고 편리하게 찾아볼 수 있다. 높은 바코드 인식률, 간결한 원터치 UI로 되어 있다.

특징 : 에그몬을 키고 아이폰 내장 카메라로 바코드를 찍으면 상품에 대한 가격과 정보를 알려준다. 거꾸로 찍거나 살짝 스쳐 지나가도 인식이 된다. 국내외 도서 전부, 주요 마트에서 판매되는 상품에 충실한 검색 서비스를 제공한다. 수입 및 해외에서 구입 가능한 다양한 상품에 대한 가격 정보도 제공된다.

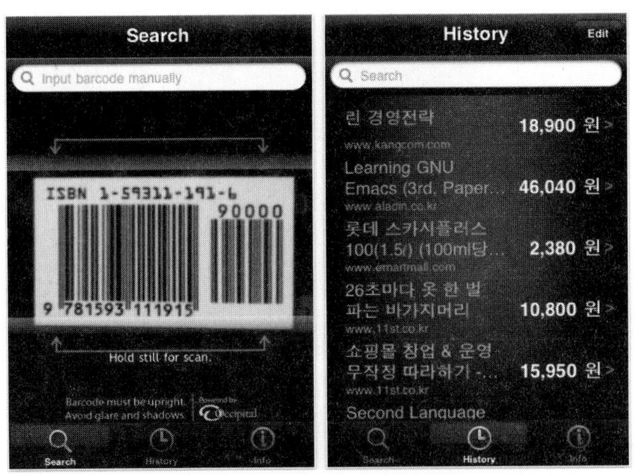

▌그림 11.36▐ EggMon

(5) 오마이셰프 - 레시피 검색

▌그림 11.37▌ Oh My Chef

설명 : 냉장고 속 재료로 만들 수 있는 요리를 찾아주는 애플리케이션이다. 장을 볼 때, 선택한 메뉴에 필요한 재료들을 클릭 한번으로 구매목록에 담아서 하나씩 체크하면서 장을 볼 수 있다. 최고의 블로거 셰프들의 엄선된 레시피를 인터넷 연결 없이도 빠르게 검색할 수 있다.

(6) MagicSleep Lite

▌그림 11.38▌ Magic Sleep

설명 : 트래블 슬립(Magic Sleep)은 놀라울 정도로 효과적인 수면보조 제품으로 모든 지역의 여행자들에게 적합하다. 최신 심리음향, 물리적 모델링, 디지털 신호 프로세싱을 사용하여 트래블 슬립(Travel Sleep)은 마치 자궁 속에서 있는 것과 같이 인간에게 가장 효과적이고 편안한 수면 환경을 만들어 준다. 효과는 즉각적이며 곧 깊고, 편안한 잠에 빠져들 것이다. 헤드폰 또는 외부 스피커와 사용하면 좋다.

(7) 대리운전 APP

그림 11.39 대리운전 APP

설명 : 대리운전 APP는 각 지역에서 가장 믿을 수 있는 업체를 선정하여 대리운전 서비스를 이용할 수 있도록 연결해 주는 애플리케이션이다.

기능 :

Home - 중앙의 버튼을 실행하면 간편하게 해당 지역에 서비스가 가능한 대리운전 전문 업체에 연결한다. 음주 상태에서 사용하기 쉽도록 간단한 인터페이스로 만들어졌으며, 불필요한 로딩이 없어 빠르게 대리운전을 호출할 수 있다.

Game - 술자리에서 사용할 수 있는 게임 기능을 추가하였다.

Map - 현재 위치를 모르실 경우, 지도에 표시되는 주소를 대리기사님께 알려드릴 수 있다.

Event - 대리운전업체에서 제공하는 다양한 이벤트에 참여할 수 있다.

11.4.8 Medical(App수 약 1,920개)

(1) 시력검사

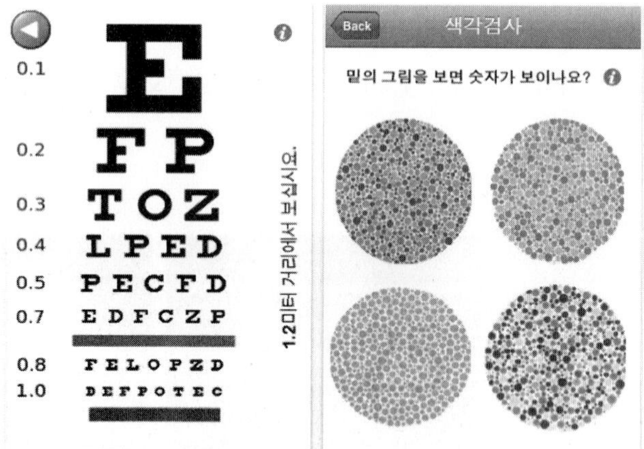

▮그림 11.40▮ 시력검사

설명 : 현대인은 매일 컴퓨터 모니터, TV를 보면서 눈을 혹사하고, 밤에는 밝은 전등 빛에 장시간 노출되며 잦은 야근, 늦은 수면 시간은 눈이 쉴 시간을 주지 않는다. 시간 날 때 시력검사해 볼 수 있는 애플리케이션이다.

기능 : 시력검사, 색맹/색각검사, 난시검사, 망막검사가 있다.

(2) uHear

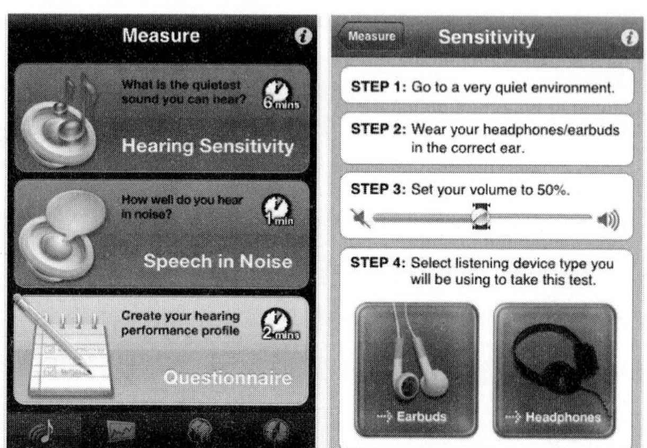

▮그림 11.41▮ uHear

설명 : hearing Sensitivity와 Speech in Noise 두 가지 테스트가 있다. 비프 음이 들리면 화면을 터치하면 된다. 테스트는 3분 정도 걸리고 결과가 도출된다. 실제로 병원에서 하는 테스트와 동일하지만 제대로 된 청력검사는 병원에서 하는 것이 좋다.

11.4.9 Music(App수 약 5,160개)

(1) Ocarina

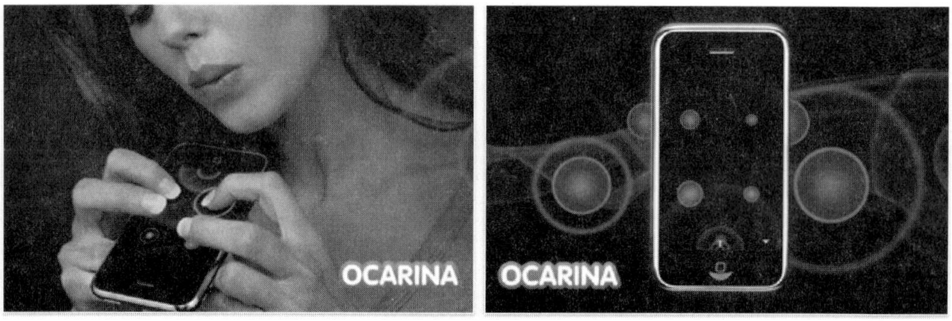

▌그림 11.42▐ Ocarina

설명 : 실제 오카리나의 소리를 연주할 수 있다. 아이폰의 우측 마이크 쪽으로 바람을 불면 소리가 난다.

특징 : 세계의 각각 다른 사람들이 연주하는 음악을 실시간으로 들을 수 있다.

11.4.10 Navigation(App수 약 3,480개)

(1) iKorway korean Subway

설명 : 역을 터치하면 역정보, 메모, 주변 버스, 출발/ 도착역 선택, 노선도로 돌아가기, 지도보기의 6가지 기능을 선택할 수 있다. 출발역과 도착역을 입력하면 현재 시간에서 가장 가까운 열차편 시작을 알려주고, 운임요금, 남은 열차 시간과 도착예정시간이 나온다. 위치 정보를 활용하여 현 위치에서 가장 가까운 역을 찾아주는 기능도 있다. 이 애플리케이션의 단점은 용량이 크다는 것이다.

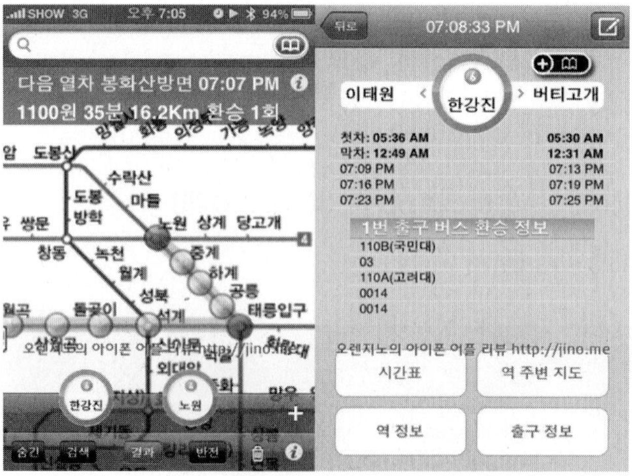

▌그림 11.43▐ iKorway Korean Subway

(2) 주유 정보

설명 : 주변 지역 주유소의 가격과 위치를 조회할 수 있다. 실시간으로 조회되는 주유소 가격으로 정확한 가격이 표시된다. 현 위치에서 검색 시 주유소 간 거리 및 방향 표시를 해준다. 휘발유, 경유, LPG 가격표시 및 원하는 유종으로 정렬 가능하다. 주유소 검색으로 주거래 주유소만 표시 가능하다.

Screenshots

▌그림 11.44▐ 주유 정보

(3) BikeMateGPS

▌그림 11.45▌ Bike Mate GPS

설명 : BikeMateGPS는 자전거 라이딩을 즐기는 분들을 위한 애플리케이션이다. 저장된 이동경로 데이터를 불러 들여 Google 맵을 통해 어떤 경로로 이동을 했는지 확인을 할 수 있으며 불러들인 경로에서 다시 라이딩을 해 기록 경쟁을 할 수 있어 같은 코스에 대한 다양한 경험을 할 수 있다. BikeMateGPS를 사용하여 라이딩을 하면 라이딩 한 시간, 거리, 평균 속도, 최고 속도, 현재 속도 그리고 라이딩 동안의 소모 칼로리를 확인을 하고 저장을 할 수 있어 좀 더 자전거 라이딩의 경험을 관리하여 보다 효과적인 라이딩을 할 수 있다.

11.4.11 News(App수 약 3,540개)

(1) 전자신문

▌그림 11.46▌ 전자신문

설명 : 국내 최대의 정보통신 전문 일간지인 '전자신문'을 언제 어디서나 아이폰에서 볼 수 있도록 만든 애플리케이션이다. IT/컴퓨터, 경제, 생활/문화의 세 개의 섹션으로 이루어져 있으면 각각의 IT/컴퓨터 섹션은 IT 일반, 컴퓨터/인터넷, 휴대폰의 서브 섹션으로 나누어져 있다. Photo 섹션, 원하는 기사만 볼 수 있는 북마크 기능, 검색 기능이 있다.

11.4.12 Photography(App수 약 2,640개)

(1) ClassicPan – 빈티지 파노라마 카메라

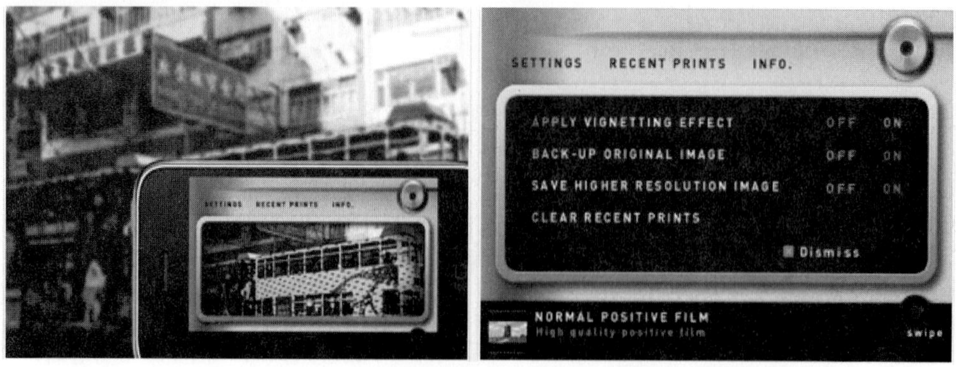

▌그림 11.47▐ Classic Pan

설명 : 오래된 필름 파노라마 카메라의 감성을 실린 애플리케이션이다. 디자인과 조작감, 결과물 등 모든 것이 예전 135포맷 필름 카메라에 맞춰 제작되었다. 9 : 4 비율의 파노라마 형태의 사진을 촬영할 수 있다.

8가지의 필름 효과를 제공한다.

- high Quality Negative Film : 일반적인 네가필름 현상 효과
- high Quality Positive Film : 일반적인 슬라이드필름 현상 효과로 암부가 더 짙고 명부도 더 강조
- high Quality B/W Film : 일반적인 흑백필름 현상 효과
- Sepia Film : 세피아 색상의 현상 효과
- Desaturated Film : 채도가 약한 슬라이드필름 현상 효과
- high Speed B/W Film : 고감도 흑백필름 현상 효과로 입자감이 있고 명부가 더 밝게, 암부가 더 짙게 표시
- high Quality Vivid Film : 채도가 강한 슬라이드필름 현상 효과

• Vintage Damaged Film : 색이 바랜 낡은 사진 효과

(2) moreBeaute(Skin retouch)

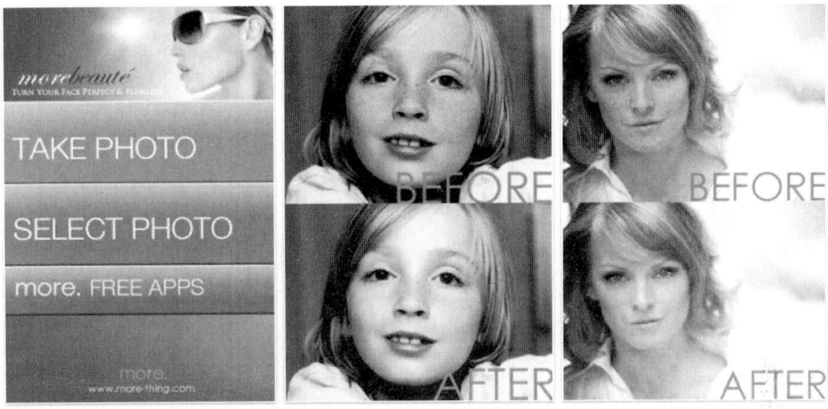

▮그림 11.48▮ More Beaute

설명 : 사진을 찍어서 피부를 뽀얗게 만들어 주는 간단한 사진 필터, 효과 넣기 애플리케이션이다. 사진 찍고, 원하는 만큼 뽀얗게 만드는 효과를 조정해서 넣을 수 있다. before와 after 기능이 효과를 넣었을 때와 비교할 수 있다.

11.4.13 Productivity(App수 3,280개)

(1) 어썸노트

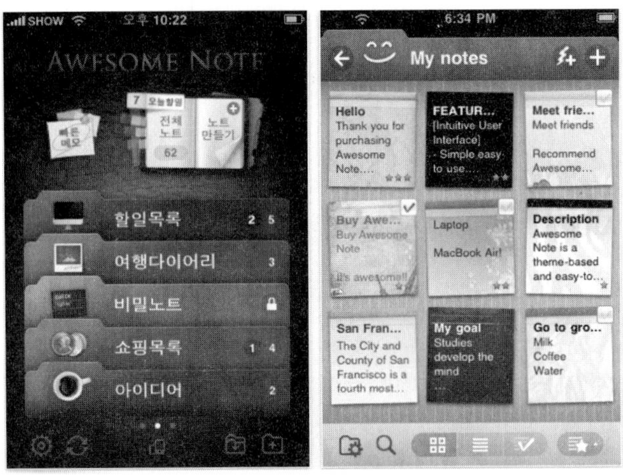

▮그림 11.49▮ Awesome Note

설명 : 노트와 일정관리를 하나로 할 수 있는 노트 애플리케이션이다. 다양한 폴더 아이콘과 색상, 폰트, 그리고 멋진 노트 배경들로 나만의 스타일로 노트를 만들 수 있다.

특징 : 사진 첨부 기능, 구글 Docs 및 에버노트와의 완전한 동기화, 전화번호, 웹 주소, 이메일 주소 클릭 기능, 패스 코드 보호, 일정관리, 노트 검색, 빠른 메모(포스트잇 스타일)

(2) Discover

설명 : 모바일 파일 매니저 애플리케이션이다. 동일 대역의 무슨 네트워크(무선 공유기를 사용하는 경우) 상에서 웹 브라우저를 통해 아이폰의 Documents 디렉터리에 접속 할 수 있는 프로그램이다. public과 private 디렉터리를 제공하는데 public은 IP 주소만 알면 누구나 접속할 수 있다. private은 아이디와 비밀번호를 알아야만 접속을 할 수 있다.

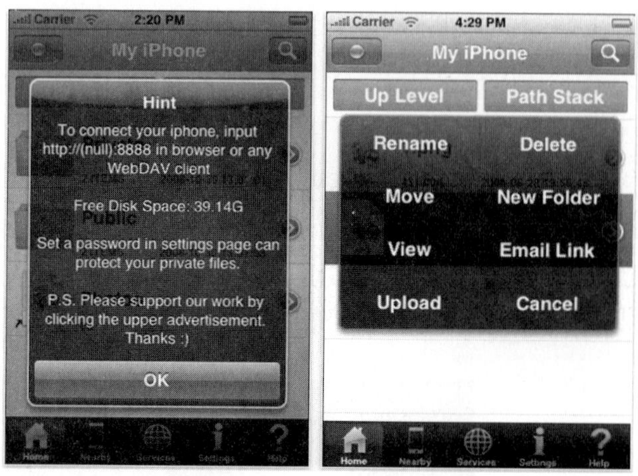

▌그림 11.50▐ Discover

11.4.14 Reference(App수 5,400개)

(1) YBM Eglish Korean English Dictionary – All in All

설명 : 통합 사전으로서 최대의 표제어, 어휘, 예문 등 수록. 널리 통용되는 약어와 약자, 세계의 주요 지명 등도 많이 수록되어 있다. 일상생활에서 늘 쓰이는 순 우리말과 한자어를 중심으로 고투적인 어구, 신어, 상용 외래어 등 문법적인 요소까지 수록되어 있다.

▌그림 11.51▐ YBM English – Korean Engilsh Dictionary

11.4.15 Social Networking(App수 약 2,380개)

(1) WhatsApp Messenger

설명 : 아이폰의 push기능을 이용해서 마치 휴대폰의 문자메시지와 같은 작동을 하는 어플이다. 메신저라고 보면 된다. 이 어플을 사용하기 위해선 push기능을 활성화시켜야 하므로 그 만큼의 베터리 소모도 감안해야 한다. 무선 랜이 되는 곳이라면 무제한으로 문자를 보낼 수 있다.

▌그림 11.52▐ Whats App Messenger

11.4.16 Sports(App수 약 5,220개)

(1) I스윙

▌그림 11.53▐ I스윙

설명 : 내장된 레코더로 간단히 골프 스윙을 촬영하여 슬로우 모션 반복 재상 또는 새로운 Motion Echo 설정으로 스윙을 프레임별로 리플레이할 수 있다. iSwing의 터치스크린 선 그리기 툴을 사용하여 테이크 어웨이, 팔로 스루, 몸의 각도, 팔의 자세 등을 분석할 수 있다.

11.4.17 Travel(App수 약 7,740개)

(1) iPlane – 인천 국제공항 운항정보

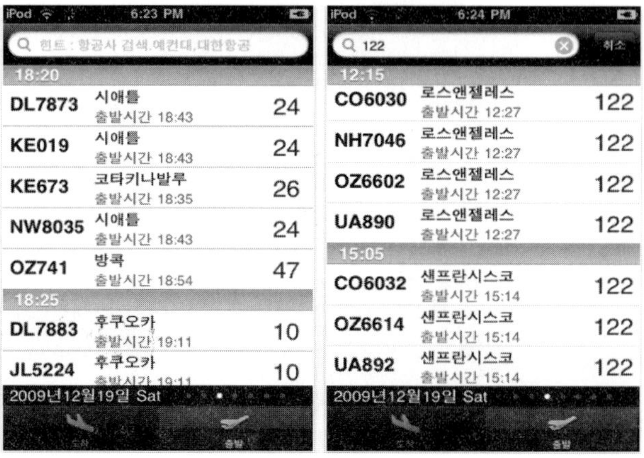

▌그림 11.54▐ iPlane

설명 : 인천 국제공항 리얼 타임 운항정보를 알려준다. 항공편 출발 및 도착 시간, 목적지, 상태, 터미널 게이트 정보를 아이폰과 아이팟 터치와 동기화가 된다. 1주일 비행 상태를 표시해 준다.

(2) 윙버스 서울맛집 – Wingbus Seoul Restaurant

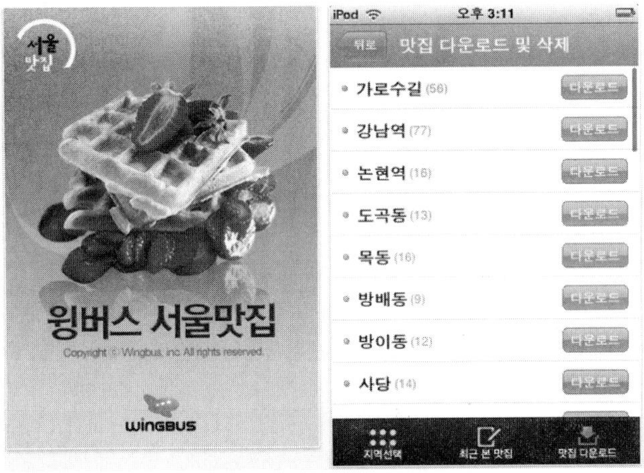

▌그림 11.55▐ 윙버스 서울맛집

설명 : 윙버스 서울맛집은 사용자들의 평가를 기반으로 믿을 수 있는 맛집 정보를 제공하는 서비스이다. 윙버스 편집진과 블로거 추천으로 선정된 1300여 곳의 서울맛집 정보가 사용자들의 평가/리뷰/사진과 함께 제공된다. 한식/일식/중식/양식 등 다양한 테마별로 찾아볼 수 있다.

11.4.18 Utilities(App수 약 8,980개)

(1) RemoteX 7

설명 : 유무선 통합 공유기 사용자에 한해 별도의 설정 없이 자동으로 PC와 연결되어 편하게 사용할 수 있다. 아이폰과 아이팟 터치용 애플리케이션으로 PC에 설치된 7가지 프로그램들을 WiFi를 통해 원격으로 제어할 수 있다.

원격 제어 대상 프로그램으로는 곰플레이어, KMP 플레이어, 다음 팟플레이어, 윈도 미디어 플레이어, 윈엠프, XBMC, Microsoft Power Point 2007이 있다. RemoteX를 통해 PC의 전원을 켜고 끌 수 있다.

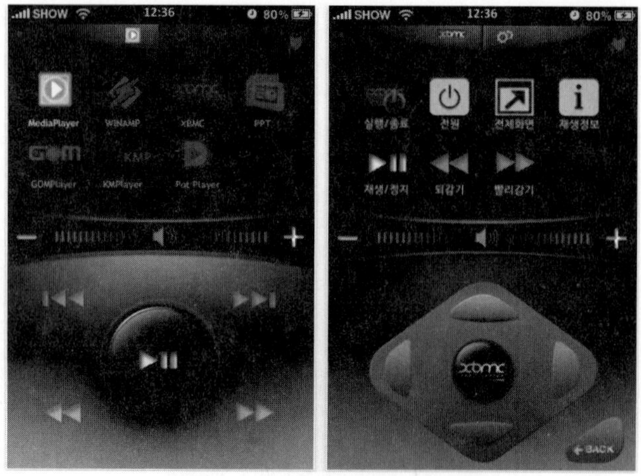

▌그림 11.56▐ RemoteX 7

(2) 아이피 추적기

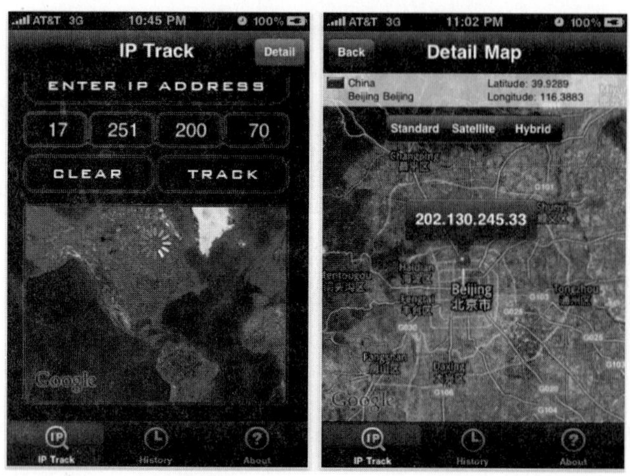

▌그림 11.57▐ 아이피 추적기

설명 : 방문자의 아이피 주소를 이용하여 나라, 도시, 위도 그리고 경도를 알아내도록 도와주며 그 정보를 이용하여 지도상에 표시해 준다. 아이피 정보만 알고 있다면 아이피 추적기를 이용하여 그 사람의 위치 정보를 알아낼 수 있다.

(3) PDF Word Excel File Viewer

설명 : 컴퓨터에 있는 워드, PDF, 엑셀 파워포인트 문서 등을 옮겨 놓고 아이폰,

아이팟터치에서 열어보는 애플리케이션이다. 상대적으로 저렴한 가격에 인터넷 페이지도 저장할 수 있다는 장점이 있다. 디자인도 아이콘 형식이라 깔끔해 보인다.

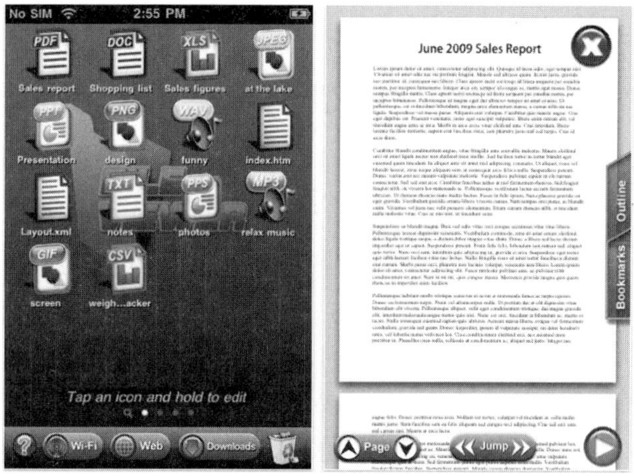

▌그림 11.58▐ PDF Word Excel File Viewer

11.4.19 Weather(App수 약 580개)

(1) 지역 날씨(Local Weather)

▌그림 11.59▐ Local Weather

설명 : Local Weather는 현재 기상조건과 현지 기상예보와 함께 전 세계의 실시간 기상 지도를 보여준다. 줌과 스크롤하면 기상조건이 실시간으로 업데이트되며 현재

기상조건 아이콘과 온도가 지도의 오른쪽에 표시된다.

11.5 스마트폰 애플리케이션 마켓 전략

11.5.1 주요 스마트폰 애플리케이션 마켓 전략[33]

다양한 사업자들이 애플리케이션 마켓 시장에 진입하여 비즈니스를 수행하고 있으나 보유 중인 자원과 태생적 배경에 따라 각기 다른 전략을 가지고 있다.

Apple, Nokia, RIM과 같이 단말과 플랫폼을 모두 보유한 기업은 단말과 운영체제에 최적화된 개발환경을 제공하면서 '단말+플랫폼+콘텐츠'의 수직 연동 전략을 추진 중이다. 특히, Apple과 RIM은 혁신적인 단말과 콘텐츠를 무기로 폐쇄적인 플랫폼 전략을 수행하고 있는 반면, 후발 주자인 Nokia는 플랫폼인 Symbian을 오픈 소스화하면서 플랫폼을 기반으로 하는 환경 확산에 주력하고 있다.

Apple과 같은 단말과 수직 연동시킨 폐쇄적인 플랫폼 전략은 단말의 종류에 따른 추가 개발의 부담이 적어 개발자에게 편안한 개발환경을 제공한다. 그러나 이로 인한 단말 라인업의 제한은 중장기적으로 단말 수요자의 외면을 초래할 수 있다. 경쟁자들이 지속적으로 혁신적인 단말을 출시하고, 유사한 애플리케이션 마켓을 구축하고 있는 상황에서 소수의 단말에 의존하는 폐쇄적인 플랫폼 전략의 지속 가능성이 관건인 것이다.

플랫폼만을 보유한 MS, Google[34] 등은 플랫폼의 영향력 확대를 위해 이동통신 사업자와 단말 사업자와의 전략적 제휴를 추진 중이다. 이들은 단말 부분의 역량은 부족하지만, 모바일에서 활용 가능한 강력한 웹 기반 서비스(예: 지도 서비스, 모바일 애드센스 등)들을 보유하고 있다. 이들은 보유한 웹 기반 서비스의 표준 API 확산과 연계하여 자신들이 지원하는 플랫폼의 확대를 모색 중이다.

그러나 다양한 대안 플랫폼이 등장하는 상황에서 단말 제조사와 이동통신 사업자를 유인할 수 있는 지속적인 이슈 발굴에 실패할 경우에 시장 점유율 하락으로 이어

33 정제호, "스마트폰 마켓 플레이스, 도전과 기회", SW Insight 정책리포트, 2009년 10월

34 Google은 2010년 1월 5일자로, 'Nexus One'이라는 이름의 자사 브랜드 스마트폰을 출시하였는데, 대만의 HTC가 제조하였고, Google이 직접 하드웨어와 소프트웨어를 설계하였고, 자사 온라인 몰을 통해 직접 판매한다.

질 수 있다. 실제로 많은 주목을 받았던 Microsoft의 'Windows Mobile'의 시장 점유율은 Apple, RIM 등에 밀려 지속적으로 하락하고 있다. 플랫폼은 없으나, 단말을 보유한 삼성전자[35]와 LG 전자 등 단말 제조사들은 주요 플랫폼을 탑재한 단말을 출시하면서, 단말 자체의 경쟁력 강화에 중심을 주고 있다.

그러나 애플리케이션 마켓에서의 복수 플랫폼과 다양한 단말 라인업에 따른 개발자 부담으로 인해 마켓 활성화에 적지 않은 어려움이 예상된다. 특히, 단말 유통에 이동통신 사업자의 영향력이 여전한 상황에서 이동통신 사업자의 영향력을 벗어나는 독자적인 애플리케이션 마켓 전략의 추진은 부담이 된다.

애플리케이션 마켓의 후발 주자인 이동통신 사업자들은 그동안 구축해 놓은 콘텐츠 풀과 고객 기반, 네트워크와 단말 유통 채널 등의 자원을 전략적으로 활용하며, 기존의 로컬 시장의 고객들에 집중하고 있다. 특히 이들이 보유 중인 LBS(Location Based Service) 인프라는 플랫폼 사업자나 단말 제조사에 비해 차별화된 차원이며, 실제 Verizon이나 SK 텔레콤의 경우 LBS 관련 네트워크 API를 공개하며 개발자들을 유인하고 있다.

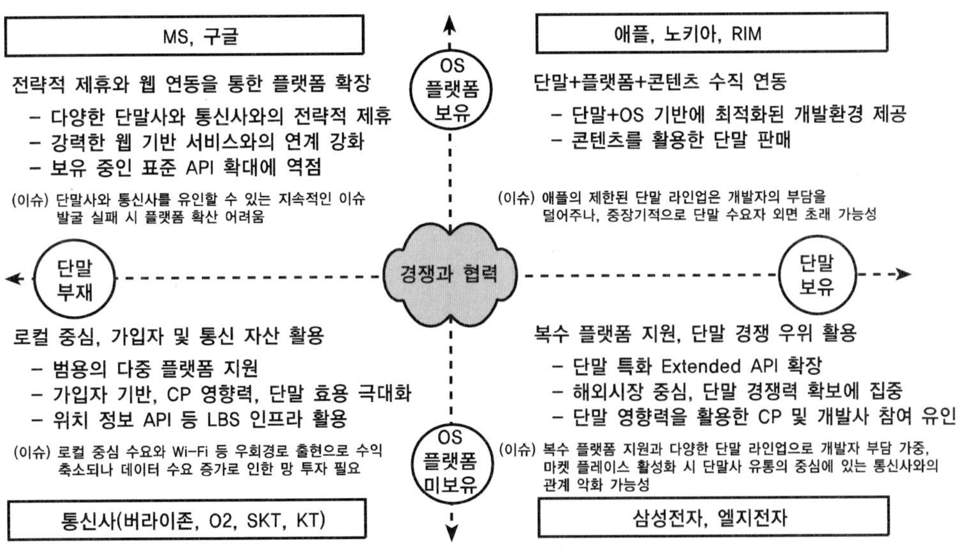

▌그림 11.60▐ 애플리케이션 마켓 사업자 유형별 전략

[35] 삼성전자는 MWC 2010에서 독자 개발한 모바일 플랫폼 '바다'(Bada)를 탑재한 스마트폰 '웨이브'를 공개하였으나, 아직까지 '바다'의 성공 가능성은 불투명하다.

11.5.2 국내 이동통신 사업자의 애플리케이션 마켓[36]

SK 텔레콤은 2009년 9월 8일, 'T스토어'를 정식으로 오픈했다. T스토어는 스마트폰을 물론, WIPI 기반 일반 휴대폰으로도 이용이 가능하며, 복수의 플랫폼을 지원하기 위하여 별도의 미들웨어인 SKAF를 제공한다. 그러나 Wi-Fi를 통한 우회 접속은 허용하지 않으며, 데이터 요금 또한 3.5원/KB 또는 월정액 15,000원으로 비싼 편이다.

SK 텔레콤에 이어 KT 또한 'Show 앱스토어' 전략을 발표했다. KT는 콘텐츠 다운로드에 따른 데이터 통화료를 파격적으로 인하하여 사업자들의 부담을 최소화했다. 예를 들어 1MB의 게임을 구매할 경우, Show 앱스토어 정책제의 경우 50원, 종량제는 500원으로 구입할 수 있는데, 이는 기존 요금으로는 약 3,550원이 소비된다. 또한 주요 장소에서 Wi-Fi 망을 개방함으로써, 무료 다운로드가 가능하도록 함으로써, SK

표 11.2 국내 이동통신 사업자 애플리케이션 마켓의 특징

	SKT T Store	KT Show App Store
주요 특징	• 2009년 6월 베타 서비스, 9월 8일 정식 오픈함 • 스마트폰, PC, 일반 휴대폰 등 이동사에 관계없이 접근을 지원함 • SKAF라는 미들웨어를 통해 콘텐츠와 이용자 단말기 운영체제 사이의 호환을 지원하여, WIPI 기반으로 개발된 솔루션을 스마트폰에서 사용 가능하도록 변환을 지원함	• 2009년 9월 24일 개발자 정책을 발표함 • KT 스마트폰 사용자만 사용이 가능함 • 상품의 등록 및 판매비용은 후불로 정산함 • 플랫폼과 단말이 바뀌어도 쉽게 개발할 수 있는 KAF API를 제공함
우회 접속	• Wi-Fi 인프라를 통한 우회 접속을 불허함 • 우회 경로로 PC Sync로 다운이 가능함	• Wi-Fi 인프라를 통한 우회 접속을 허용함. • 향후 Wi-Fi와 Wibro를 연계 지원할 예정임
수익 분배	개발자:T Store=7:3	일정 수준 이상의 매출을 기록한 콘텐츠에 대해서만 수익 분배를 하는데, 개발자:Show Store=7:3(8:2)
데이터 요금	• 1KB당 3.5원의 데이터 통화료를 부과하고, 15,000원의 무제한 요금제가 존재함	• 1MB당 500원을 부과하는데, 이는 기존의 1/7 수준임
등록비	• 100,000원(2건), 200,000원(5건), 300,000원(10건)의 등록비가 있고, 무료 등록을 초과한 경우에는 건당 60,000원의 등록비를 지불해야 함	• 무료 상품의 경우에는 등록비용이 면제됨 • 등록비는 1,000원이며, 검수 비는 판매 수익 발생 시에 건당 30,000원을 사후에 수령함

36 정제호, "스마트폰 마켓 플레이스, 도전과 기회", SW Insight 정책리포트, 2009년 10월

텔레콤과의 차별화를 시도 중이다. 그러나 지원 단말이 스마트폰으로 한정되고 지원되는 플랫폼도 현재는 Microsoft의 Windows Mobile로 제한적이다.

11.5.3 국내 단말 제조사의 애플리케이션 마켓[37]

국내 단말 제조사의 애플리케이션 마켓은 두 가지 측면에서 중요한 의미를 가진다. 첫 번째는 그 수요가 무한한 글로벌 시장이 대상이라는 점, 두 번째는 단말의 경쟁력이 하드웨어에서 소프트웨어로 확산되는 상황에서 소프트웨어 조달체계인 애플리케이션 마켓이 단말 경쟁력 제고에 적지 않은 영향을 미친다는 것이다.

단말 제조사의 입장에서도 애플리케이션 마켓의 성공은 단말 제조사로서의 시장 한계를 넘어서 서비스 사업자로 그 영역을 확장할 수 있는 좋은 기회이다. 특히, 모바일 라이프로의 진전이 가속화되면서 다양한 서비스에 대한 수요가 급증하고 있는 상황에서 자체적인 네트워크 없이 서비스의 유통을 가능하게 하는 마켓 플레이스는 그 동안의 이동통신 사업자에 의한 종속적인 환경을 벗어나 단말 제조사에게 새로운 시장 진출을 가능하게 한다.

삼성전자는 2009년 2월부터 베타 버전으로 운영되는 삼성 애플리케이션 스토어를 유럽 3개국(영국, 이탈리아, 프랑스)을 대상으로 정식으로 오픈했으며, 향후 독일, 스페인 등 30여 개국으로 서비스를 확대해 갈 예정이다. 삼성전자는 개발자 사이트인 '삼성 모바일 이노베이터'와 판매자 지원 사이트인 '삼성 애플리케이션 스토어 셀러 사이트'를 애플리케이션 마켓과 연계하는 에코 시스템을 구축한다는 계획이다. 현재 삼성전자의 애플리케이션 마켓에서는 그동안의 파트너 기업(예: Gamebit, mobileBus, 컴투스, 유엔젤, 네오위즈)들이 참여하고 있다.

LG 전자도 LG 휴대폰용 애플리케이션을 사고 팔 수 있는 'LG 애플리케이션 스토어'를 개설했다. 2009년 9월 14일 오픈된 LG 애플리케이션 스토어는 호주, 싱가포르 2개국을 대상으로 시범 서비스를 제공하며, 100여종의 무료 프로그램을 포함하여 1천 4백여 개의 애플리케이션을 제공한다. 또한 2008년 10월에 개설한 LG 휴대폰 소프트웨어 개발 웹 사이트인 'LG 모바일 개발자 네트워크'와 연계하여 LG 휴대폰에 최적화된 애플리케이션 스토어를 통해 배포 및 판매할 수 있도록 지원할 예정이다.

37 정제호, "스마트폰 마켓 플레이스, 도전과 기회", SW Insight 정책리포트, 2009년 10월

11.5.4 국내 애플리케이션 마켓 활성화의 문제점 분석

(1) 글로벌 애플리케이션 마켓 Vs. 국내 이동통신 사업자 애플리케이션 마켓

Gatner는 애플리케이션 시장 분석 보고서에서 Apple이 애플리케이션 시장의 99.4%를 독점하고 있다고 밝혔다. 2010년 1월 기준으로 Apple은 App Store에 약 15만 개 이상의 애플리케이션을 가지고 있으며, 매주 1만개 이상의 새로운 애플리케이션이 App Store에 올라오고 있다. 이 정도의 속도라면 2010년 말까지 30만 개 이상의 애플리케이션을 확보할 수 있을 것으로 예상된다.[38]

Google의 Android Market의 경우, 2009년 11월을 기준으로 등록된 애플리케이션 수가 2만 개를 넘게 되었다. 이는 Android Market이 오픈된 지 1년 만에 나타난 성과로서, Apple App Store가 1년 만에 약 5만 개의 애플리케이션을 등록시킨 것에 비하면 적은 숫자이지만, Android Market에 등록되는 애플리케이션의 수는 점차 늘어나고 있다.[39] 이는 Android가 이클립스, JAVA 기반으로 쉽게 개발에 접근할 수 있고, 배포하기가 매우 쉬우며, Android 자체가 오픈 플랫폼이라는 이유 때문인 것으로 판단된다.

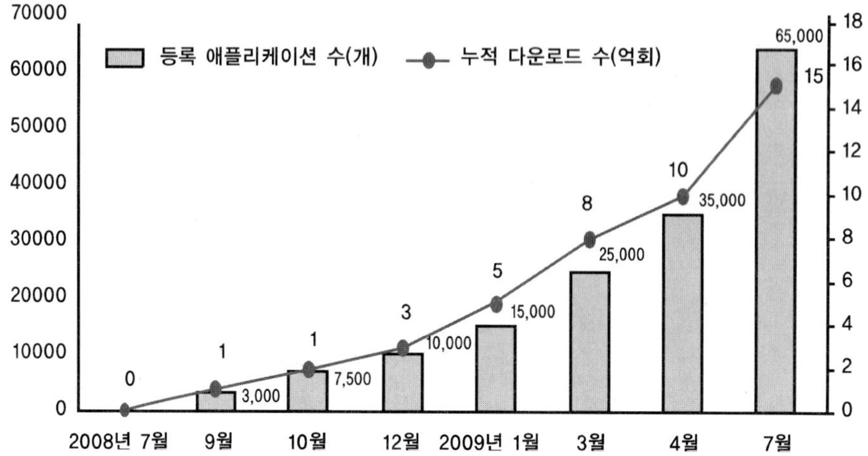

▌그림 11.61▌ Apple App Store의 성장세[40]

38 이성현 기자, "세계 모바일 애플리케이션 시장 '애플 천하'", 전자신문, 2010년 1월 20일

39 김우영, "안드로이드 마켓 애플리케이션 등록 건수 2만건 돌파", KBENCH, 2009년 12월 16일

40 Apple은 2010년 초까지 30억 번 이상의 다운로드 수를 기록하였음(이성현 기자, "세계 모바일 애플리케이션 시장 '애플 천하'", 전자신문, 2010년 1월 20일).

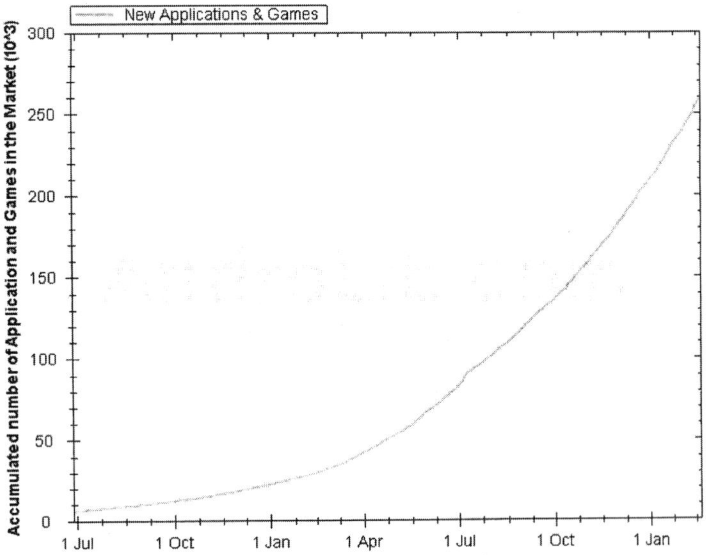

그림 11.62 안드로이드 마켓 등록 애플리케이션 수의 증가 추이

그렇다면 이에 비해 국내 애플리케이션 마켓은 어떠한가? Apple의 App Store가 세계적으로 선풍적인 인기를 끌자 국내 업체들도 애플리케이션 마켓을 시작하였고, 대표적인 사례가 SK 텔레콤의 T Store와 KT의 Show App Store이다. 그러나 현재 국내 애플리케이션 마켓에서 서비스되고 있는 애플리케이션은 국내 업체들이 후발 주자임을 감안한다 하더라도, 양이나 질에서 Apple App Store 등에 비해 현저히 뒤떨어진다는 것이 대부분의 의견이다. 특히 KT의 Show App Store의 경우, 애플리케이션 다운로드 중 가장 인기 있는 카테고리인 게임에서 애플리케이션 수가 59개[41]이며, 이 중 무료 애플리케이션은 단 한 개도 없는 것이 사실이다. 또한 영국, 프랑스, 이탈리아, 독일, 싱가포르, 브라질, 중국에서 서비스를 제공 중인 삼성전자의 Samsung Apps의 경우에는 등록된 전체 애플리케이션 수가 679개에 불과하다.[42] SK 텔레콤의 T Store의 경우에는 2009년 11월을 기준으로 등록된 애플리케이션 수가 약 3,200개 이르고 있다.[43]

이처럼 국내 애플리케이션 마켓이 성과를 내지 못하고 있는 이유는 국내 스마트폰 시장이 성장 초기 단계일 뿐만 아니라, 개발자들이 이미 충분한 고객을 확보한 Apple

41 2010년 2월 24일 17시 30분 검색 결과임

42 2010년 2월 24일 17시 35분 검색 결과임

43 송수연 기자, "국내 앱스토어 시장 '빈수레'... 콘텐츠 마련 시급", Newstomato, 2010년 2월 5일

App Store에 몰리기 때문이다. 실제로 Apple App store가 4천만대 이상의 고객 단말을 확보한데 비해, SK 텔레콤 T Store의 가입자가 50만 명 정도인 것을 보면, 개발자들이 국내 애플리케이션 마켓을 위해 각기 다른 운영체제별로 개발하는 것은 분명 어려운 일임에 분명하다.

또한 사용자들이 편하게 즐길 수 있는 무료 애플리케이션의 수를 늘려야 하는 것도 국내 애플리케이션 마켓의 과제이다. T Store의 무료 애플리케이션 비율은 20% 정도이고, Show App Store의 무료 애플리케이션 비율은 25% 정도이지만, 대부분 계산기 등의 기본적인 애플리케이션인데 비해 Apple사의 App Store에 있고 무료 애플리케이션 비율은 30% 정도이다.

(2) 이동통신 사업자 애플리케이션 마켓의 한계[44]

이동통신 사업자의 애플리케이션 마켓은 수요가 제한된 로컬 시장(Local Market)을 대상으로 한다는 점에서 한계가 존재한다. 이동통신 사업자들은 글로벌 애플리케이션 마켓으로 발전시켜 나간다는 전략이지만, 이동통신 사업자가 가지고 있는 '로컬 시장 기반의 풍부한 콘텐츠 및 가입자', '마케팅 채널', '가입자 정보와 LBS 인프라' 등의 장점은 글로벌 애플리케이션 마켓에서 큰 의미를 가지기 어렵다.

제한된 시장을 대상으로 애플리케이션 마켓 운영을 통해 얻을 수 있는 수익은 제한적이며, 판매 수수료의 30%를 공유한다 하더라도 애플리케이션 마켓 운영비와 개발자 지원 등을 고려하면, 실질적인 수익은 매우 낮다. 그리고 KT와 같이 저렴한 데이터 요금과 Wi-Fi와 같은 우회 접속 경로를 제공한다면 애플리케이션 마켓 활성화를 통해 얻을 수 있는 데이터요금 수익도 기대하기 어렵다.

그러나 경쟁사가 추진하는 애플리케이션 마켓에 대하여 대응하여야 하는데, 대응에 늦을 경우 선순환의 구조를 확립한 경쟁사에 의해 고객 기반이 약해질 수 있기 때문이다. 결국, 로컬 시장을 대상으로 하는 이동통신 사업자의 애플리케이션 마켓은 한정된 수요와 감당해야 하는 마케팅 비용, 망투자 비용을 생각하면 그 자체가 이동통신 사업자의 딜레마인 것이다.

(3) 글로벌 애플리케이션 마켓 진출의 장애 요인[45]

글로벌 애플리케이션 마켓의 등장은 국내 개발자들에게 새로운 시장 기회를 제공하지만, 실제 참여에는 적지 않은 어려움들이 존재한다. 특히, 개인 개발자를 비롯한

44 정제호, "스마트폰 마켓 플레이스, 도전과 기회", SW Insight 정책리포트, 2009년 10월

45 정제호, "스마트폰 마켓 플레이스, 도전과 기회", SW Insight 정책리포트, 2009년 10월

중소 규모의 개발사의 경우에는 그 어려움이 더욱 크다. 한국정보통신 산업진흥원에서 수행된 '스마트폰 시대의 SW 해외 진출 전략'에 대한 연구에서 국내 주요 개발자 커뮤니티의 개발자 100인에 대한 설문조사에 따르면 글로벌 애플리케이션 마켓의 진출 장애 요인은 크게 '개발정보 및 자료 부족', '개발 인프라 및 교육기회의 부족', '마케팅 역량 부족' 등으로 나타났다.

글로벌 애플리케이션 마켓에 진출한 경험이 있거나 준비 중인 개발자를 대상으로 한 조사에서 가장 많은 개발자들이 한글화된 자료 부족과 해외 법·규제 정보의 부족에 대한 어려움을 제시하였으며, 다음으로 개발 장비 부족과 해외 시장정보의 부족, 교육기회의 부족 등을 제시하였다. 또한 어려움의 수준을 5점 척도로 측정한 결과, 해외 법·규제 정보의 부족과 개발 장비 부족, 해외 시장정보의 부족에 따른 어려움

▮표 11.3▮ 글로벌 애플리케이션 마켓 참여의 장애 요인

대분류	중분류	글로벌 애플리케이션 마켓 참여의 장애 요인
개발 정보 및 자료 부족	한글화된 자료 부족	대부분의 정보(등록절차, 개발정보 등)가 영문으로 되어 있다.
	기술정보 공유 부족	개발자들 간에 정보를 교환할 수 있는 공간이 부족하고, 제공되는 정보의 수준도 제한적이다.
	단말정보 부족	개발을 위해 필요한 정보(단말정보 등)가 충분히 제공되지 못하고 있다.
	해외 법·규제 정보 부족	상표권, 세금 처리 등 해외 비즈니스 관행 및 법 제도에 대한 정보가 부족하다.
	해외시장 정보 부족	해외 시장에 대한 정보(고객 선호도, 문화적 금기사항 등)가 부족하다.
개발 인프라 및 교육 기회 부족	개발 장비 부족	개발에 필요한 테스트 폰, 칩셋 등 개발에 필요한 장비 확보의 부담이 크다.
	소스 코드 부족	소기업이나 개인 개발자들이 우수 애플리케이션을 개발하기 위한 소스 코드(오픈 소스)가 부족하다.
	교육 기회 부재	개발에 필요한 교육 과정이 필요하나, 교육 과정이 제한적이고, 가격이 부담된다. 다양한 애플리케이션 마켓을 지원하기 위한 코드 전환에 따른 부담이 크다.
마케팅 역량 부족	현지화 어려움	애플리케이션 영문화에 어려움이 있다.
	브랜드 및 레퍼런스 부족	글로벌 기업들의 진출이 가시화되고 있어 브랜드 경쟁이 약화되고, 대고객 노출 및 홍보에 어려움이 크다.
	마케팅 전문성 부재	전반적인 마케팅 전략에서의 전문성이 부족하다.

이 상대적으로 큰 반면, 한글화된 자료의 부족은 상대적으로 낮게 나타났다. 이는 한글화된 정보의 경우 대부분의 개발자들이 가장 보편적으로 어려움을 겪는 부분이지만, 실제 개발자들에 미치는 어려움의 정도는 높지 않음을 의미한다.

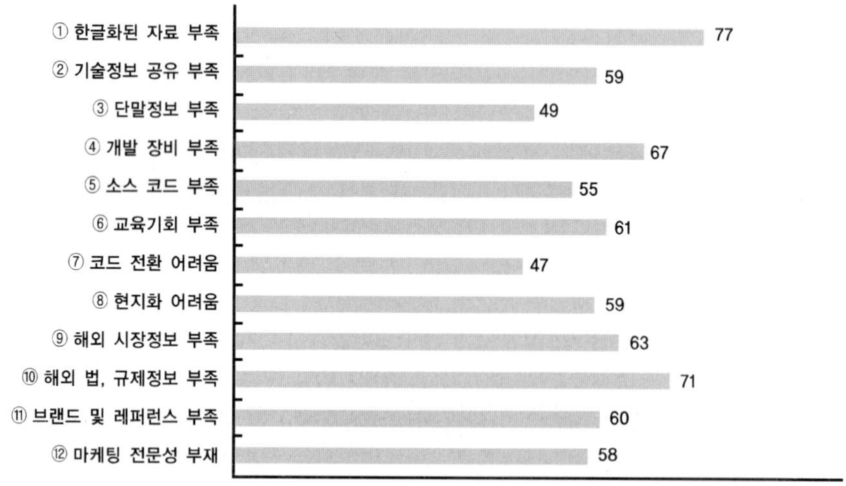

▌그림 11.63▐ 애플리케이션 마켓 참여 시, 장애 요인 빈도 분석(Base: N=100, 중복 응답 허용)

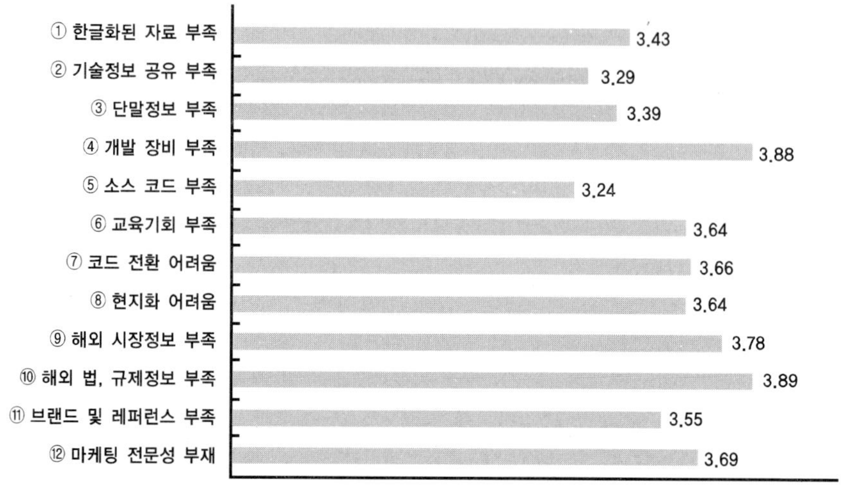

▌그림 11.64▐ 애플리케이션 마켓 참여 시, 장애 요인 평균값 분석(Base: N=100, 5점 척도)

결국, 개발자들의 애플리케이션 마켓 진출을 지원하기 위한 체계적인 지원 시스템을 구축하는 것이 필요한데, 이에 대한 구체적 방안으로 개발자들의 애플리케이션 마켓 진출을 지원하는 지원 센터를 구축하여 개발 정보와 교육, 인프라 등을 제공하는 것이 필요하다.

Part 04
유비쿼터스 프로그래밍

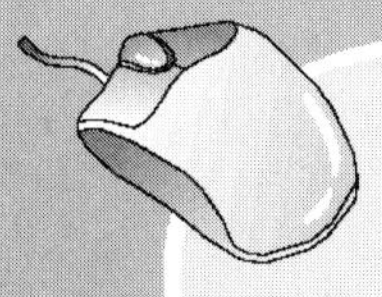

Chapter 12

PWW의 개요

12.1 World Wide Web을 통한 미래 정보 사회의 조망

인터넷은 본래 소수의 연구 기관에서 정보 전달을 위해 사용되었으나, '하이퍼텍스트'(Hypertext)라는 기능을 통해 인터넷 상의 분산된 정보를 통일된 방법으로 찾을 수 있도록 한 월드 와이드 웹(WWW : World Wide Web)이 등장함에 따라 폭발적으로 성장하였다. 즉, WWW는 온라인 개체 간의 링크 혁명을 통하여, 사람들이 매우 쉽게 새로운 정보를 얻거나 상거래를 할 수 있는 새로운 가치를 제공하게 된 것이다. 이와 마찬가지로 미래의 고도 정보 사회인 '유비쿼터스'(Ubiquitous) 환경에서는 실세계 환경에서 실세계 개체 간의 링크 혁명 및 실세계 개체와 온라인 개체 간의 링크 혁명이 나타나게 될 것이다. 따라서 유비쿼터스 환경은 유비쿼터스 네트워크 발전으로 인해 언제, 어디서나 온라인에 접속이 가능해 지면서, 실세계와 사이버 공간이 이음매 없이(Seamless) 연결되는 환경으로 정의할 수 있을 것이다. 그렇다면 유비쿼터스 환경의 WWW은 무엇일까?

12.2 새로운 정보체계의 필요성

12.2.1 모바일 환경의 도래

앞서 언급한 바와 같이 WWW은 링크, 웹 문서, HTTP 프로토콜, 웹 서버, 웹 브라우저 등으로 구성되는 비교적 단순한 구조를 가지고 있지만, 사이버 공간의 정보를

▌표 12.1▐ 세계 스마트폰 시장 전망

구분		2007	2008	2009	2010	2011	2012	2013
휴대 전화 판매 대수 (백만대)		1,151	1,209	1,114	1,202	1,306	1,432	1,568
스마트폰	판매 대수 (백만대)	121	143	178	254	351	469	604
	성장률(%)	49	18	24	43	38	34	29
	비율(%)	10.5	11.8	15.9	21.1	26.9	32.8	38.5

[출처 : 삼성경제연구소, 2010]

사용자들에게 제공하기에 충분했다. 그러나 '스마트폰'과 같은 모바일 단말의 확산과 사용자가 위치하고 있는 현장의 특성을 담은 정보를 제공받기 원하는 사용자들의 요구에 따라 WWW만으로는 충분하지 않게 되었다.

여기서 현장의 특성을 담은 정보는 "내가 어디에 있는가?"(Location Awareness : Where am I?), "주변에 누가 또는 무엇이 있는가?"(Resource Discovery: Who/What is near here?), "이것은 무엇인가?"(Content Providing: What is this?) 등에 대한 정보를 의미하는 것이다. 사실 이러한 정보 제공을 위해 그 동안 '상황 인식'(Context Awareness) 분야에서 많은 시스템이 제안되어 왔다. 그러나 상황 인식 시스템은 '방대한 데이터 처리', '높은 개발 비용', '프라이버시침해 가능성', '사용자 의도 파악의 한계' 등의 문제점을 가지고 있으며, 결국 이에 대한 대안으로 사용자가 먼저 자신이 필요로 하는 정보를 요청하는 '상황 선언'(Context Declaration) 시스템이 제안되고 있다.

12.2.2 상황 선언 시스템 사례

(1) 모바일 웹(Mobile Web)

우리는 현재 모바일 단말과 같은 터미널을 통해 언제, 어디서나 인터넷에 접근할 수 있다. 특히, 모바일 단말을 통한 인터넷 접속은 WAP 1.0 방식에서부터 풀 브라우징 방식에 이르기까지 계속 진화하고 있다. 그러나 모바일 웹은 여전히 현장 정보를 획득하는데 한계를 가지고 있다. 예를 들어, 우리가 재즈 카페에서 훌륭한 연주를 들은 후, 그 감동을 공유하기 위한 누군가를 찾고자 하는 경우를 상상해 보자. 만약 우리가 모바일 웹을 통해서 감동 공유자를 찾고자 한다면, 우리는 먼저 인터넷에 접속하여 내가 어디에 있는지를 나타내야 하고, 같은 공간에 있는 누군가를 찾아야 할 것이다. 하지만 이 방법은 사용자에게 매우 불편한 방법이며, 경제적 관점에서도 가까

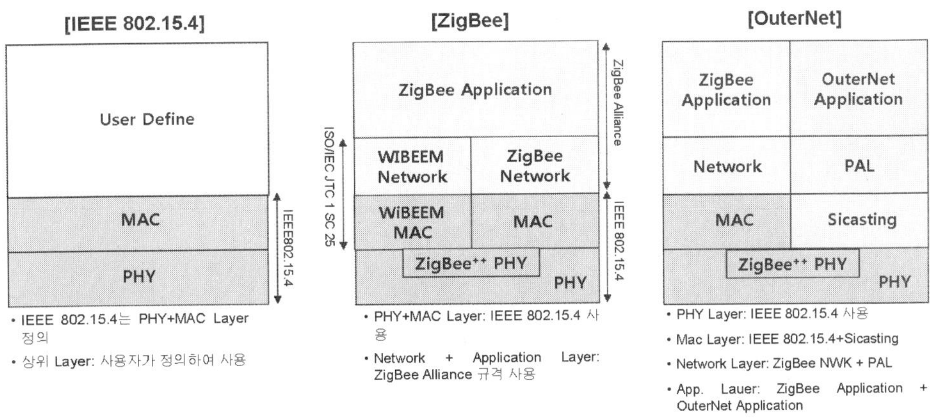

▌그림 12.1▐ OurterNet 프로토콜 구조

운 곳의 정보를 너무 멀리서 가져오기 때문에 부적절한 방법일 것이다.

(2) OurterNet

SK 텔레콤의 OurterNet 프로토콜은 ZigBee++ 칩을 활용하여 2Mbps까지 가능한 PHY이며, Network Layer에 Web 등 이기종 망을 접속을 위한 PAL 규격을 구현한 구조이다. OuterNet은 WPAN에 방송 규격을 구현한 Narrow Casting 기술을 기반으로, JIT(Just-In-Time) 정보 전달, Interactive Casting, Content 2.0 등의 상위 서비스 애플리케이션 기술들로 구성된다.

(3) 기타 사례

블루 캐스팅(www.bluecasting.com)은 블루투스 기술을 활용하여 광고 콘텐츠를 사용자의 단말기에 전송하는 모델로서, 디지털 빌보드, 키오스크 등을 통해 광고를 노

▌그림 12.2▐ 블루투스를 활용한 광고 사례

출하고 블루 캐스팅 서버를 통해 사용자의 모바일 단말에 광고를 전송하게 된다. 관련 사례로 펩시콜라는 버스 정류장에서 광고를 통해 Yahoo 뮤직의 뮤직 비디오와 같은 콘텐츠를 다운로드받을 수 있도록 하였는데, 광고 집행 일주일 만에 전송된 정보를 다운로드받을지에 대한 여부를 나타내는 옵트 인 비율이 27% 증가하였다. 랜드로버의 경우에는 2주간 약 8만 7천여 명의 블루투스 사용자가 인식되었고, 이 중 17%가 광고 동영상의 수신을 허용하였다.

이 밖에도 광고물에 전자 태그를 부착하여 사용자들이 관련 콘텐츠 등을 다운로드받을 수 있도록 한 하이퍼태그(www.hypertag.com)나 블루투스를 활용하여 주변의 사용자를 탐색하고 그들과 메시지를 전달할 수 있도록 해 주는 노키아 Sensor 또한 상황 선언 시스템의 예라도 할 수 있다.

12.3 Person Wide Web

12.3.1 개념

유비쿼터스 컴퓨팅(Ubiquitous Computing)은 실세계에 컴퓨팅 요소를 내재시키는 것을 의미한다. 이는 가상현실(Virtual Reality)과는 대별되는 개념으로서 가상현실이 현실 세계를 가상화하여 사이버 공간에 새로운 공간을 구축하는 것인 반면, 유비쿼터

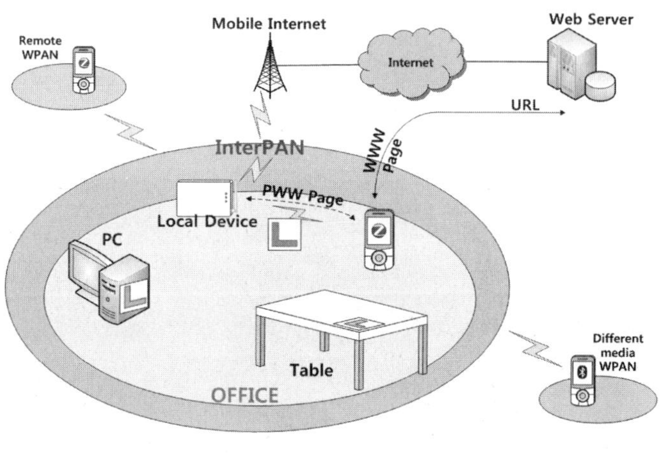

▌그림 12.3▌ PWW의 개념

스 컴퓨팅은 실세계 곳곳에 컴퓨팅 요소를 내재시켜 사람에게 가치를 제공하는 실세계 공간을 구축하는 것을 의미하는 것이다. 실세계 곳곳에 내재되는 컴퓨팅 요소는 간단한 하이퍼링크 수준이 될 것으로 예상되는데, 이를 'u-Link'(Ubiquitous Link)라 하며, 이 u-Link를 통해 실세계 사물과 관련된 정보나 서비스에 이음매 없이 연결될 수 있을 것이다. 즉, 실세계의 u-Link와 사이버 공간의 콘텐츠가 이음매 없이 연결되는 것인데, 이러한 새로운 정보교환 체계가 바로 'Person Wide Web(PWW)'이다.

12.3.2 3.2 u-Link(Ubiquitous Link)

u-Link는 WWW의 링크와 동일한 기능을 수행하게 된다. 다만, WWW에서의 링크는 사이버 공간의 웹 문서에 존재하는 것인 반면에 PWW의 u-Link는 실세계에 존재한다는 차이가 존재한다.

위의 그림은 WWW의 앵커와 링크를 나타내는 것이다. 'Gmail'이라는 텍스트는 밑줄로 표시되어 있는데, 이를 통해 우리는 이 텍스트가 앵커라는 것을 알 수 있고, 이를 '클릭'(Click)함으로써 우리는 새로운 웹 페이지로 이동할 수 있다.

반면 아래의 그림들은 PWW에서의 앵커와 링크를 나타내는 것이다. 예를 들어 랩톱에 RFID 태그가 부착되어 있을 때, 사용자가 모바일 단말로 그 RFID 태그를 '터치'(Touch)하면 사용자의 모바일 단말에는 RFID 태그에 지정되어 있는 웹 페이지가 나타나게 된다. 또는 사용자가 어떤 공간에서 모바일 단말을 '튠'(Tune)하면 WPAN을 통해 그 공간에서 방송되고 있는 u-Link를 획득할 수 있고, 획득한 u-Link를 통해 해당 웹 페이지를 볼 수 있는 것이다.

그림 12.4 WWW의 앵커와 링크

▌그림 12.5▐ PWW의 앵커와 링크(자동 인식 태그)

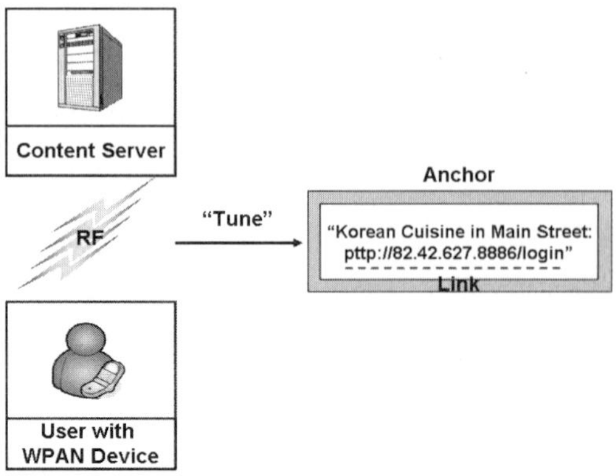

▌그림 12.6▐ PWW의 앵커와 링크(WPAN)

12.3.3 브라우저

사용자는 u-Link를 모바일 단말의 브라우저를 통해 획득할 수 있다. 아래의 그림은 Apple의 iPhone에 탑재되어 있는 사파리 브라우저를 활용하여 구현한 PWW 브라우저이다. PWW 브라우저는 u-Link를 보여주는 PWW 영역과 사용자가 선택한 u-Link와 관련된 웹 문서를 보여주는 WWW 영역으로 구분되는데, 보통의 웹 브라우저 기능을 수행함과 동시에 PWW의 u-Link를 처리할 수 있는 기능을 추가한 것으로 이해할 수 있다.

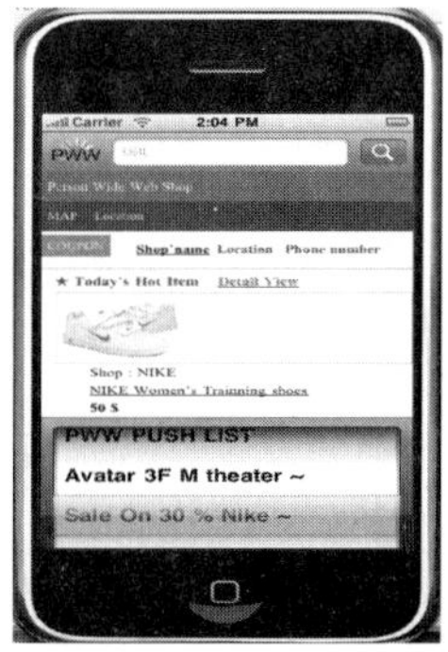

그림 12.7 PWW 브라우저

12.4 PWW 응용 사례

앞서 PWW의 필요성 부분에서 현장의 특성을 담은 정보에 대한 사용자의 요구를 언급하였다. 본 장에서는 현장의 특성을 담은 정보가 PWW을 통해 어떻게 사용자에게 전달될 수 있는지에 대해 알아보도록 하겠다.

12.4.1 "Where am I?"

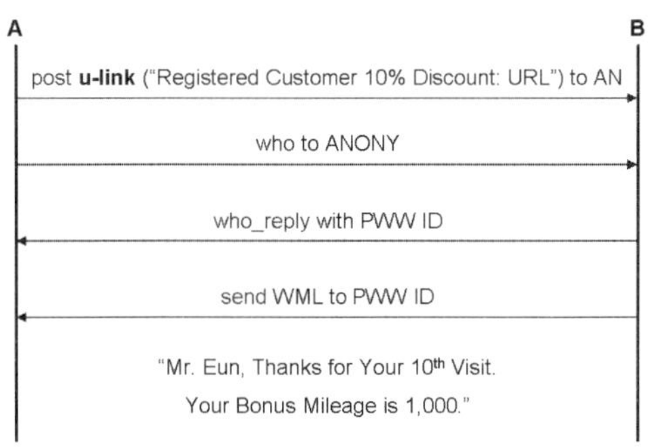

그림 12.8 개인화 서비스

상점 A는 등록된 고객에게 할인과 관련된 u-Link 형태의 post 메시지와 함께 고객이 누구인지를 묻는 메시지를 고객 B에게 전달한다. 고객 B는 상점 A가 자신이 등록한 상점인지 아닌지 자동으로 확인할 수 있으며, 등록된 상점인 경우 자신의 ID를 상점 A에 전달한다. 고객 B의 ID를 확인한 상점 A는 고객의 방문 횟수나 마일리지 점

수 등의 정보를 고객 B에게 전달할 수 있다. 이를 통해 상점 A는 고객 B에게 개인화된 서비스를 제공할 수 있게 된다.

12.4.2 Who/What is near here?

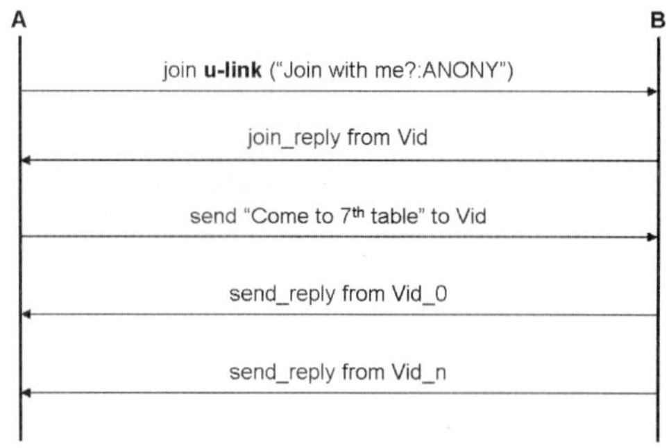

▌그림 12.9▐ 소셜 네트워크 형성

이는 기존 모바일 웹의 한계에서 언급했던 재즈 카페 사례에 적용할 수 있는 응용이다. 사용자 A는 감동을 함께 나눌 것을 요청하는 u-Link 형태의 메시지를 사용자 B에게 전달한다. 그러나 여기서 사용자 B는 특정 사용자라기보다는 같은 재즈 카페에 있는 불특정 다수를 의미한다는 것이 더욱 합리적인 설명일 것이다. 감동 공유 요청을 받은 사용자 B는 수락 메시지를 사용자 A에게 보내게 되고, 이후 사용자 A와 B는 몇 번 테이블로 오라는 등의 커뮤니케이션을 이어나갈 수 있게 된다.

12.4.3 What is this?

▌그림 12.10▐ 쿠폰 전달 서비스

쇼핑몰에서 사용자 B는 여러 상점을 돌아다니던 중 특정 상점 앞에서 상점 A에 대한 정보를 요청하면 상점 A는 u-Link 형태의 상점 정보를 포함하고 있는 쿠폰 광고를 사용자 B에게 전달한다. 사용자 B는 이 u-Link를 선택하여 연결된 페이지로 이동한 후, 상점 A가 제공하는 정보와 쿠폰을 획득할 수 있다.

Chapter 13

안드로이드 운영체제 개요

13.1 개발환경 및 기초 프로그래밍

13.1.1 개발환경 구축

Android의 애플리케이션을 개발하기 위해서는 표 13.1의 소프트웨어를 필요로 한다. 본서에서는 JDK 6과 Eclipse 3.6, Android SDK의 Version 1.6을 사용한다.

▌표 13.1▌ Android 개발에 사용하는 Software

명칭	Version	Web Site
Android SDK	1.5, 1.6, 2.0	http://developer.android.com/sdk/index.html
Jave SE Developement Kit	JDK5, JDK6	http://java.sun.com/javase/downloads/index.jsp
Eclipse	3.4 이상	http://www.eclipse.org/downloads/

(1) Android SDK 설치하기

Android SDK는 표 13.1의 Web Site(http://developer.android.com/sdk/index.html)에서 자신의 OS에 맞는 것으로 다운로드하거나 Android SDK 파일 복사하여 사용자가 사용하기 편리한 위치에 압축을 해제한다.

(2) JDK 설치하기

JDK(Java SE Development Kit)은 표 13.1의 Web Site(http://java.sun.com/javase/downloads/index.jsp)에서 다운로드한다. 이때 JRE가 아닌 JDK를 선택해야 한다. 다

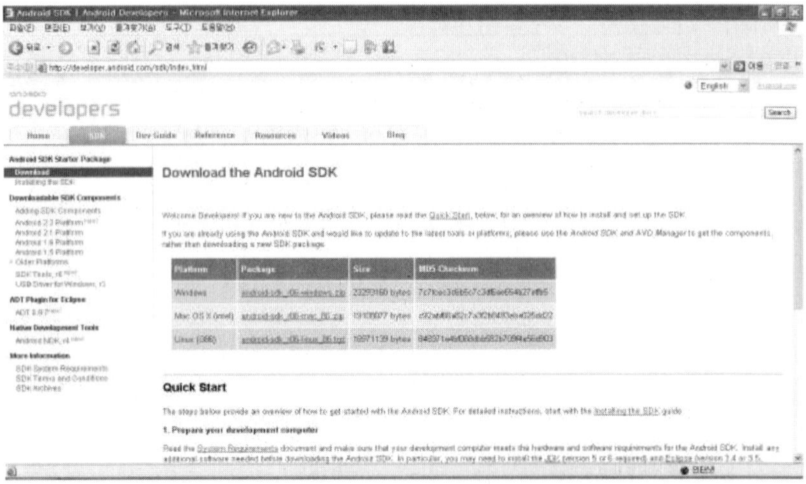

▌그림 13.1▌ 쿠폰 전달 서비스

운로드 시 자신의 OS와 맞는 Platform을 선택하고 [Download] 버튼을 클릭한다. [Download] 버튼 클릭 시 User Name과 Password를 입력하라고 하지만, [Skip this Step]을 클릭하여 무시한다. 또한 JDK 6 버전을 설치해도 된다.

➲ 다운로드한 설치 파일을 실행하면 잠시 후 그림 13.2와 같은 윈도우가 실행되는데 이는 설치 준비를 진행하는 과정이다.

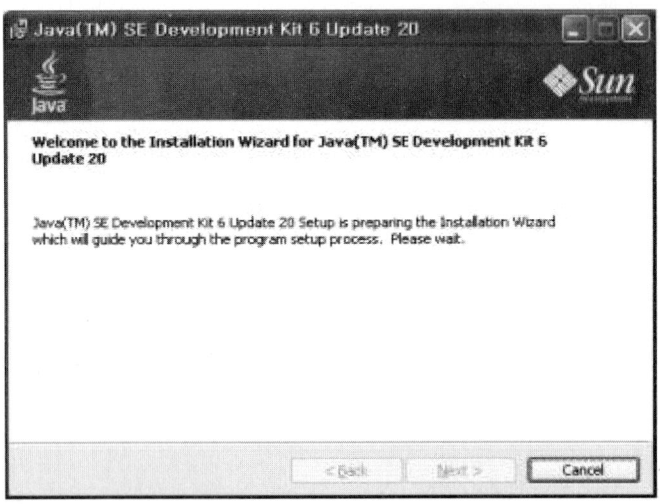

▌그림 13.2▌ JDK 6 설치 프로그램 준비 과정

➲ 설치 준비가 완료되면 자동으로 약관 동의 화면으로 이동한다. 약관 동의 화면에서 [Accept] 버튼을 클릭한다.

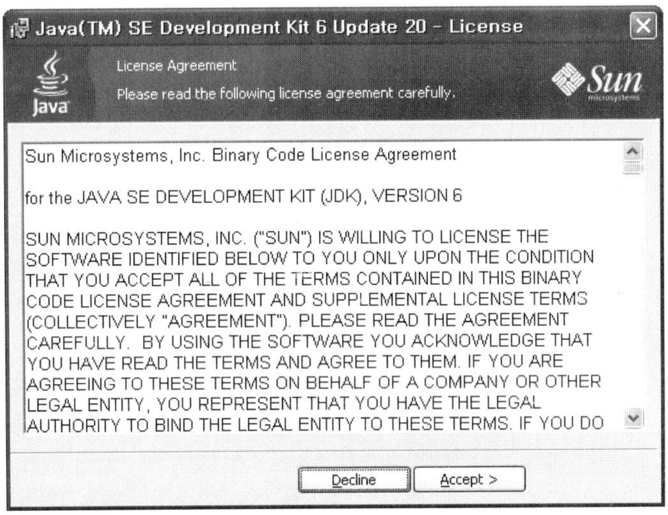

▌그림 13.3▐ 약관 동의 화면

➲ 그림 13.4의 설치 옵션 선택 화면이다. JDK 설치 디렉터리를 변경하기 위해서는 [Change...] 버튼을 클릭한다. [Next] 버튼을 클릭한다.

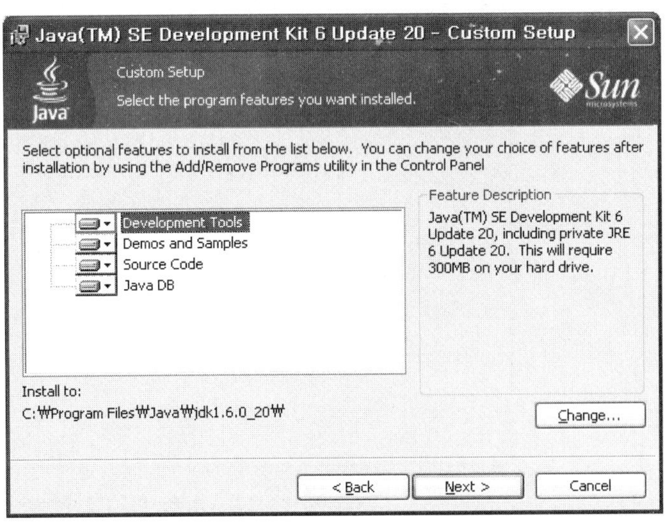

▌그림 13.4▐ JDK 설치 옵션 화면

➲ JDK 설치가 시작된다.

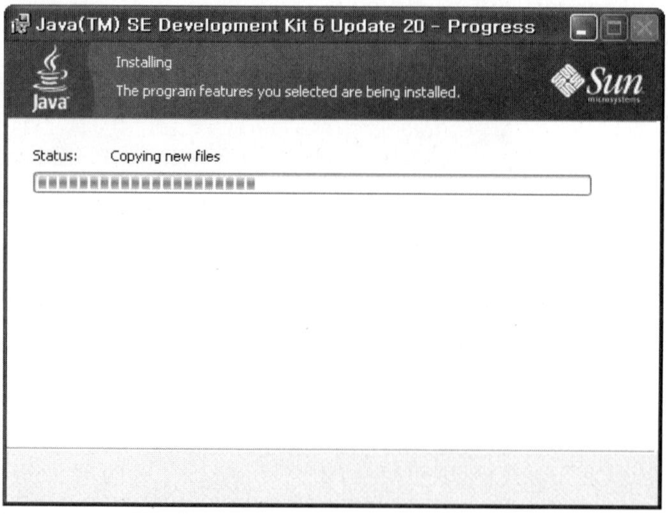

▌그림 13.5▐ JDK 설치 화면

➲ JDK 설치가 완료되면 JRE 설치 단계로 넘어간다. JRE는 외부의 응용 프로그램도 사용하기 때문에 경로를 변경하지 않는 것이 좋다. [Next] 버튼을 클릭한다.

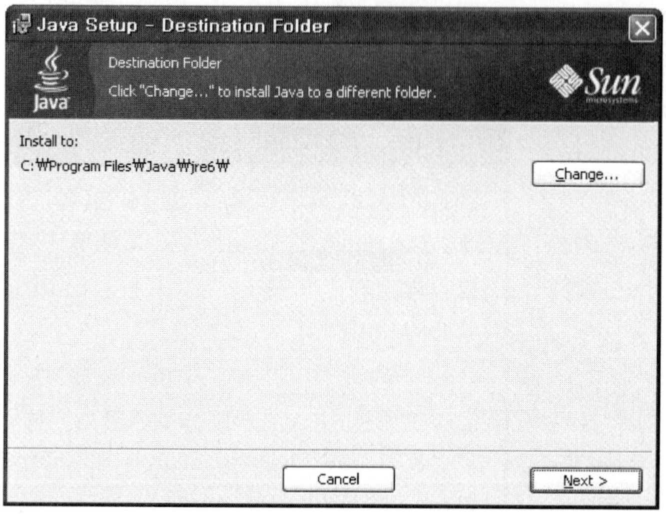

▌그림 13.6▐ JRE 설치 옵션 화면

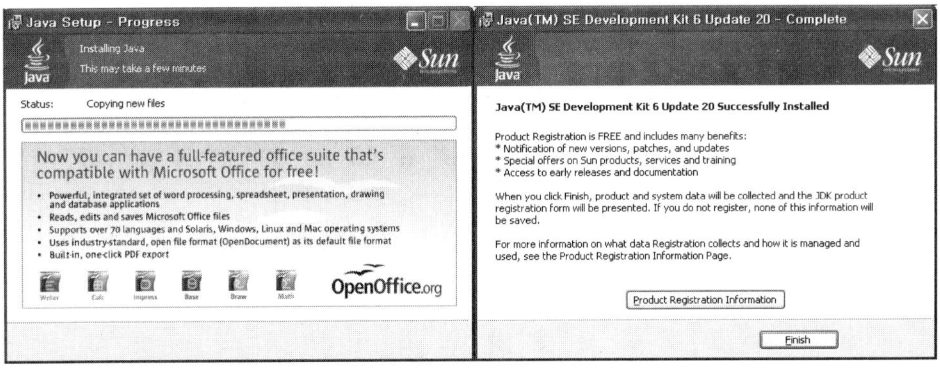

▌그림 13.7▐ JRE 설치 진행과 JDK 설치 완료 화면

➲ JAVA_HOME 환경 변수 설정

윈도우 XP 기준으로 제어판 → 시스템에서 고급 시스템 설정을 클릭한다. 시스템 속성 윈도우가 출력되면서 시스템 속성 화면에서 [환경 변수] 버튼을 클릭한다.

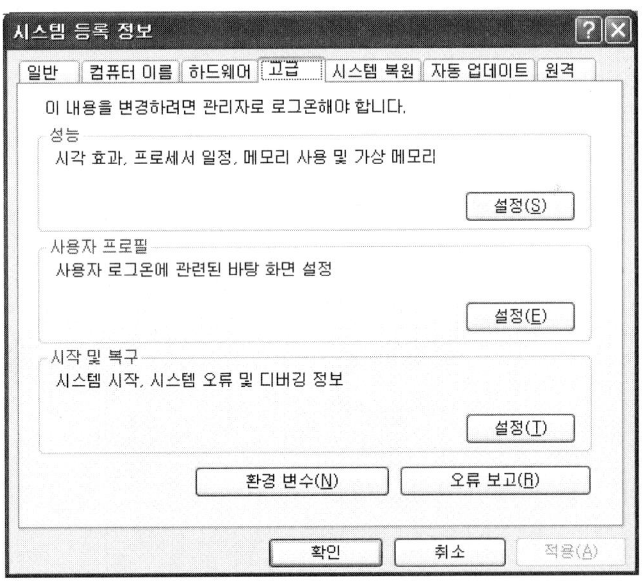

▌그림 13.8▐ 시스템 속성 화면

환경 변수 설정 화면에서 사용자 변수나 시스템 변수의 [새로 만들기] 버튼을 클릭한다. '변수이름'에 JAVA_HOME을 입력하고, '변수값'에 앞서 JDK를 설치할 때 선택한 경로를 입력한 뒤 [확인] 버튼을 클릭한다.

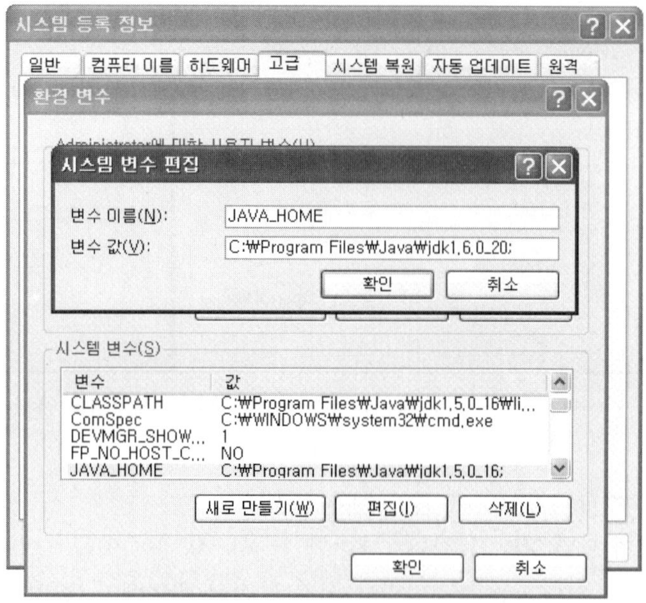

▮그림 13.9▮ 환경 변수 추가 화면

JAVA_HOME을 Path에 추가하기 위해 Path에 %JAVA_HOME%bin;이라고 입력한다. 앞에 세미콜론(;)이 없을 시 세미콜론(;)을 꼭 붙어주고 [확인] 버튼을 클릭한다.

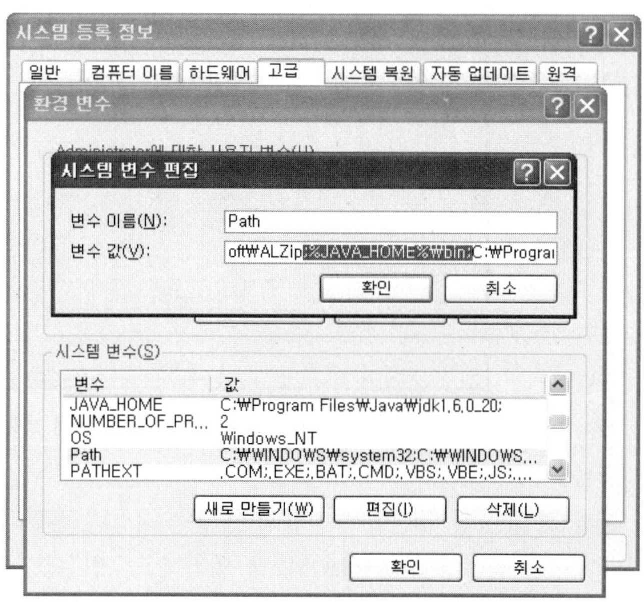

▮그림 13.10▮ Path에 추가 화면

JDK가 환경 변수 설정이 제대로 되었는지 확인을 위해 시작 → 실행 → cmd를 입력하여 도스 창으로 들어간다. java, javac, java -version을 차례대로 입력하여 제대로 화면이 뜨는지 확인한다. 아래 그림 13.11, 그림 13.12, 그림 13.13과 같이 뜨면 JDK 환경 변수 설정이 제대로 잡힌 것이다.

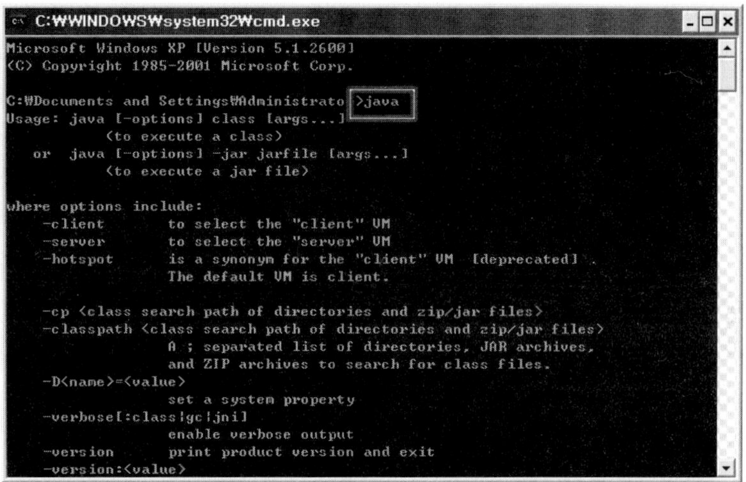

▌그림 13.11▐ 도스 창에서 java 입력

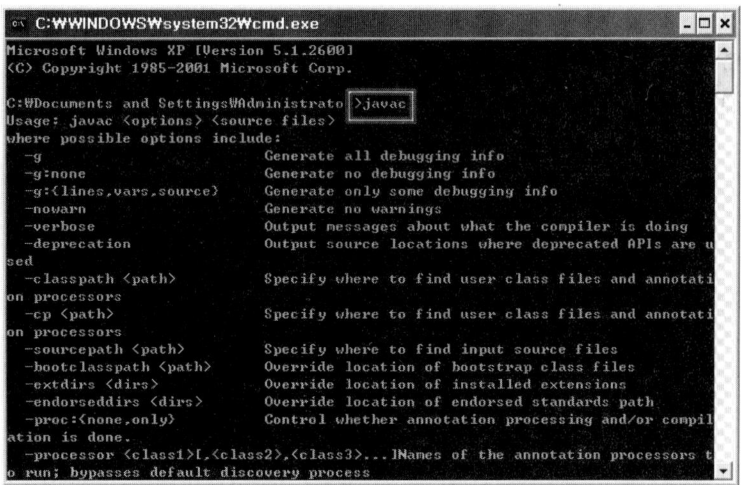

▌그림 13.12▐ 도스 창에서 javac 입력

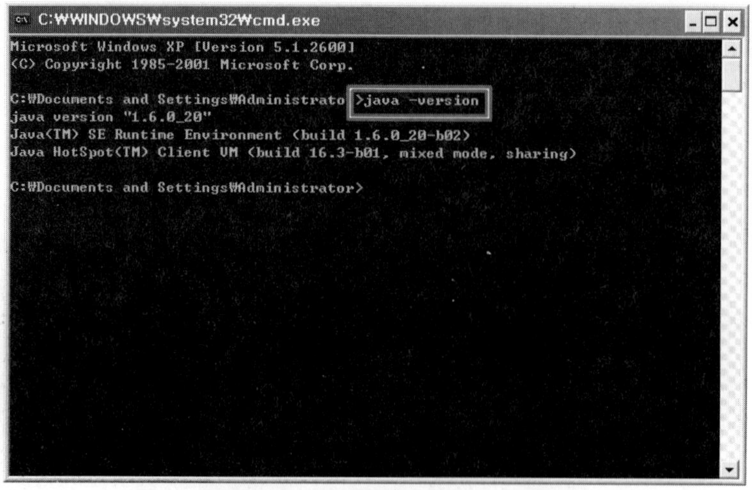

▌그림 13.13▐ 도스 창에서 java -version 입력

(3) Eclipse 설치 및 Android 개발환경 설정

Eclipse는 표 13.1의 Web Site(http://www.eclipse.org/downloads/)에서 다운을 받아서 사용자가 사용하기 편리한 위치에 압축을 해제한다. 다운을 받을시 Eclipse IDE for Java EE developers의 기능은 필요하지 않으므로 Eclipse IDE for Java Developers를 다운받는다. 압축을 해제한 후 압축을 해제한 폴더의 eclipse → eclipse.exe를 실행한다. eclipse 실행 화면에서 [Browse...] 버튼을 눌러 경로를 지정하고 [OK] 버튼을 클릭한다.

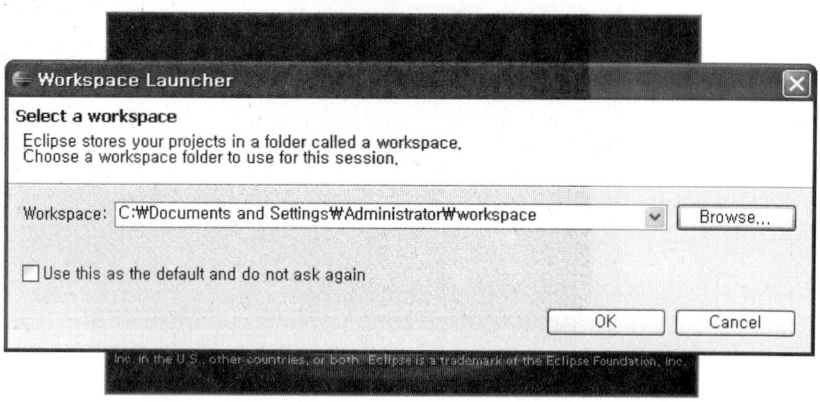

▌그림 13.14▐ eclipse 실행 화면

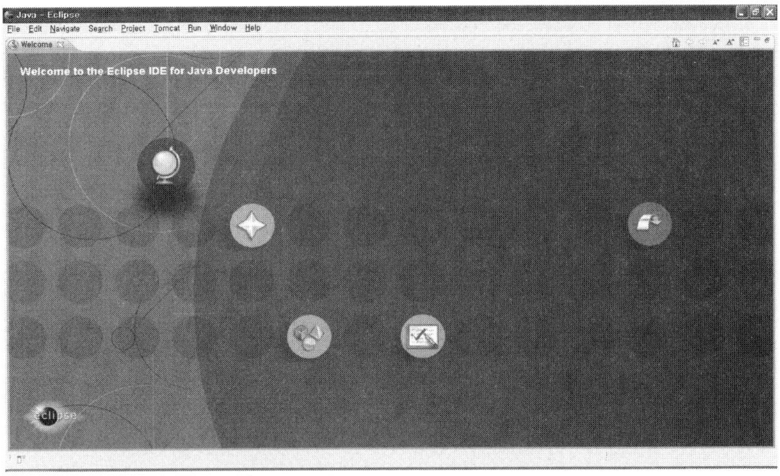

▌그림 13.15▐ eclipse 실행 화면

➲ 메뉴 바의 Help → Install New Software를 선택 시 그림 13.16과 같이 Install 창이 뜨고 [Add] 버튼을 클릭한다.

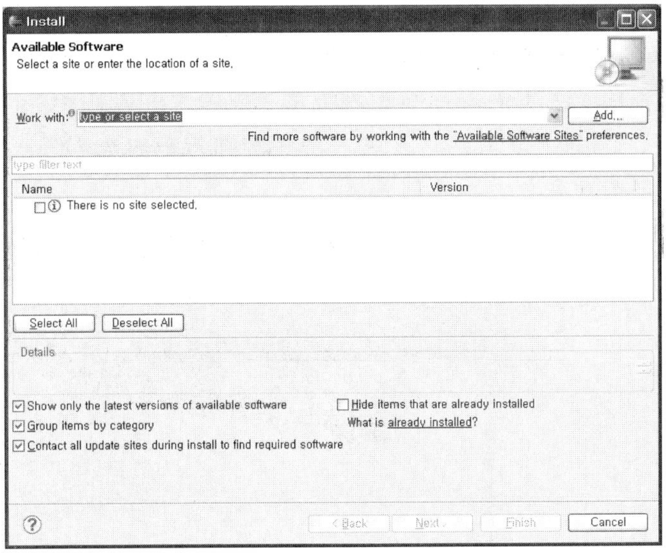

▌그림 13.16▐ Install 창 화면

➲ [Add] 버튼을 클릭해서 나온 Add Site 창에서 Name에 자신이 원하는 이름을 넣고 Location에 「ttp://dl-ssl.google.com/android/eclipse/」을 입력하고 [OK] 버튼을 클릭한다. 그림 13.17처럼 뜨는 것을 확인하고 Developer Tools를 체크한 후

[Next] 버튼을 클릭한다.

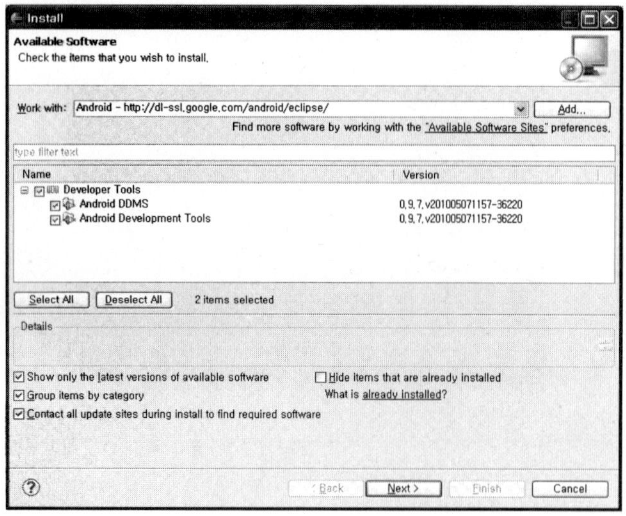

▌그림 13.17▐ ADT의 Install

➲ Android DDMS와 Android Development Tools가 창에 뜨는 것을 확인하고 [Next] 버튼을 클릭한다. 라이센스를 확인하고 그림 13.18과 같이 I accept the terms of the license agreements를 선택 후 [Finish] 버튼을 클릭하면 설치가 진행되고 Eclipse를 다시 실행하는가를 물어보는 화면에서 [Restart Now]를 선택하여 Eclipse를 재시작한다.

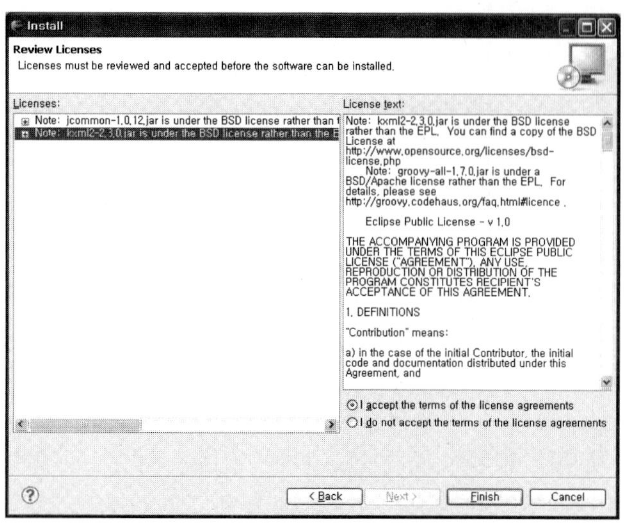

▌그림 13.18▐ 라이센스 확인 화면

➲ 재시작된 Eclipse 화면의 메뉴 바의 Window → Preferences를 선택하면 Preferences창에 Android가 새로 생긴 것을 확인할 수 있다. Android를 클릭하면 그림 13.19와 같이 경고창이 뜬다. 이 경고창은 Android SDK의 디렉터리를 설정 안 해서 나오는 것이므로 [OK] 버튼을 누른다.

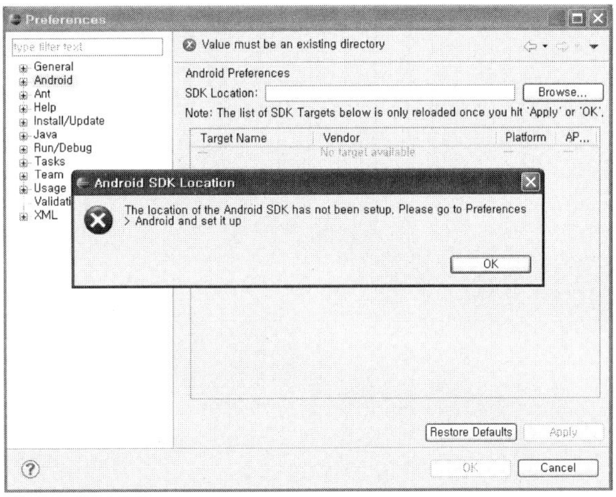

▌그림 13.19▐ Android 선택 시 경고 화면

➲ [Browse...] 버튼을 클릭하여 그림 13.20과 같이 Android SDK의 압축을 푼 경로를 지정해준다. 경로 지정 후 [Apply] 버튼을 눌러 적용시키고 [OK] 버튼을 클릭한다.

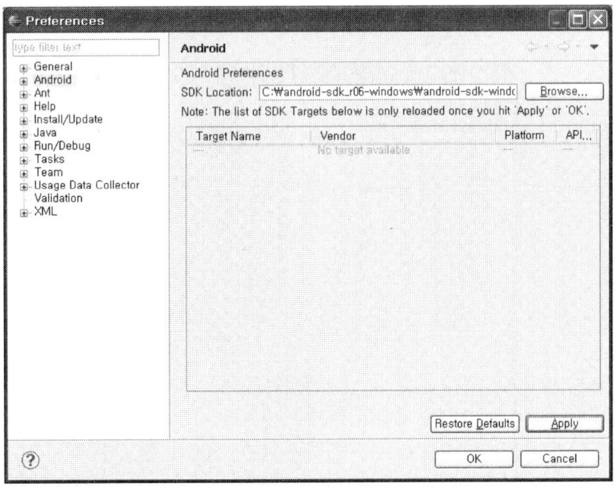

▌그림 13.20▐ Android SDK 경로지정

➲ Eclipse 화면에서 그림 13.21과 같이 안드로이드 그림을 클릭하거나, 메뉴 바의 Window → Android SDK and AVD Manager를 클릭한다.

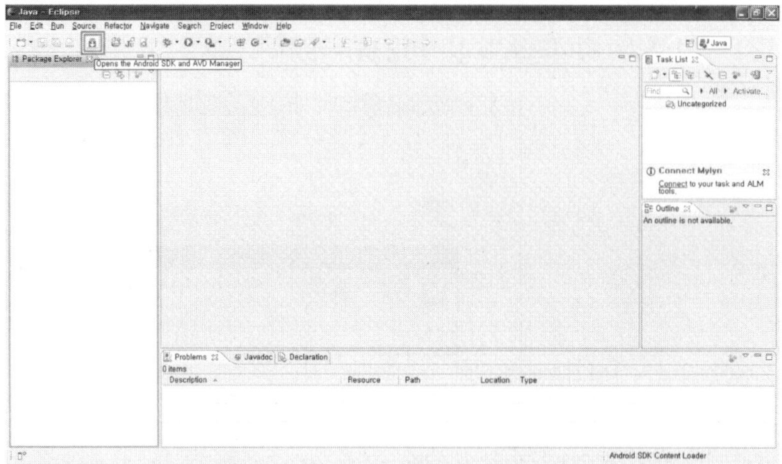

▌그림 13.21▐ 메뉴 바의 안드로이드 버튼

➲ Android SDK and AVD Manager 창에서 Available Packages를 선택하여 나오는 Sites, Packages and Archives 창에서 http://dl-ssl.google.com/android/repository/repository.xml을 선택하면 그림 13.22와 같이 설치를 위한 여러 가지 플랫폼과 API 등 여러 개의 선택 화면이 나온다. 모두 선택을 한 후 [Install Selected] 버튼을 클릭한다.

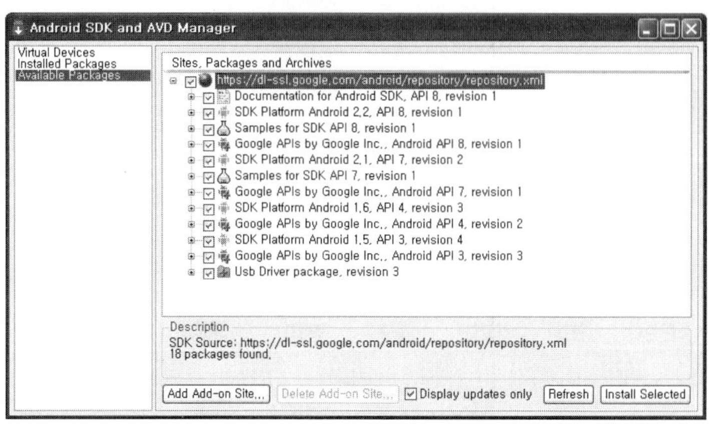

▌그림 13.22▐ Android SDK and AVD Manager 화면

➲ Choose Packages to Install 창에서 Accept All을 선택하고 [Install] 버튼을 클릭한다. 그림 13.23과 같이 Install이 진행된다. 인터넷의 연결에 따라 수분에서 수십 분 정도가 걸린다.

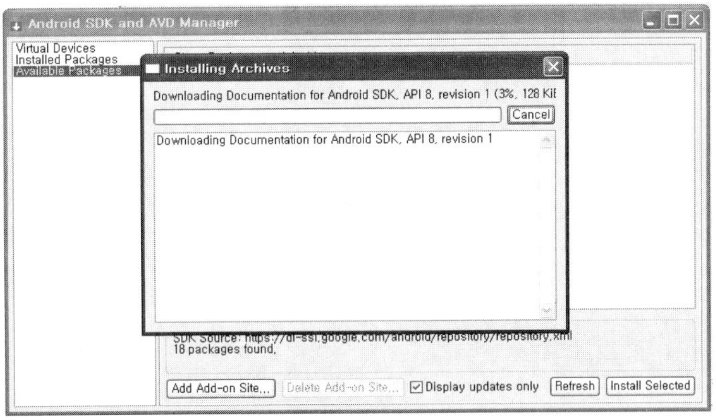

▌그림 13.23▐ Install 화면

➲ 설치가 완료되면 Android SDK and AVD Manager 화면에서 Virtual Devices 화면을 클릭하여 에뮬레이터를 생성한다. [New] 버튼을 클릭하여 그림 13.24와 같이 설정한다.

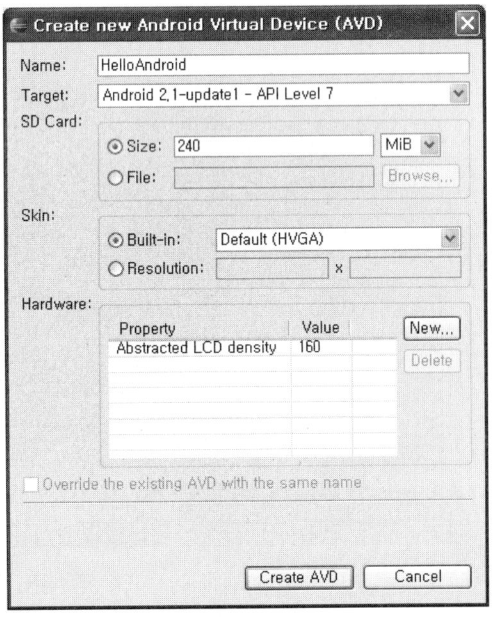

▌그림 13.24▐ 에뮬레이터 생성 화면

- Name : 에뮬레이터의 이름을 정하는 것이다. 여기에서는 HelloAndroid로 입력한다.
- Target : 에뮬레이터의 안드로이드 버전을 설정하는 옵션으로 겔럭시 S의 안드로이드 버전인 2.1을 선택한다.
- Size : 에뮬레이터 화면의 크기를 지정한다.

➲ 생성된 안드로이드 에뮬레이터를 선택하여 [Start..] 버튼을 클릭하고 [Lunch] 버튼을 클릭하여 정상적으로 돌아가는지 확인한다. 정상적으로 AVD 파일이 생성되었으면 그림 13.25와 같은 화면이 실행된다. 에뮬레이터는 컴퓨터의 사양에 따라 차이가 있지만 약 수분 정도가 소요된다. 만약 AVD 파일은 생성이 되었으나, 「emulator: Error: bad config: virtual device directory lacks config.ini」이런 에러메시지가 뜨면서 실행이 안 되는 경우가 있다. 이런 경우는 윈도우의 운영체제에서 한글 로그인 화면을 사용할 경우 한글인식 문제 때문에 일어나는 에러이다. 이런 경우에는 시작 → 실행 → cmd 입력을 하여 커맨드 창을 띄운 후 Android SDK의 압축을 푼 파일의 tools의 경로를 따라 들어간다. 필자의 경우 Android SDK의 경로가 C:₩android-sdk_r06-windows₩android-sdk-windows₩tools이다. Andorid SDK의 tools의 경로로 들어가 그림 13.26과 같이 andriod list avd라는 명령어를 쳐서 내가 만든 안드로이드 에뮬레이터의 PATH 경로를 확인한다.

▌그림 13.25▐ 정상적으로 생성된 에뮬레이션 실행 화면

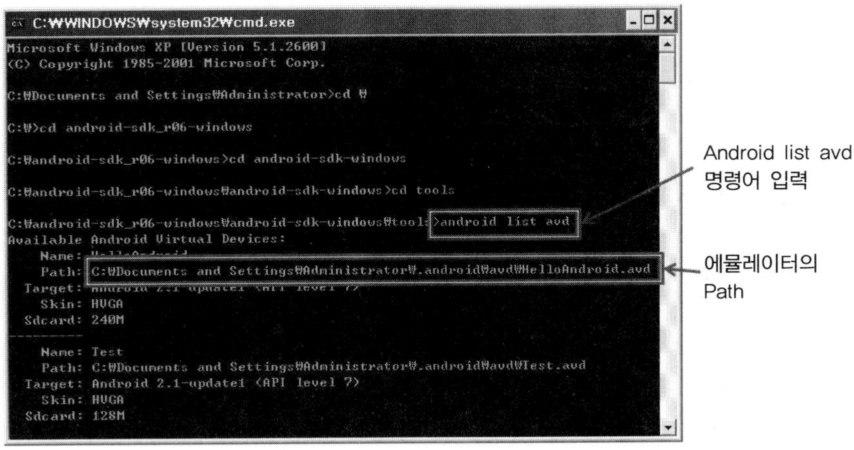

▌그림 13.26▐ 에뮬레이터의 Path경로 확인 화면

➲ C 드라이브에 android_avd라는 파일을 만들고 Andorid SDK의 tools의 경로에서 android move avd –n HelloAndroid –p c:\andoird_avd\HelloAndroid의 명령어를 입력해 그림 13.27과 같이 Android AVD를 이동시킨다. 이동 후 에뮬레이터를 실행하면 정상적으로 돌아가는 것을 확인할 수 있다.

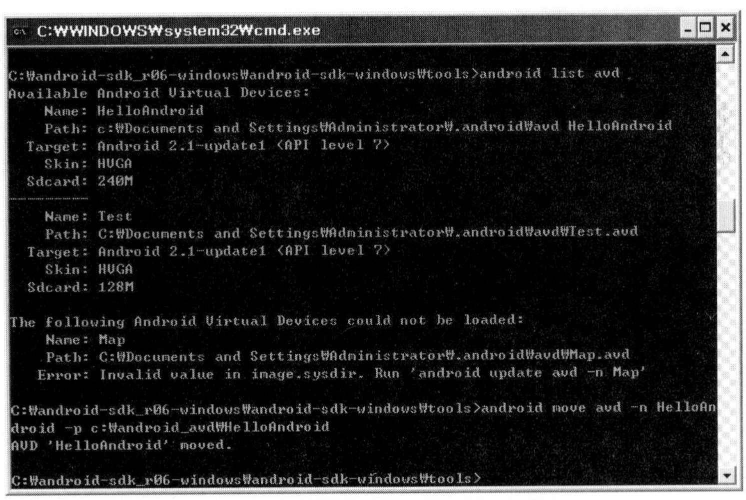

▌그림 13.27▐ Android AVD 파일의 이동 화면

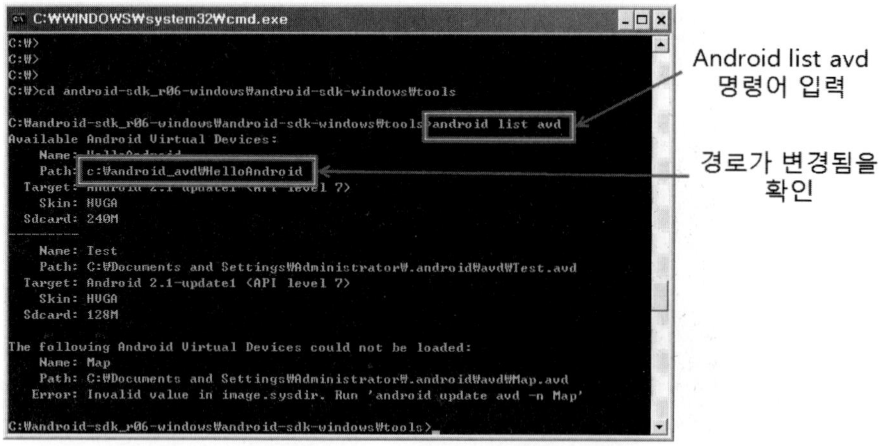

▌그림 13.28▐ Android AVD 파일의 이동 확인 화면

13.1.2 HelloWord 출력

➲ File → New → Project를 선택하거나 Package Explorer 화면에서 마우스 오른쪽을 클릭해서 New → Project를 선택한다. 그림 13.29와 같은 New Project 화면이 출력되며, Android → Android Project를 선택한 후 [Next] 버튼을 클릭한다.

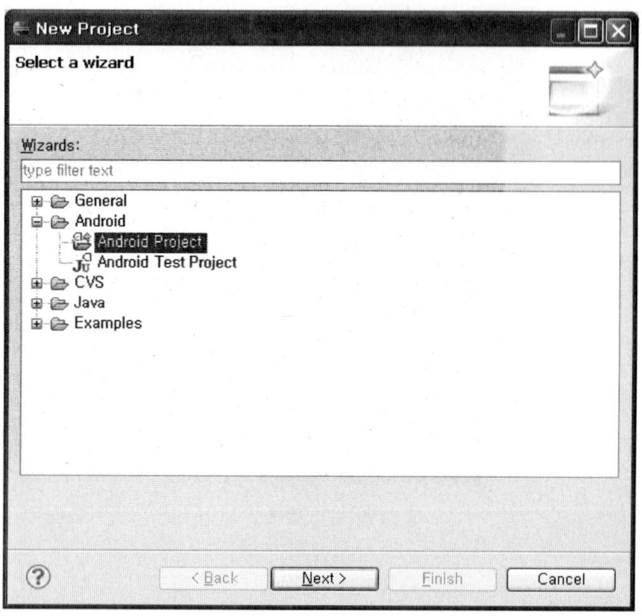

▌그림 13.29▐ New Project 화면

➲ New Android Project 화면이 출력된다. 그림 13.30과 같이 설정하고 [Finish] 버튼을 누른다.

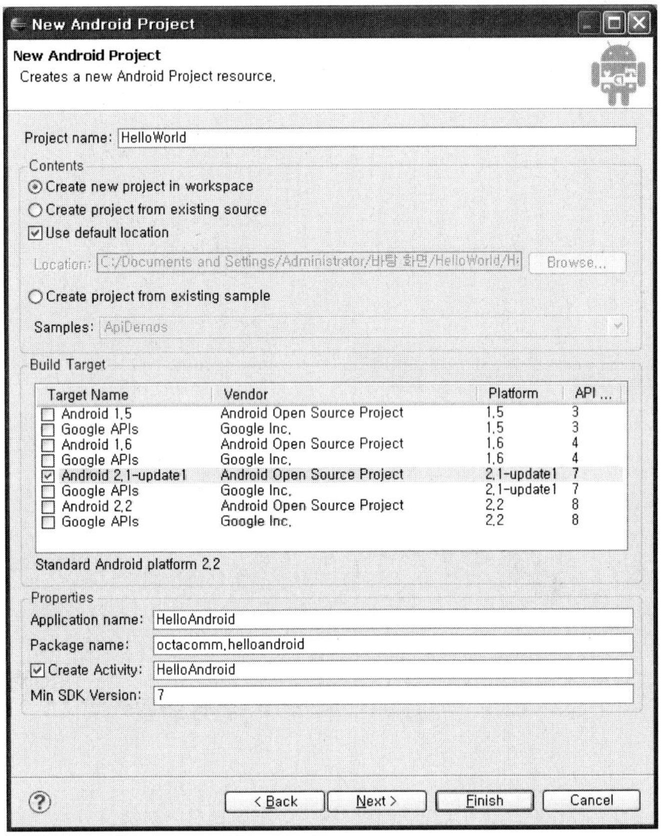

▌그림 13.30▐ New Android Project 화면

- Project Name : 프로젝트의 이름, 개발용의 디렉터리명이 된다.
- Application Name : 애플리케이션의 이름이다.
- Package Name : Java의 패키지명, 최저 하나의 com(.)을 포함한 2개 이상의 단어를 지정한다. 애플리케이션과 중복되지 않도록 한다.
- Create Activity : 애플리케이션의 화면(Activity)을 제어하는 Class 이름이다.
- Min SDK Version : 최소 필요한 SDK의 API Level로 Target과 같은 버전을 입력해야 한다.
- src\HelloAndroid.java : 애플리케이션의 로직을 implement한 Java의 Class이다.
- gen\R.java : 리소스를 참조하기 위한 Java의 Class이다.

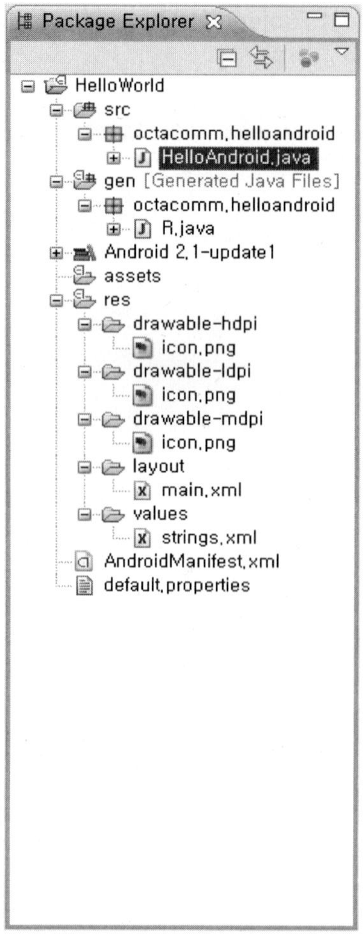

▌그림 13.31▐ 프로젝트 파일 구성

- res\drawable-... : 애플리케이션의 아이콘 이미지, hdpi는 높은 해상도 ldpi는 낮은 해상도, mdpi는 중간해상도를 나타낸다. 프로그램에서 이미지를 사용 시 이곳에 넣고 불러와서 사용한다.
- res\layout\main.xml : 윈도우의 레이아웃을 정의한 XML 파일이다.
- res\valuse\strings.xml : 문자열을 정의한 XML 파일이다.
- AndroidManifest.xml : 애플리케이션의 속성을 정의한 XML 파일 Activity 화면을 추가하거나 Android의 여러 기능을 사용하기 위해서 선언을 하는 부분이다.
- default.properties : 개발환경 설정용 파일이다.

➲ 만약 프로젝트를 생성 시 그림 13.32와 같이 파일에 붉은 X가 표시될 시 이것은 컴파일 중이라 그런 것이다. 하지만 컴파일이 끝났을 경우에도 이런 현상이 계속 된다면 메뉴 바의 Project → Clean을 선택하면 없어지는 현상이다.

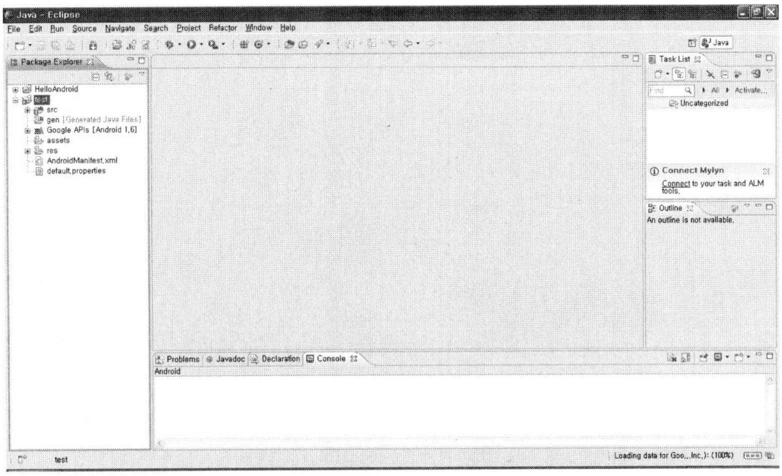

▮그림 13.32▮ 프로젝트 생성 시 오류 화면

➲ 프로젝트 생성 후 「Ctrl + F11」를 누르면 그림 13.33과 같이 Run As 화면을 표시하고 Android Project를 선택한다.

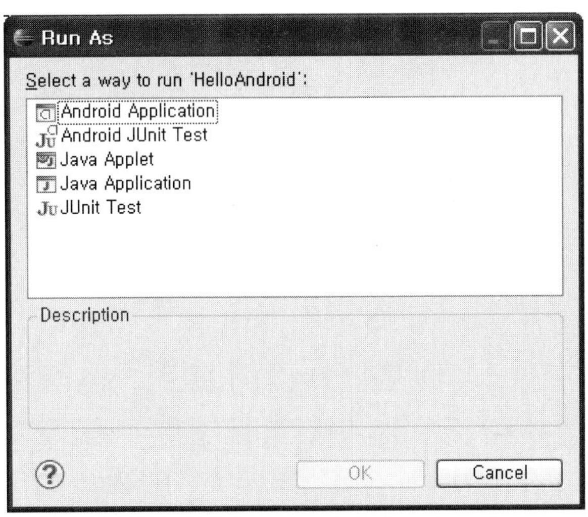

▮그림 13.33▮ 프로젝트를 실행하기 위한 Run As 화면

➲ 애플리케이션을 run하면 방금 만든 HelloAndroid 에뮬레이터가 실행되어 "Hello-Android" 프로그램이 실행되면서 그림 13.34와 같이 프로그램 화면에 "Hello World, HelloAndroid!"라는 문자가 출력된다.

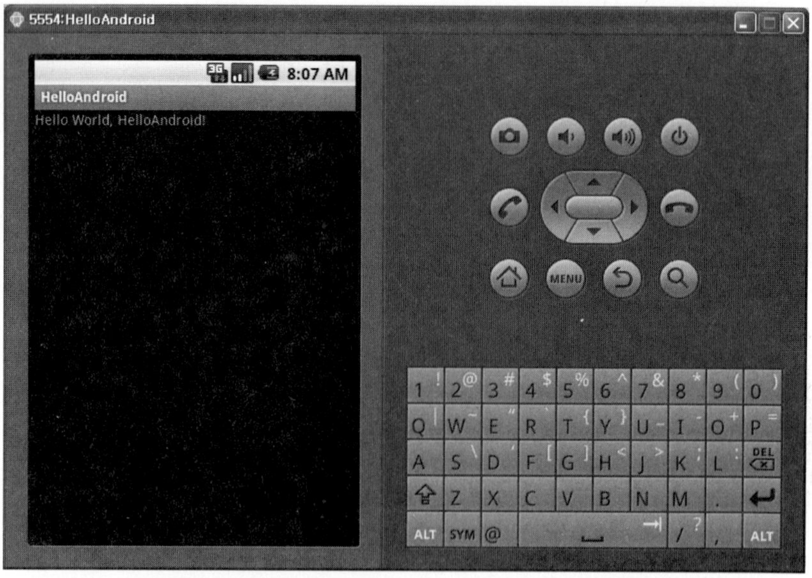

▌그림 13.34▌ HelloAndroid 프로그램 실행 화면

Chapter 14

카메라 및 Bluetooth 통신 실습

14.1 안드로이드 멀티미디어 API

안드로이드 SDK는 안드로이드 응용 프로그램에 오디오와 동영상 생성 및 재생능력을 추가하는 다양한 수단들을 제공한다. 안드로이드 플랫폼이 기본적으로 지원하는 다양한 매체 종류와 형식들 외에 개별 안드로이드 기기 제조사나 응용 프로그램 개발자가 또 다른 형식의 매체들을 지원하는 것도 가능하다. 안드로이드의 이런 기능 중 하나인 동영상 녹화에 대하여 살펴본다.

안드로이드 1.1에서는 동영상 재생만을 지원했지만, 안드로이드 1.5부터는 MediaRecorder 객체를 이용한 동영상 녹화기능이 추가되었다.

14.1.1 동작원리

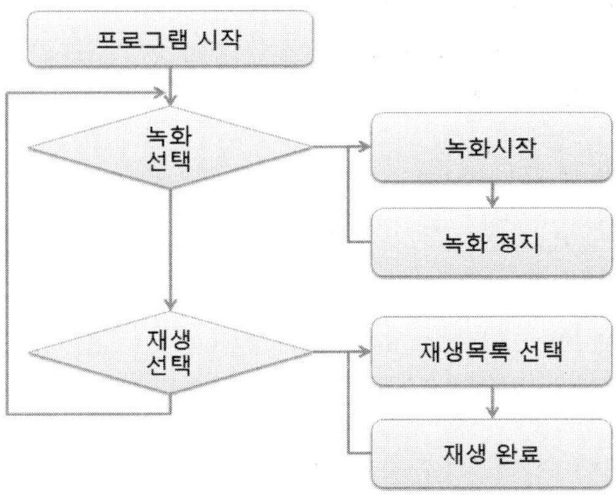

그림 14.1 동영싱 재생 순서도

List.java

```
package octacomm.list;

public class List extends menu {

    @Override
    void prepareMenu() {
        addMenuItem("1. Camera", Camera.class);
        addMenuItem("2. View", VideoActivity.class);
    }
}
```

애플리케이션을 처음 실행할 때 실행되는 프로그램이다. extends menu라는 이 부분은 menu라는 것을 참조한다는 것이다. 이 프로그램의 소스 파일을 살펴보면 menu.java라는 파일이 있을 것이다. 이 menu.java의 내용을 List.java에서 참조해서 사용한다는 뜻이다. void prepareMenu()는 return 값이 없는 함수이며, 이곳의 addMenuItem은 menu.java 소스 파일에 포함된 것으로 뒤에서 자세히 설명한다.

menu.java

```
package octacomm.list;

import java.util.SortedMap;
import java.util.TreeMap;
import android.app.ListActivity;
import android.content.Intent;
import android.os.Bundle;
import android.view.View;
import android.widget.ArrayAdapter;
import android.widget.ListView;

public abstract class menu extends ListActivity {
private SortedMap<String, Object> actions = new TreeMap<String, Object>();

@Override
protected void onListItemClick(ListView l, View v, int position, long id) {
String key = (String) l.getItemAtPosition(position);
startActivity((Intent) actions.get(key));
}
```

```
@Override
public void onCreate(Bundle savedInstanceState) {
super.onCreate(savedInstanceState);
prepareMenu();

String[] keys = actions.keySet().toArray(
new String[actions.keySet().size()]);

setListAdapter(new ArrayAdapter<String>(this,
android.R.layout.simple_list_item_1, keys));
}

public void addMenuItem(String label, Class<?> cls){
actions.put(label, new Intent(this, cls));
}
abstract void prepareMenu();
}
```

이 프로그램은 애플리케이션 실행 시 list를 보여주는 화면이다. extends ListActivity는 일반 Activity가 아닌 리스트를 생성하는 Activity를 사용한다는 것이다. List.java에서 사용한 addMenuItem은 이곳의 addMenuItem이라는 함수를 호출한 것이다. 이 함수는 리스트를 클릭하였을 때 해당 Activity 화면을 호출하는 함수로 'new Intent(this, cls)' 부분이 Activity 화면을 호출하는 부분이다. this는 현재 실행되고 있는 Activity 화면을 뜻하며 cls는 List.java에서 연결한 Activity class를 호출하는 부분이다.

Camera.java

```
package octacomm.list;

import java.text.DecimalFormat;
import java.util.Calendar;
import android.app.Activity;
import android.content.ContentValues;
import android.content.Intent;
import android.location.LocationManager;
import android.media.MediaPlayer;
import android.media.MediaRecorder;
import android.net.Uri;
```

```
import android.os.Bundle;
import android.provider.MediaStore;
import android.util.Log;
import android.view.SurfaceHolder;
import android.view.SurfaceView;
import android.view.View;
import android.widget.Button;
import android.widget.FrameLayout;

public class Camera extends Activity {

    String latLongString
    LocationManager locationManager
    Button Mylocation =null
    Button Start = null
    Button Stop = null

DecimalFormat decimalFormat = new DecimalFormat("00");
Calendar rightNow = Calendar.getInstance();//
int month = rightNow.get(Calendar.MONTH) + 1;//
int date = rightNow.get(Calendar.DATE);//
int time = rightNow.get(Calendar.HOUR);
int minute = rightNow.get(Calendar.MINUTE);

final private static String RECORDED_FOLDER = "/sdcard//BlackBox/"
    String RECORDED_FILE = decimalFormat.format(month) + "-"
    + decimalFormat.format(date) + "-" + decimalFormat.format(time) + "-"
    + decimalFormat.format(minute) +".mp4"
    MediaRecorder videoRecorder
    MediaPlayer player

    @Override
    protected void onPause() {
        if (videoRecorder != null) {
            videoRecorder.release();
            videoRecorder = null
        }
        if (player != null) {
            player.release();
            player = null
        }
        super.onPause();
    }
```

```
@Override
protected void onResume() {
    super.onResume();
    videoRecorder = new MediaRecorder();
    player = new MediaPlayer();
}
@Override
protected void onCreate(Bundle savedInstanceState) {
    super.onCreate(savedInstanceState);
    setContentView(R.layout.camera);

    final Button record = (Button) findViewById(R.id.start);
    final Button stop = (Button) findViewById(R.id.stop);
    final Button exit = (Button)findViewById(R.id.exit);

    final SurfaceView surface = new SurfaceView(getApplicationContext());
    final SurfaceHolder surfaceHolder = surface.getHolder();
    surfaceHolder.setType(SurfaceHolder.SURFACE_TYPE_PUSH_BUFFERS);

    FrameLayout frame = (FrameLayout) findViewById(R.id.frame);
    frame.addView(surface);

    record.setOnClickListener(new View.OnClickListener() {

        public void onClick(View v) {
            if (videoRecorder == null) {
                videoRecorder = new MediaRecorder();
            }

            String pathForAppFiles = getFilesDir().getAbsolutePath();
            pathForAppFiles=RECORDED_FOLDER + "/" + RECORDED_FILE
            Log.d("Video filename:",pathForAppFiles );
           videoRecorder.setAudioSource(MediaRecorder.AudioSource.MIC);
           videoRecorder.setVideoSource(MediaRecorder.VideoSource.CAMERA);
           videoRecorder.setOutputFormat(MediaRecorder.OutputFormat.MPEG_4);
videoRecorder.setAudioEncoder(MediaRecorder.AudioEncoder.AMR_NB);
videoRecorder.setVideoEncoder(MediaRecorder.VideoEncoder.MPEG_4_SP);
        videoRecorder.setPreviewDisplay(surfaceHolder.getSurface());

 videoRecorder.setOutputFile(pathForAppFiles);

            try {
```

```
                videoRecorder.prepare();
                videoRecorder.start();
                stop.setVisibility(View.VISIBLE);
                record.setVisibility(View.GONE);
            } catch (Exception e) {
                Log.e("Video", "Failed to prepare and start video recording", e);
                videoRecorder.release();
                videoRecorder = null
            }
        }
});

stop.setOnClickListener(new View.OnClickListener() {

    public void onClick(View v) {
        if (videoRecorder == null)
            return
        videoRecorder.stop();
        videoRecorder.reset();
        videoRecorder.release();
        videoRecorder = null

        String pathForAppFiles = getFilesDir().getAbsolutePath();
        pathForAppFiles=RECORDED_FOLDER + "/" + RECORDED_FILE
        Log.d("Audio filename:", pathForAppFiles);

        ContentValues values = new ContentValues(10);

        values.put(MediaStore.MediaColumns.TITLE, "RecordedVideo");
        values.put(MediaStore.Video.Media.ALBUM, "Your Groundbreaking
                Movie");
        values.put(MediaStore.Video.Media.ARTIST, "Your Name");
        values.put(MediaStore.Video.Media.DISPLAY_NAME, "The Video File
                You Recorded In Media App");

        values.put(MediaStore.MediaColumns.TITLE, "RecordedVideo");
        values.put(MediaStore.MediaColumns.DATE_ADDED,
                System.currentTimeMillis() / 1000);
        values.put(MediaStore.MediaColumns.MIME_TYPE, "video/mp4");
        values.put(MediaStore.Video.Media.DATA, pathForAppFiles);

        Uri videoUri = getContentResolver().insert(MediaStore.Video.Media.
              EXTERNAL_CONTENT_URI, values);
```

```
                    if (videoUri == null) {
                        Log.d("Video", "Content resolver failed");
                        return
                    }

                    Log.d("Video URI", "Path = " + videoUri.getPath());
                    sendBroadcast(new
Intent(Intent.ACTION_MEDIA_SCANNER_SCAN_FILE, videoUri));


                    stop.setVisibility(View.GONE);
                    record.setVisibility(View.VISIBLE);
                }

            });

            exit.setOnClickListener(new View.OnClickListener() {
public void onClick(View v) {
System.exit(0);
}
});
    }
}
```

이 프로그램은 실제 카메라 API를 사용하여 녹화를 하는 Activity이다. 여기서 RECORD_FOLDER에서 지정한 경로의 폴더가 없을시 프로그램을 실행시켜 녹화를 진행해도 녹화가 이루어지지 않음으로 이를 명시해야 한다. 애플리케이션 실행 시 onCreate 메소드가 호출된다. 여기서 SurFaceView가 사용되는데 이 SurFaceView란 View 계층구조 내의 드로잉 전용공간인 Surface를 제공하는 View에 대한 특수한 서브 클래스이다. 응용 프로그램의 시스템 View 형태로 그리지 않고 보조 Thread를 이용하여 그림을 그리기 위함이다. 이는 SurfaceView에 레퍼런스를 가지는 보조 Thread는 자신의 속도로 자신의 캔버스에 스스로 드로잉을 할 수 있다는 것이다. 이처럼 자신의 캔버스에 스스로 드로잉을 하기 위해서는 SurfaceView를 확장해야 되는데 이를 위해 SurfaceHolder를 상속받는 것이다. 이 SurfaceHolder는 그림 14.2를 보면 알 수 있듯이 실제로 Surface에 접근하여 화면을 처리해주는 구조를 갖고 있다. SurfaceHolder는 객체를 잡고 관리해 주는 역할을 한다.

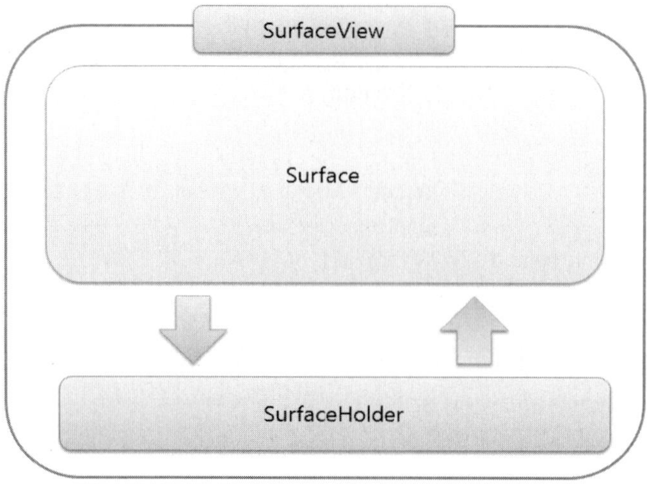

▌그림 14.2▐ SurfaceView의 구조

record.setOnclickListener는 record 버튼을 클릭 시 발생하는 이벤트로 MIC, Camera 등을 모두 실행한 뒤 녹화를 실행한다. 이때, setVisibility의 괄호 안의 내용은 프로그램에서 버튼을 보여주는지 보여주지 않는지를 정하는 내용이다. stop.setOnClickListener는 stop 버튼을 클릭 시 발생하는 이벤트로 녹화한 내용을 저장하는 기능을 담당하고 있다.

VideoActivity.java

```
package octacomm.list;

import android.app.Activity;
import android.content.Context;
import android.content.Intent;
import android.database.Cursor;
import android.os.Bundle;
import android.provider.MediaStore;
import android.view.View;
import android.view.ViewGroup;
import android.widget.AdapterView;
import android.widget.BaseAdapter;
import android.widget.ListView;
import android.widget.TextView;
import android.widget.AdapterView.OnItemClickListener;
```

```
public class VideoActivity extends Activity {
    private Cursor videocursor
    private int video_column_index
    ListView videolist
    int count

    @Override
    public void onCreate(Bundle savedInstanceState) {
        super.onCreate(savedInstanceState);
        setContentView(R.layout.view);
        init_phone_video_grid();
    }

    private void init_phone_video_grid() {
        System.gc();
        String[] proj = { MediaStore.Video.Media._ID,
        MediaStore.Video.Media.DATA,
        MediaStore.Video.Media.DISPLAY_NAME,
        MediaStore.Video.Media.SIZE};
        videocursor=managedQuery(MediaStore.Video.Media.EXTERNAL_
          CONTENT_URI, proj, null, null, null);
        count = videocursor.getCount();
        videolist = (ListView) findViewById(R.id.PhoneVideoList);
        videolist.setAdapter(new VideoAdapter(getApplicationContext()));
        videolist.setOnItemClickListener(videogridlistener);
    }

    private OnItemClickListener videogridlistener = new OnItemClickListener() {
        public void onItemClick(AdapterView parent, View v, int position, long id) {
            System.gc();
            video_column_index = videocursor
              .getColumnIndexOrThrow(MediaStore.Video.Media.DATA);
            videocursor.moveToPosition(position);
            String filename = videocursor.getString(video_column_index);
            Intent intent = new Intent(VideoActivity.this, ViewVideo.class);
            intent.putExtra("videofilename", filename);
            startActivity(intent);
        }
    };
    public class VideoAdapter extends BaseAdapter {
        private Context vContext
```

```
            public VideoAdapter(Context c) {
                    vContext = c;
            }

            public int getCount() {
                    return count
            }

            public Object getItem(int position) {
                    return position;
            }

            public long getItemId(int position) {
                    return position;
            }

            public View getView(int position, View convertView, ViewGroup parent) {
                    System.gc();
                    TextView tv = new TextView(vContext.getApplicationContext());
                    String id = null
                    if (convertView == null) {
                            video_column_index = videocursor
.getColumnIndexOrThrow(MediaStore.Video.Media.DISPLAY_NAME);
                            videocursor.moveToPosition(position);
                            id = videocursor.getString(video_column_index);
                            video_column_index = videocursor
.getColumnIndexOrThrow(MediaStore.Video.Media.SIZE);
                            videocursor.moveToPosition(position);
                            id += " Size(KB):" + videocursor.getString(video_column_index);
                            tv.setText(id);
                    } else
                            tv = (TextView) convertView;
                    return tv;
            }
    }
}
```

이 프로그램은 핸드폰 안에 있는 동영상 파일들을 찾아서 리스트를 만들어 주는 역할을 한다. init_phone_video_grid 함수에서 동영상 파일들의 이름, 크기 등의 정보를 가져온다. 또한 리스트를 클릭한 정보를 ViewVideo.java로 넘겨서 재생 프로그램을 실행시킨다.

ViewVideo.java

```
package octacomm.list;

import android.app.Activity;
import android.content.Intent;
import android.os.Bundle;
import android.widget.MediaController;
import android.widget.VideoView;

public class ViewVideo extends Activity {
        private String filename
        @Override
        public void onCreate(Bundle savedInstanceState) {
                super.onCreate(savedInstanceState);
                System.gc();
                Intent i = getIntent();
                Bundle extras = i.getExtras();
                filename = extras.getString("videofilename");
                VideoView vv = new VideoView(getApplicationContext());
                setContentView(vv);
                vv.setVideoPath(filename);
                vv.setMediaController(new MediaController(this));
                vv.requestFocus();
                vv.start();
        }
}
```

이 프로그램은 VideoActivity.java에서 넘겨준 정보를 가지고 미디어 플레이어를 만드는 역할을 한다. 미디어 프로그램들과 같이 정지 및 프레임 설정이 가능하도록 한 프로그램이다.

프로그램을 실행시키기에 앞서서 AndroidManifest.xml의 내용을 수정해 주어야 할 필요가 있다. 카메라를 실행시키기 위해서 추가해야 할 permission과 Activity가 있기 때문이다.

AndroidManifest.xml

```
<?xml version="1.0" encoding="utf-8"?>
<manifest xmlns:android="http://schemas.android.com/apk/res/android"
        package="octacomm.list"
        android:versionCode="1"
        android:versionName="1.0">
    <application android:icon="@drawable/icon" android:label="@string/app_name">
        <activity android:name=".List"
                  android:label="@string/app_name">
            <intent-filter>
                <action android:name="android.intent.action.MAIN" />
                <category android:name="android.intent.category.LAUNCHER" />
            </intent-filter>
        </activity>
<activity
            android:name="Camera" android:screenOrientation="landscape">
            </activity>
<activity android:name=".VideoActivity" android:screenOrientation="portrait"/>
<activity android:name="ViewVideo" android:screenOrientation="portrait">
<intent-filter>
<action android:name="android.intent.action.VIEW" />
<category android:name="android.intent.category.DEFAULT" />
</intent-filter>
</activity>
    </application>
    <uses-permission
        android:name="android.permission.RECORD_AUDIO" />
    <uses-permission
        android:name="android.permission.SET_WALLPAPER"></uses-permission>
    <uses-permission
        android:name="android.permission.CAMERA"></uses-permission>
    <uses-permission
        android:name="android.permission.WRITE_SETTINGS"></uses-permission>
    <uses-sdk android:minSdkVersion="4" />

</manifest>
```

<activity>는 애플리케이션에서 여러 Activity를 실행시키기 위해 필요한 것으로 Activity를 선언하지 않을 시 프로그램이 강제로 종료가 된다. 또한 permission은 안드로이드 프로그램 내에서 필요한 기능을 사용하기 위하여 선언을 하는 것이다. 여기에

서는 Camera와 녹화의 기능을 써야 되기 때문에 CAMERA 및 WRITE 등을 선언하여 녹화의 권한을 부여받는 것이다.

14.1.2 FxCamera 어플

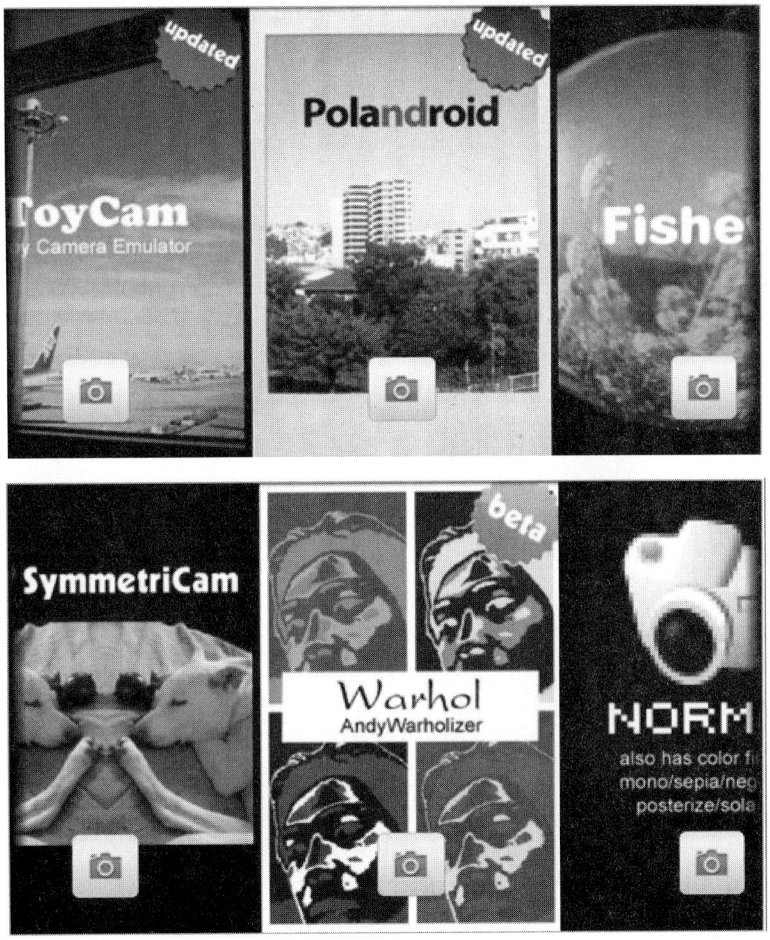

▌그림 14.3▐ FxCamera App

이 애플리케이션은 ToyCam, Polandroid, Fisyeye, SymmetriCam, Warchol, Nomal 모드의 6개의 모드를 지원한다.

사용 예로 다음 그림을 보면 더욱더 이 애플리케이션의 효과를 알 수 있다.

▮그림 14.4▮ 일반 카메라로 촬영

▮그림 14.5▮ ToyCamera 모드로 촬영

위의 사진과 같이 같은 사진임에도 불구하고 새로운 느낌의 새로운 사진으로 탈바꿈한 것을 알 수 있다.

14.2 Bluetooth 개요

블루투스(Bluetooth)란 10미터 내의 단거리에서 최대 1Mbps의 속도로 데이터를 전송할 수 있는 단거리 무선통신 기술을 일컫는다. 또한 블루투스는 휴대폰과 휴대폰 또는 휴대폰과 PC간에 사진이나 벨소리 등 파일을 전송하는 무선전송 기술을 말하기도 한다.

14.2.1 Bluetooth의 특징

▌표 14.1▌ Bluetooth의 특징

목표	단거리, 저전력, 고 신뢰성, 저가의 무선통신 구현
사용주파수	허가 없이 사용할 수 있는 ISM(Industrial, Scientific, Medical) 대역 사용 – 2.400 ~ 2.4835 GHz, 79 channels – 2.465 ~ 2.4835 GHz, 23 channels(프랑스)
전송 속도	1Mbps ~ 3Mbps
송출 출력	1mW(10m, Class2), 100mW(100m Class1)
네트워크 구성	Master, Slave 형태의 주종 관계로 구성되며, 한 대의 블루투스 장치에 동시 접속이 가능한 최대 장치의 수는 7대(ACL기준)
신뢰성	주파수 호핑(FHSS: Frequency Hopping Spread Spectrum) 기법을 사용하여 노이즈가 많은 환경에서도 안정된 무선 연결을 보장

블루투스의 특징은 표 14.1과 같다. 블루투스는 ISM(Industrial, Scientific, Medical) 대역의 주파수를 사용한다.

산업, 과학, 의료용 기기에서 사용 가능한 주파수 대역이다. ISM 밴드의 주파수 대역은 902~928MHz, 2.4~2.5GHz와 5.75~5.850GHz이다. 이 밴드를 이용하는 각종 기계의 안테나 출력은 장치 용도별로 출력이 특정 수치로 제한되어 있고, 또한 허가받지 않고도 사용할 수 있으나 표기된 주파수 이외의 범위를 사용하게 될 경우, 허가를 받아야 한다. 특히 2.4GHz 대역은 공중 무선 LAN 서비스, 블루투스, 무선 식별 시스템(RFID), 디지털 코드 없는 전화 등 다양한 통신에 사용되고 있다.

14.2.2 순서도

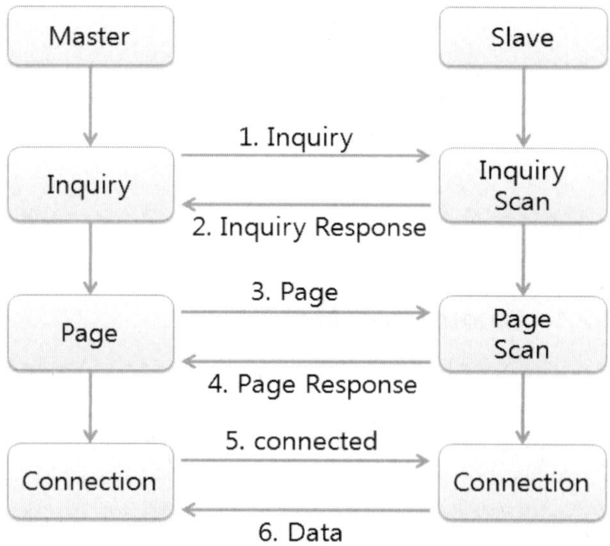

그림 14.6 블루투스 동작 순서도

1) 블루투스는 기본적으로 Master와 Slave인 주종인 역할(ROLE)로 동작한다.
2) 통상적으로 Inquiry(검색) 및 Page(연결요청)를 하는 쪽을 Master라고 하며, Inquiry Scan(검색대기) 및 Page Scan(연결대기)을 하는 쪽을 Slave라 한다.
3) Master가 주변의 Slave를 찾으면(Inquiry), Slave는 자신의 정보를 Master에게 송신(Inquiry Response)한다.
4) Slave의 정보가 Master와 일치하면 상호연결이 이루어지며, 데이터 전송이 가능하다.

14.2.3 프로그래밍

Eclipse에서 실행을 할 폴더를 생성한 후 폴더를 선택해서 마우스 오른쪽 버튼을 눌러서 Import를 선택한다. Import에서 General → File System을 선택한 후 Next 버튼을 선택한다. 선택 화면에서 Browse를 선택하여 BluetoothChat 폴더를 선택하여 Finish 버튼을 클릭하면 생성한 폴더에 BluetoothChat 폴더의 내용이 들어간다.

BluetoothChat.java

```
package octacomm.bluetoothchat;

importandroid.app.Activity;
importandroid.bluetooth.BluetoothAdapter;
importandroid.bluetooth.BluetoothDevice;
importandroid.content.Intent;
importandroid.os.Bundle;
importandroid.os.Handler;
importandroid.os.Message;
importandroid.util.Log;
importandroid.view.KeyEvent;
importandroid.view.Menu;
importandroid.view.MenuInflater;
importandroid.view.MenuItem;
importandroid.view.View;
importandroid.view.Window;
importandroid.view.View.OnClickListener;
importandroid.view.inputmethod.EditorInfo;
importandroid.widget.ArrayAdapter;
importandroid.widget.Button;
importandroid.widget.EditText;
importandroid.widget.ListView;
importandroid.widget.TextView;
importandroid.widget.Toast;

/**
 * This is the main Activity that displays the current chat session.
 */
public classBluetoothChat extends Activity {
        // Debugging
        private static final String TAG = "BluetoothChat"
        private static final boolean D = true

        // Message types sent from the BluetoothChatService Handler
        public static final int MESSAGE_STATE_CHANGE = 1;
        public static final int MESSAGE_READ = 2;
        public static final int MESSAGE_WRITE = 3;
        public static final int MESSAGE_DEVICE_NAME = 4;
        public static final int MESSAGE_TOAST = 5;
        // Key names received from the BluetoothChatService Handler
        public static final String DEVICE_NAME = "device_name"
```

```
public static final String TOAST = "toast"

// Intent request codes
private static final int REQUEST_CONNECT_DEVICE = 1;
private static final int REQUEST_ENABLE_BT = 2;

// Layout Views
private TextView mTitle
private ListView mConversationView
private EditText mOutEditText
private Button mSendButton

// Name of the connected device
private String mConnectedDeviceName = null
// Array adapter for the conversation thread
private ArrayAdapter<String> mConversationArrayAdapter
// String buffer for outgoing messages
private StringBuffer mOutStringBuffer
// Local Bluetooth adapter
private BluetoothAdapter mBluetoothAdapter = null
// Member object for the chat services
private BluetoothChatService mChatService = null

@Override
public void onCreate(Bundle savedInstanceState) {
        super.onCreate(savedInstanceState);
        if (D)
                Log.e(TAG, "+++ ON CREATE +++");

        // Set up the window layout
        requestWindowFeature(Window.FEATURE_CUSTOM_TITLE);
        setContentView(R.layout.main);
        getWindow().setFeatureInt(Window.FEATURE_CUSTOM_TITLE,
                        R.layout.custom_title);

        // Set up the custom title
        mTitle = (TextView) findViewById(R.id.title_left_text);
        mTitle.setText(R.string.app_name);
        mTitle = (TextView) findViewById(R.id.title_right_text);

        // Get local Bluetooth adapter
        mBluetoothAdapter = BluetoothAdapter.getDefaultAdapter();
```

```
            // If the adapter is null, then Bluetoothis not supported
            if (mBluetoothAdapter == null) {
                    Toast.makeText(this, "Bluetooth is not available",
                                    Toast.LENGTH_LONG).show();
                    finish();
                    return
            }
    }

    @Override
    public void onStart() {
            super.onStart();
            if (D)
                    Log.e(TAG, "++ ON START ++");

            // If BT is not on, request that it be enabled.
            // setupChat() will then be called during onActivityResult
            if (!mBluetoothAdapter.isEnabled()) { // 블루투스 활성화 여부
                    Intent enableIntent = new Intent(
                            BluetoothAdapter.ACTION_ REQUEST_ENABLE)
                              ;// 블루투스 활성화 요청
                    startActivityForResult(enableIntent, REQUEST_ENABLE_BT);
                    // Otherwise, setup the chat session
            } else {
                    if (mChatService == null)
                            setupChat();
            }
    }

    @Override
    public synchronized void onResume() {
            super.onResume();
            if (D)
                    Log.e(TAG, "+ ON RESUME +");

            // Performing this check in onResume() covers the case in which
              BT was
            // not enabled during onStart(), so we were paused to enable it...
            // onResume() will be called when ACTION_REQUEST_ENABLE
              activity
            // returns.
            if (mChatService != null) {
                    // Only if the state is STATE_NONE, do we know that we
                      haven't
```

```
                // started already
                if (mChatService.getState()==
                        BluetoothChatService.STATE_NONE) {
                    // Start the Bluetoothchat services
                    mChatService.start();
                }
            }
}

private void setupChat() {
        Log.d(TAG, "setupChat()");

        // Initialize the array adapter for the conversation thread
        mConversationArrayAdapter = new ArrayAdapter<String>(this,
                        R.layout.message);
        mConversationView = (ListView) findViewById(R.id.in);
        mConversationView.setAdapter(mConversationArrayAdapter);

        // Initialize the compose field with a listener for the return key
        mOutEditText = (EditText) findViewById(R.id.edit_text_out);
        mOutEditText.setOnEditorActionListener(mWriteListener);

        // Initialize the send button with a listener that for click events
        mSendButton = (Button) findViewById(R.id.button_send);
        mSendButton.setOnClickListener(new OnClickListener() {
                public void onClick(View v) {
                        // Send a message using content of the edit text
                          widget
                        TextView view = (TextView)
                          findViewById(R.id.edit_text_out);
                        String message = view.getText().toString();
                        sendMessage(message);
                }
        });

        // Initialize the BluetoothChatService to perform bluetooth
          connections
        mChatService = new BluetoothChatService(this, mHandler);

        // Initialize the buffer for outgoing messages
        mOutStringBuffer = new StringBuffer("");
}

@Override
```

```
public synchronized void onPause() {
        super.onPause();
        if (D)
                Log.e(TAG, "- ON PAUSE -");
}

@Override
public void onStop() {
        super.onStop();
        if (D)
                Log.e(TAG, "-- ON STOP --");
}

@Override
public void onDestroy() {
        super.onDestroy();
        // Stop the Bluetoothchat services
        if (mChatService != null)
                mChatService.stop();
        if (D)
                Log.e(TAG, "--- ON DESTROY ---");
}

private void ensureDiscoverable() {
        if (D)
                Log.d(TAG, "ensure discoverable");
        if (mBluetoothAdapter.getScanMode() != BluetoothAdapter.
            SCAN_MODE_CONNECTABLE_DISCOVERABLE) {
                // //다른 디바이스가 자신의 디바이스를 검색할 수
                   있도록 하기 위하여
                // ACTION_REQUEST_DISCOVERABLE을 호출한다.
                Intent discoverableIntent = new Intent(
                                BluetoothAdapter.ACTION_ REQUEST_
                                  DISCOVERABLE);
                discoverableIntent.putExtra(
                                BluetoothAdapter.EXTRA_
                                  DISCOVERABLE_DURATION, 300);
                startActivity(discoverableIntent);
        }
}

/**
 * Sends a message.
```

```
     *
     * @param message
     *            A string of text to send.
     */
    private void sendMessage(String message) {
            // Check that we're actually connected before trying anything
            if (mChatService.getState() != BluetoothChatService.
              STATE_CONNECTED) {
                    Toast.makeText(this, R.string.not_connected,
                      Toast.LENGTH_SHORT)
                                    .show();
                    return
            }

            // Check that there's actually something to send
            if (message.length() > 0) {
                    // Get the message bytes and tell the BluetoothChatService
                      to write
                    byte[] send = message.getBytes();
                    mChatService.write(send);

                    // Reset out string buffer to zero and clear the edit text
                      field
                    mOutStringBuffer.setLength(0);
                    mOutEditText.setText(mOutStringBuffer);
            }
    }

    // The action listener for the EditText widget, to listen for the return key
    private TextView.OnEditorActionListener mWriteListener = new
      TextView.OnEditorActionListener() {
            public boolean onEditorAction(TextView view, int actionId,
                            KeyEvent event) {
                    // If the action is a key-up event on the return key, send
                       the
                    // message
                    if (actionId == EditorInfo.IME_NULL
                                    && event.getAction() ==
                                            KeyEvent.ACTION_UP) {
                            String message = view.getText().toString();
                            sendMessage(message);
                    }
                    if (D)
                            Log.i(TAG, "END onEditorAction");
```

```
                return true
            }
    }

    // The Handler that gets information back from the BluetoothChatService
    private final Handler mHandler = new Handler() {
            @Override
            public void handleMessage(Message msg) {
                switch (msg.what) {
                case MESSAGE_STATE_CHANGE:
                        if (D)
                                Log.i(TAG, "MESSAGE_STATE
                                  _CHANGE: " + msg.arg1);
                        switch (msg.arg1) {
                        case BluetoothChatService.STATE_CONNECTED:
                            mTitle.setText(R.string.title_connected_to);
                            mTitle.append(mConnectedDeviceName);
                              mConversationArrayAdapter.clear();
                              break
                        case BluetoothChatService.STATE_CONNECTING:
                            mTitle.setText(R.string.title_connecting);
                              break
                        case BluetoothChatService.STATE_LISTEN:
                        case BluetoothChatService.STATE_NONE:
                            mTitle.setText(R.string.title_not_connected);
                              break
                        }
                        break
                case MESSAGE_WRITE:
                        byte[] writeBuf = (byte[]) msg.obj
                        // construct a string from the buffer
                        String writeMessage = new String(writeBuf);
                        mConversationArrayAdapter.add("Me: "+
                                writeMessage);
                        break
                case MESSAGE_READ:
                        byte[] readBuf = (byte[]) msg.obj
                        // construct a string from the valid bytes in the
                          buffer
                        String readMessage = new String(readBuf, 0,
                          msg.arg1);
                        mConversationArrayAdapter.add
                            (mConnectedDeviceName + ": "
```

```
                                        + readMessage);
                        break
                case MESSAGE_DEVICE_NAME:
                        // save the connected device's name
                        mConnectedDeviceName =
                            msg.getData().getString(DEVICE_NAME);
                        Toast.makeText(getApplicationContext(),
                                "Connected to"+mConnectedDeviceName,
                                Toast.LENGTH_SHORT).show();
                        break
                case MESSAGE_TOAST:
                        Toast.makeText(getApplicationContext(),
                              msg.getData().getString(TOAST),
                                    Toast.LENGTH_SHORT)
                              .show();
                        break
                }
        }
}

public void onActivityResult(int requestCode, int resultCode, Intent data) {
        if (D)
                Log.d(TAG, "onActivityResult " + resultCode);
        switch (requestCode) {
        case REQUEST_CONNECT_DEVICE:
                // When DeviceListActivity returns with a device to connect
                if (resultCode == Activity.RESULT_OK) {
                        // Get the device MAC address
                        String address = data.getExtras().getString(
                                DeviceListActivity.EXTRA_DEVICE
                                        _ADDRESS);
                        // Get the BLuetoothDevice object
                        BluetoothDevice device = mBluetoothAdapter
                                .getRemoteDevice(address);
                        // Attempt to connect to the device
                        mChatService.connect(device);
                }
                break
        case REQUEST_ENABLE_BT:
                // When the request to enable Bluetooth returns
                if (resultCode == Activity.RESULT_OK) {
                        // Bluetoothis now enabled, so set up a chat session
                        setupChat();
```

```
                        } else {
                                // User did not enable Bluetooth or an error
                                    occurred
                                Log.d(TAG, "BT not enabled");
                                Toast.makeText(this, R.string.bt_not_enabled_
                                    leaving,
                                        Toast.LENGTH_SHORT).show();
                                finish();
                        }
                }
        }

        @Override
        public boolean onCreateOptionsMenu(Menu menu) {
                MenuInflater inflater = getMenuInflater();
                inflater.inflate(R.menu.option_menu, menu);
                return true
        }

        @Override
        public boolean onOptionsItemSelected(MenuItem item) {
                switch (item.getItemId()) {
                case R.id.scan:
                        // Launch the DeviceListActivity to see devices and do scan
                        Intent serverIntent = new Intent(this,
                            DeviceListActivity.class);
                        startActivityForResult(serverIntent, REQUEST_
                            CONNECT_DEVICE);
                        return true
                case R.id.discoverable:
                        // Ensure this device is discoverable by others
                        ensureDiscoverable();
                        return true
                }
                return false
        }
}
```

BluetoothChatService.java

```
package octacomm.bluetoothchat;

import java.io.IOException;
import java.io.InputStream;
import java.io.OutputStream;
import java.util.UUID;

import android.bluetooth.BluetoothAdapter;
import android.bluetooth.BluetoothDevice;
import android.bluetooth.BluetoothServerSocket;
import android.bluetooth.BluetoothSocket;
import android.content.Context;
import android.os.Bundle;
import android.os.Handler;
import android.os.Message;
import android.util.Log;

/**
 * This class does all the work for setting up and managing Bluetooth
 * connections with other devices. It has a thread that listens for incoming
 * connections, a thread for connecting with a device, and a thread for
 * performing data transmissions when connected.
 */
public class BluetoothChatService {
        // Debugging
        private static final String TAG = "BluetoothChatService"
        private static final boolean D = true

        // Name for the SDP record when creating server socket
        private static final String NAME = "BluetoothChat"

        // Unique UUID for this application
        private static final UUID MY_UUID = UUID
                        .fromString("fa87c0d0-afac-11de-8a39-0800200c9a66");
        // Member fields
        private final BluetoothAdapter mAdapter
        private final Handler mHandler
        private AcceptThread mAcceptThread
        private ConnectThread mConnectThread
        private ConnectedThread mConnectedThread
        private int mState
```

```
// Constants that indicate the current connection state
public static final int STATE_NONE = 0; // we're doing nothing
public static final int STATE_LISTEN = 1; // now listening for incoming
// connections
public static final int STATE_CONNECTING = 2; // now initiating an outgoing
// connection
public static final int STATE_CONNECTED = 3; // now connected to a remote

// device

/**
 * Constructor. Prepares a new BluetoothChat session.
 *
 * @param context
 *            The UI Activity Context
 * @param handler
 *            A Handler to send messages back to the UI Activity
 */
public BluetoothChatService(Context context, Handler handler) {
        mAdapter = BluetoothAdapter.getDefaultAdapter();
        mState = STATE_NONE;
        mHandler = handler;
}

/**
 * Set the current state of the chat connection
 *
 * @param state
 *            An integer defining the current connection state
 */
private synchronized void setState(int state) {
        if (D)
                Log.d(TAG, "setState() " + mState + " -> " + state);
        mState = state;

        // Give the new state to the Handler so the UI Activity can update
        mHandler.obtainMessage(BluetoothChat.MESSAGE_ STATE_
          CHANGE, state, -1)
                        .sendToTarget();
}
/**
 * Return the current connection state.
 */
public synchronized int getState() {
```

```
        return mState
    }

    /**
     * Start the chat service. Specifically start AcceptThread to begin a
     * session in listening (server) mode. Called by the Activity onResume()
     */
    public synchronized void start() {
        if (D)
            Log.d(TAG, "start");

        // Cancel any thread attempting to make a connection
        if (mConnectThread != null) {
            mConnectThread.cancel();
            mConnectThread = null
        }

        // Cancel any thread currently running a connection
        if (mConnectedThread != null) {
            mConnectedThread.cancel();
            mConnectedThread = null
        }

        // Start the thread to listen on a BluetoothServerSocket
        if (mAcceptThread == null) {
            mAcceptThread = new AcceptThread();
            mAcceptThread.start();
        }
        setState(STATE_LISTEN);
    }

    /**
     * Start the ConnectThread to initiate a connection to a remote device.
     *
     * @param device
     *            The BluetoothDevice to connect
     */
    public synchronized void connect(BluetoothDevice device) {
        if (D)
            Log.d(TAG, "connect to: " + device);
        // Cancel any thread attempting to make a connection
        if (mState == STATE_CONNECTING) {
            if (mConnectThread != null) {
                mConnectThread.cancel();
```

```
                    mConnectThread = null
                }
            }

            // Cancel any thread currently running a connection
            if (mConnectedThread != null) {
                mConnectedThread.cancel();
                mConnectedThread = null
            }

            // Start the thread to connect with the given device
            mConnectThread = new ConnectThread(device);
            mConnectThread.start();
            setState(STATE_CONNECTING);
    }

    /**
     * Start the ConnectedThread to begin managing a Bluetooth connection
     *
     * @param socket
     *            The BluetoothSocket on which the connection was made
     * @param device
     *            The BluetoothDevice that has been connected
     */
    public synchronized void connected(BluetoothSocket socket,
                BluetoothDevice device) {
            if (D)
                Log.d(TAG, "connected");

            // Cancel the thread that completed the connection
            if (mConnectThread != null) {
                mConnectThread.cancel();
                mConnectThread = null
            }

            // Cancel any thread currently running a connection
            if (mConnectedThread != null) {
                mConnectedThread.cancel();
                mConnectedThread = null
            }

            // Cancel the accept thread because we only want to connect to one
            // device
            if (mAcceptThread != null) {
```

```
                mAcceptThread.cancel();
                mAcceptThread = null
            }

            // Start the thread to manage the connection and perform transmissions
            mConnectedThread = new ConnectedThread(socket);
            mConnectedThread.start();

            // Send the name of the connected device back to the UI Activity
            Message msg = mHandler.obtainMessage(BluetoothChat.
                MESSAGE_DEVICE_NAME);
            Bundle bundle = new Bundle();
            bundle.putString(BluetoothChat.DEVICE_NAME, device.getName());
            msg.setData(bundle);
            mHandler.sendMessage(msg);

            setState(STATE_CONNECTED);
    }

    /**
     * Stop all threads
     */
    public synchronized void stop() {
            if (D)
                    Log.d(TAG, "stop");
            if (mConnectThread != null) {
                    mConnectThread.cancel();
                    mConnectThread = null
            }
            if (mConnectedThread != null) {
                    mConnectedThread.cancel();
                    mConnectedThread = null
            }
            if (mAcceptThread != null) {
                    mAcceptThread.cancel();
                    mAcceptThread = null
            }
            setState(STATE_NONE);
    }
    /**
     * Write to the ConnectedThread in an unsynchronized manner
     *
     * @param out
     *            The bytes to write
```

```
 * @see ConnectedThread#write(byte[])
 */
public void write(byte[] out) {
        // Create temporary object
        ConnectedThread r;
        // Synchronize a copy of the ConnectedThread
        synchronized (this) {
                if (mState != STATE_CONNECTED)
                        return
                r = mConnectedThread
        }
        // Perform the write unsynchronized
        r.write(out);
}

/**
 * Indicate that the connection attempt failed and notify the UI Activity.
 */
private void connectionFailed() {
        setState(STATE_LISTEN);

        // Send a failure message back to the Activity
        Message msg = mHandler.obtainMessage(BluetoothChat.
            MESSAGE_TOAST);
        Bundle bundle = new Bundle();
        bundle.putString(BluetoothChat.TOAST, "Unable to connect device");
        msg.setData(bundle);
        mHandler.sendMessage(msg);
}
/**
 * Indicate that the connection was lost and notify the UI Activity.
 */
private void connectionLost() {
        setState(STATE_LISTEN);

        // Send a failure message back to the Activity
        Message msg = mHandler.obtainMessage(BluetoothChat.
            MESSAGE_TOAST);
        Bundle bundle = new Bundle();
        bundle.putString(BluetoothChat.TOAST, "Device connection was lost");
        msg.setData(bundle);
        mHandler.sendMessage(msg);
}
```

```
/**
 * This thread runs while listening for incoming connections. It behaves
 * like a server-side client. It runs until a connection is accepted (or
 * until cancelled).
 */
// //// incoming 연결을 accept하는 서버 컴포넌트를 하는 Thread
private class AcceptThread extends Thread {
        // The local server socket
        private final BluetoothServerSocket mmServerSocket

        public AcceptThread() {
                BluetoothServerSocket tmp = null

                // Create a new listening server socket
                try {
                        tmp = mAdapter
                                        .listenUsingRfcommWithService
                                          Record(NAME, MY_UUID);
                } catch (IOException e) {
                        Log.e(TAG, "listen() failed", e);
                }
                mmServerSocket = tmp;
        }

        public void run() {
                if (D)
                        Log.d(TAG, "BEGIN mAcceptThread" + this);
                setName("AcceptThread");
                BluetoothSocket socket = null

                // Listen to the server socket if we're not connected
                while (mState != STATE_CONNECTED) {
                        try {
                                // This is a blocking call and will only
                                        return on a
                                // successful connection or an exception
                                socket = mmServerSocket.accept();
                        } catch (IOException e) {
                                Log.e(TAG, "accept() failed", e);
                                break
                        }
                        // If a connection was accepted
                        // 한 개의incoming 커넥션만 필요하기 때문에
                          커넥션이 accept되고 BluetoothSocket이
```

```
                    // 얻어지자마자 애플리케이션은 얻은
                      BluetoothSocket을 별도의 Thread로 보내고
                    // BlutoothSeverSocket을 닫고 while문을
                      빠져나간다.
                    if (socket != null) {
                        synchronized (BluetoothChatService.this) {
                                switch (mState) {
                                case STATE_LISTEN:
                                case STATE_CONNECTING:
                                    // Situation normal. Start
                                      the connected thread.
                                    connected(socket, socket.
                                      getRemoteDevice());
                                    break
                                case STATE_NONE:
                                case STATE_CONNECTED:
                                    // Either not ready or already
                                      connected. Terminate
                                    // new socket.
                                    try {
                                     socket.close();
                                    } catch (IOException e) {
                                     Log
                                            .e(
                                              TAG,
                                              "Could not close
                                              unwanted socket",
                                              e);
                                    }
                                    break
                                }
                        }
                    }
            }
            if (D)
                    Log.i(TAG, "END mAcceptThread");
    }

    public void cancel() {
            if (D)
                    Log.d(TAG, "cancel " + this);
            try {
                    mmServerSocket.close();
```

```
                } catch (IOException e) {
                        Log.e(TAG, "close() of server failed", e);
                }
        }
}

/**
 * This thread runs while attempting to make an outgoing connection with a
 * device. It runs straight through; the connection either succeeds or
 * fails.
 */
// // Bluetooth 커넥션을 시작하는 Thread
private class ConnectThread extends Thread {
        private final BluetoothSocket mmSocket
        private final BluetoothDevice mmDevice

        public ConnectThread(BluetoothDevice device) {
                mmDevice = device;
                BluetoothSocket tmp = null

                // Get a BluetoothSocket for a connection with the
                // given BluetoothDevice
                try {
                        tmp = device.createRfcommSocketToServiceRecord
                          (MY_UUID);
                } catch (IOException e) {
                        Log.e(TAG, "create() failed", e);
                }
                mmSocket = tmp;
        }

        public void run() {
                Log.i(TAG, "BEGIN mConnectThread");
                setName("ConnectThread");

                // Always cancel discovery because it will slow down a
                  connection
                mAdapter.cancelDiscovery();

                // Make a connection to the BluetoothSocket
                try {
                        // This is a blocking call and will only return on a
                        // successful connection or an exception
                        mmSocket.connect();
```

```
            } catch (IOException e) {
                connectionFailed();
                // Close the socket
                try {
                    mmSocket.close();
                } catch (IOException e2) {
                    Log
                            .e(
                                TAG,
                                "unable to close()
                                socket during
                                connection failure",
                                    e2);
                }
                // Start the service over to restart listening mode
                BluetoothChatService.this.start();
                return
            }

            // Reset the ConnectThread because we're done
            synchronized (BluetoothChatService.this) {
                mConnectThread = null
            }

            // Start the connected thread
            connected(mmSocket, mmDevice);
        }

        public void cancel() {
            try {
                mmSocket.close();
            } catch (IOException e) {
                Log.e(TAG, "close() of connect socket failed", e);
            }
        }
    }

    /**
     * This thread runs during a connection with a remote device. It handles all
     * incoming and outgoing transmissions.
     */
    // / 실질적으로 데이터를 주고받는 역할을 한다.
    private class ConnectedThread extends Thread {
        private final BluetoothSocket mmSocket
```

```
        private final InputStream mmInStream
        private final OutputStream mmOutStream

        public ConnectedThread(BluetoothSocket socket) {
                Log.d(TAG, "create ConnectedThread");
                mmSocket = socket;
                InputStream tmpIn = null
                OutputStream tmpOut = null

                // Get the BluetoothSocket input and output streams
                try {
                        tmpIn = socket.getInputStream();
                        tmpOut = socket.getOutputStream();
                } catch (IOException e) {
                        Log.e(TAG, "temp sockets not created", e);
                }

                mmInStream = tmpIn;
                mmOutStream = tmpOut;
        }

        public void run() {
                Log.i(TAG, "BEGIN mConnectedThread");
                byte[] buffer = new byte[1024];
                int bytes;

                // Keep listening to the InputStream while connected
                while (true) {
                        try {
                                // Read from the InputStream
                                bytes = mmInStream.read(buffer);

                                // Send the obtained bytes to the UI Activity

mHandler.obtainMessage(BluetoothChat.MESSAGE_READ, bytes,
                                                -1, buffer).sendToTarget();
                        } catch (IOException e) {
                                Log.e(TAG, "disconnected", e);
                                connectionLost();
                                break
                        }
                }
        }
```

```
            /**
             * Write to the connected OutStream.
             *
             * @param buffer
             *            The bytes to write
             */
            public void write(byte[] buffer) {
                try {
                    mmOutStream.write(buffer);

                    // Share the sent message back to the UI Activity
                    mHandler.obtainMessage(BluetoothChat.
                        MESSAGE_WRITE, -1, -1,
                            buffer).sendToTarget();
                } catch (IOException e) {
                    Log.e(TAG, "Exception during write", e);
                }
            }

            public void cancel() {
                try {
                    mmSocket.close();
                } catch (IOException e) {
                    Log.e(TAG, "close() of connect socket failed", e);
                }
            }
        }
}
```

DeviceListActivity.java

```
package octacomm.bluetoothchat;

import java.util.Set;

import android.app.Activity;
import android.bluetooth.BluetoothAdapter;
import android.bluetooth.BluetoothDevice;
import android.content.BroadcastReceiver;
import android.content.Context;
import android.content.Intent;
import android.content.IntentFilter;
```

```
import android.os.Bundle;
import android.util.Log;
import android.view.View;
import android.view.Window;
import android.view.View.OnClickListener;
import android.widget.AdapterView;
import android.widget.ArrayAdapter;
import android.widget.Button;
import android.widget.ListView;
import android.widget.TextView;
import android.widget.AdapterView.OnItemClickListener;

/**
 * This Activity appears as a dialog. It lists any paired devices and
 * devices detected in the area after discovery. When a device is chosen
 * by the user, the MAC address of the device is sent back to the parent
 * Activity in the result Intent.
 */
public class DeviceListActivity extends Activity {
    // Debugging
    private static final String TAG = "DeviceListActivity"
    private static final boolean D = true

    // Return Intent extra
    public static String EXTRA_DEVICE_ADDRESS = "device_address"

    // Member fields
    private BluetoothAdapter mBtAdapter
    private ArrayAdapter<String> mPairedDevicesArrayAdapter
    private ArrayAdapter<String> mNewDevicesArrayAdapter

    @Override
    protected void onCreate(Bundle savedInstanceState) {
        super.onCreate(savedInstanceState);

        // Setup the window
        requestWindowFeature(Window.FEATURE_INDETERMINATE_PROGRESS);
        setContentView(R.layout.device_list);
        // Set result CANCELED incase the user backs out
        setResult(Activity.RESULT_CANCELED);

        // Initialize the button to perform device discovery
        Button scanButton = (Button) findViewById(R.id.button_scan);
```

```
scanButton.setOnClickListener(new OnClickListener() {
    public void onClick(View v) {
        doDiscovery();
        v.setVisibility(View.GONE);
    }
});

// Initialize array adapters. One for already paired devices and
// one for newly discovered devices
mPairedDevicesArrayAdapter = new ArrayAdapter<String>(this, R.layout.device_name);
mNewDevicesArrayAdapter = new ArrayAdapter<String>(this, R.layout.device_name);

// Find and set up the ListView for paired devices
ListView pairedListView = (ListView) findViewById(R.id.paired_devices);
pairedListView.setAdapter(mPairedDevicesArrayAdapter);
pairedListView.setOnItemClickListener(mDeviceClickListener);

// Find and set up the ListView for newly discovered devices
ListView newDevicesListView = (ListView) findViewById(R.id.new_devices);
newDevicesListView.setAdapter(mNewDevicesArrayAdapter);
newDevicesListView.setOnItemClickListener(mDeviceClickListener);

// Register for broadcasts when a device is discovered
IntentFilter filter = new IntentFilter(BluetoothDevice.ACTION_FOUND);
this.registerReceiver(mReceiver, filter);

// Register for broadcasts when discovery has finished
filter = new IntentFilter(BluetoothAdapter.ACTION_DISCOVERY_FINISHED);
this.registerReceiver(mReceiver, filter);

// Get the local Bluetooth adapter
mBtAdapter = BluetoothAdapter.getDefaultAdapter(); // 블루투스 Activity를
   얻기 위해 getDefaultAdapter()를 호출한다.

// Get a set of currently paired devices
Set<BluetoothDevice> pairedDevices = mBtAdapter.getBondedDevices(); //
  디바이스가 이미 페어링이 되어 있는지 확인을 하기 위해
  getBondedDevices()를 호출한다.

// If there are paired devices, add each one to the ArrayAdapter

if (pairedDevices.size() > 0) { // 디바이스가 페어링되어 있으면 작업을 처리
    findViewById(R.id.title_paired_devices).setVisibility(View.VISIBLE);
    for (BluetoothDevice device : pairedDevices) {
```

```
                mPairedDevicesArrayAdapter.add(device.getName() + "\n" +
                    device.getAddress());
            }
        } else {
            String noDevices = getResources().getText(R.string.none_paired).toString();
            mPairedDevicesArrayAdapter.add(noDevices);
        }
    }

    @Override
    protected void onDestroy() {
        super.onDestroy();

        // Make sure we're not doing discovery anymore
        if (mBtAdapter != null) {
            mBtAdapter.cancelDiscovery();
        }

        // Unregister broadcast listeners
        this.unregisterReceiver(mReceiver);
    }

    /**
     * Start device discover with the BluetoothAdapter
     */
    private void doDiscovery() {
        if (D) Log.d(TAG, "doDiscovery()");

        // Indicate scanning in the title
        setProgressBarIndeterminateVisibility(true);
        setTitle(R.string.scanning);

        // Turn on sub-title for new devices
        findViewById(R.id.title_new_devices).setVisibility(View.VISIBLE);

        // If we're already discovering, stop it
        if (mBtAdapter.isDiscovering()) {
            mBtAdapter.cancelDiscovery();
        }

        // Request discover from BluetoothAdapter
        mBtAdapter.startDiscovery();
    }
```

```
    // The on-click listener for all devices in the ListViews
    private OnItemClickListener mDeviceClickListener = new OnItemClickListener() {
        public void onItemClick(AdapterView<?> av, View v, intarg2, long arg3) {
            // Cancel discovery because it's costly and we're about to connect
            mBtAdapter.cancelDiscovery();

            // Get the device MAC address, which is the last 17 chars in the View
            String info = ((TextView) v).getText().toString();
            String address = info.substring(info.length() - 17);

            // Create the result Intent and include the MAC address
            Intent intent = new Intent();
            intent.putExtra(EXTRA_DEVICE_ADDRESS, address);

            // Set result and finish this Activity
            setResult(Activity.RESULT_OK, intent);
            finish();
        }
    };

    // The BroadcastReceiver that listens for discovered devices and
    // changes the title when discovery is finished

////////// 디바이스가 발견되었을 때 Broadcast를 처리하는 핸들러 등록이다.
    private final BroadcastReceiver mReceiver = new BroadcastReceiver() {
        @Override
        public voidonReceive(Context context, Intent intent) {
            String action = intent.getAction();

            // When discovery finds a device
            if (BluetoothDevice.ACTION_FOUND.equals(action)) {
                // Get the BluetoothDevice object from the Intent
                BluetoothDevice device =
intent.getParcelableExtra(BluetoothDevice.EXTRA_DEVICE);
                // If it's already paired, skip it, because it's been listed already
                if (device.getBondState() != BluetoothDevice.BOND_BONDED) {
                    mNewDevicesArrayAdapter.add(device.getName() + "\n" +
device.getAddress());
                }
            // When discovery is finished, change the Activity title
            } else if
(BluetoothAdapter.ACTION_DISCOVERY_FINISHED.equals(action)) {
                setProgressBarIndeterminateVisibility(false);
                setTitle(R.string.select_device);
```

```
                    if (mNewDevicesArrayAdapter.getCount() == 0) {
                        String noDevices =
getResources().getText(R.string.none_found).toString();
                        mNewDevicesArrayAdapter.add(noDevices);
                    }
                }
            }
        };

}
```

BluetoothChat Mainfest

```
<?xml version="1.0" encoding="utf-8"?>
<manifest xmlns:android="http://schemas.android.com/apk/res/android"
        package="octacomm.bluetoothchat" android:versionCode="1"
        android:versionName="1.0">
        <uses-permission android:name="android.permission.BLUETOOTH_ADMIN" />
        <uses-permission android:name="android.permission.BLUETOOTH" />
        // Bluetooth를 사용하기 위하여 선언을 해야 된다.

        <application android:icon="@drawable/icon" android:label="@string/app_name">
                <activity android:name=".BluetoothChat"
                    android:label="@string/app_name"
                        android:configChanges="orientation|keyboardHidden">
                        <intent-filter>
                                <action android:name="android.intent.action.
                                    MAIN" />
                                <category android:name="android.intent.category.
                                    LAUNCHER" />
                        </intent-filter>
                </activity>
                <activity android:name=".DeviceListActivity" android:label="@
                    string/select_device"
                        android:theme="@android:style/Theme.Dialog"
                          android:configChanges="orientation|keyboardHidden" />

        </application>
        <uses-sdk android:minSdkVersion="7" />

</manifest>
```

14.2.4 실행결과

블루투스는 에뮬레이터 상에서는 확인이 불가능하다. 에뮬레이터로는 블루투스를 사용 못하기 때문이다. 따라서 직접 핸드폰에 프로그램을 실행시켜서 사용을 한다면 다음과 같은 화면이 출력된다.

▌그림 14.7▌ Bluetooth Chat 실행 결과

Chapter 15

GPS 및 가속도 센서 제어 실습

15.1 위치 기반 서비스의 특징

구글 맵을 사용자 인터페이스 요소로 이용하면 맵 기반 액티비티를 만들 수 있다. 원하는 대로 마음껏 맵에 접근할 수 있으며, 디스플레이 설정을 제어하고 확대 단계를 설정하고, 또 중심 위치로 바꿀 수 있다. 오버레이를 이용하면 맵에 주석을 달 수 있으며, 사용자 입력을 처리해 지도에 맥락화된 정보와 기능을 제공할 수 있다.

위치 기반 서비스는 GPS와 구글의 셀 기반 위치 기술 같은 기술들을 포함한다. 사용할 위치감지 기술을 명시적으로 지정하거나 정확도, 비용, 그리고 기타 요구사항으로 된 조건 집합을 정의해 암시적으로 지정할 수 있다.

위치 기반 서비스는 지리적 위치를 정확히 나타내기 위해 위도와 경도를 이용하지만, 사용자는 주소의 입장에서 생각할 가능성이 높다. 안드로이드는 순방향 및 역방향 지오코딩을 지원하는 지오코더를 제공한다. 이 지오코더를 이용하여 실세계의 주고 간을 전후방으로 변환할 수 있다.

다음의 소스는 자신의 현재 위치를 찾아 지도에 맵핑하는 예제 소스이다.

15.2 프로그래밍 소스

testgps.java

```
public class testgps extends MapActivity {
    MapController mapController
    MyPositionOverlay positionOverlay
    @Override
    public void onCreate(Bundle icicle) {
        super.onCreate(icicle);
        setContentView(R.layout.main);
        MapView myMapView = (MapView) findViewById(R.id.myMapView);
        Button bt = (Button) findViewById(R.id.Button01);
        bt.setText("닫기");
        bt.setOnClickListener(new View.OnClickListener() {
            @Override
            public void onClick(View v) {
            // TODO Auto-generated method stub
            System.exit(0);
            }
        });
        mapController = myMapView.getController();
        // Configure the map display options
        myMapView.setSatellite(true);
        myMapView.setStreetView(true);
        // Zoom in
        // mapController.setZoom(16);
        // Add the MyPositionOverlay
        positionOverlay = new MyPositionOverlay();
        List<Overlay> overlays = myMapView.getOverlays();
        overlays.add(positionOverlay);
        LocationManager locationManager = (LocationManager)
        getSystemService(Context.LOCATION_SERVICE);
        Criteria criteria = new Criteria();
        criteria.setAccuracy(Criteria.ACCURACY_FINE);
        criteria.setAltitudeRequired(false);
        criteria.setBearingRequired(false);
        criteria.setCostAllowed(true);
        criteria.setPowerRequirement(Criteria.POWER_LOW);
        String provider = locationManager.getBestProvider(criteria, true);
        Location location = locationManager.getLastKnownLocation(provider);
```

```
        updateWithNewLocation(location);
        locationManager.requestLocationUpdates(provider, 2000, 10, locationListener);
    }
    private final LocationListener locationListener = new LocationListener() {
        public void onLocationChanged(Location location) {
            updateWithNewLocation(location);
        }
        public void onProviderDisabled(String provider) {
            updateWithNewLocation(null);
        }
        public void onProviderEnabled(String provider) {
        }
        public void onStatusChanged(String provider, int status, Bundle extras) {
        }
    }
    /** Update the map with a new location */
    private void updateWithNewLocation(Location location) {
        TextView myLocationText = (TextView) findViewById(R.id.myLocationText);
        String latLongString
        String addressString = "No address found"
        if (location != null) {
            // Update my location marker
            positionOverlay.setLocation(location);
            // Update the map location.
            Double geoLat = location.getLatitude() * 1E6;
            Double geoLng = location.getLongitude() * 1E6;
            GeoPoint point = new GeoPoint(geoLat.intValue(), geoLng.intValue());
            mapController.animateTo(point);
            double lat = location.getLatitude();
            double lng = location.getLongitude();
            latLongString = "Lat:" + lat + "\nLong:" + lng;
            Geocoder gc = new Geocoder(this, Locale.getDefault());
            try {
                List<Address> addresses = gc.getFromLocation(lat, lng, 1);
                StringBuilder sb = new StringBuilder();
                if (addresses.size() > 0) {
                    Address address = addresses.get(0);
                    for (int i = 0; i < address.getMaxAddressLineIndex(); i++)
                    sb.append(address.getAddressLine(i)).append("\n");
                    sb.append(address.getLocality()).append("\n");
                    sb.append(address.getPostalCode()).append("\n");
                    sb.append(address.getCountryName());
                }
                addressString = sb.toString();
```

```
                } catch (IOException e) {
                }
            } else {
                latLongString = "No location found"
            }
            myLocationText.setText("Your Current Position is:\n" + addressString);
        }
        @Override
        protected boolean isRouteDisplayed() {
            return false
        }
    }
```

위치 기반 서비스의 목적은 장치의 실제 위치를 찾는 것이다. 위치 기반 서비스에 대한 접근은 시스템 서비스인 위치 관리자를 이용해 다뤄진다. 위치 관리자에 접근하려면, getSystemService 메소드를 이용해 LOCATION_SERVICE의 인스턴스를 요청한다. 위치 관리자를 이용하려면 먼저 위 LBS 하드웨어에 대한 접근을 지원하기 위해 하나 이상의 uses-permission 태그를 매니페스트에 추가하여야 하지만 위의 코드는 위치만 찾으면 되므로 다음과 같은 태그를 추가하면 된다.

<uses-permission android:name="android.permission.ACCESS_FIND_LOCATION"/>
특정 위치 공급자에 의해 결정된 마지막 위치 수정은 getLastKnownLocation 메소드에 해당 위치 공급자의 이름을 전달함으로써 찾을 수 있다.

위의 소스는 위치 변화가 감지될 때마다 기존 updateWithNewLocation 메소드를 호출하는 새로운 LocationListener라는 인스턴스 변수가 만들어져 있다. 소스는 2초마다 위치 변화에 귀를 기울여야 하지만 10미터 이상의 움직임이 감지될 때만 동작을 한다.

그리고 지오코딩을 이용하여 지정된 물이적인 위치에 대한 거리 주소를 리턴할 수 있다.

updateWithNewLocation 메소드를 보면 지오코더 객체를 인스턴스화하고, 새롭게 수신된 위치를 가지고 getFromLocation 메소드를 호출하며, 결과가 단일 주소로 제한되도록 만들어져 있다. 거리 주소의 각 행을 비롯하여 장소, 우편번호, 그리고 국가를 추출하고 이 정보를 텍스트 뷰에 붙였다.

그리고 MapActivity를 이용하여 Mapview를 구현하였다. MapActivity는 맵 뷰를 포함할 수 있는 새로운 액티비티를 만들기 위해 확장하는 기본 클래스이며 MapView는 실제 맵 뷰 컨트롤이다. 맵 기반 액비비티를 이용하려면 레이아웃에 MapView를 추가하여야 한다. 안드로이드 맵 라이브러리 표준 패키지가 아닌 선택적 API이기 때문에 매니페스트에 다음과 같이 반드시 명시를 해 주어야 한다.

<uses-library android:name="com.google.android.maps"/>구글맵은 요구가 있는 즉시 맵 타일을 다운로드하기 때문에 인터넷 사용 권한을 필요로 한다. 따라서 맵 뷰에서 맵 타일을 보려면 다음과 같이 매니페스트에 인터넷 사용 권한을 추가해야 한다.

<uses-permission android:name="android.permission.INTERNET"/>안드로이드 맵핑 클래스에서 맵 위치는 GeoPoint 객체로 표현된다. GeoPoint 객체는 백만 단위(1E6) 형태로 측정된 위도와 경도를 가진다. 맵 뷰의 중심을 다시 잡거나 확대하려면 MapController에 대해 사용할 수 있는 setCenter와 setZoom 메소드를 이용하면 된다.

androidManifest.xml

```
<?xml version="1.0" encoding="utf-8"?>
    <manifest xmlns:android="http://schemas.android.com/apk/res/android"
        package="testgps.com">
    <application android:icon="@drawable/icon">
        <activity android:name=".testgps" android:label="@string/app_name">
            <intent-filter>
                <action android:name="android.intent.action.MAIN" />
                <category android:name="android.intent.category.LAUNCHER" />
            </intent-filter>
        </activity>
        <uses-library android:name="com.google.android.maps" />
    </application>
    <uses-permission android:name="android.permission.INTERNET" />
    <uses-permission android:name="android.permission.ACCESS_FINE_LOCATION" />
    </manifest>
```

main.xml

```
<?xml version="1.0" encoding="utf-8"?>
    <LinearLayout android:layout_width="fill_parent"
                    xmlns:android="http://schemas.android.com/apk/res/android"
                    android:layout_height="fill_parent"
                    android:orientation="vertical">
        <LinearLayout android:id="@+id/LinearLayout01"
```

```
                        android:layout_width="fill_parent"
                        android:layout_height="wrap_content">
    <TextView android:id="@+id/myLocationText"
                        android:layout_height="wrap_content"
                        android:text="@string/hello"
                        android:layout_width="180dp" />
    <Button android:text="@+id/Button01"
                        android:id="@+id/Button01"
                        android:layout_width="wrap_content"
                        android:layout_height="wrap_content"
                        android:layout_gravity="top|right"></Button>
</LinearLayout>
<LinearLayout android:id="@+id/LinearLayout02"
                    android:layout_width="fill_parent"
                    android:layout_height="fill_parent">
    <com.google.android.maps.MapView
                    android:id="@+id/myMapView"
                    android:layout_width="fill_parent"
                    android:layout_height="fill_parent"
                    android:enabled="true"
                    android:clickable="true"
                    android:apiKey="mapkey"
                    android:layout_gravity="bottom" />
    </LinearLayout>
</LinearLayout>
```

main.xml을 보면 com.android.MapView 안에 android:apikey 속성을 포함시키는 것을 잊으면 안 된다. 안드로이드 mapkey를 얻는 방법은 아래와 같다.

http://code.google.com/android/toolbox/apis/mapkey.html#getdebugfingerprint

먼저 Key를 발행받기 위해서 다른 MD5 값을 생성시켜야 한다.

Windows Vista: C:\Users\<user>\AppData\Local\Android\debug.keystore
Windows XP: C:\Documents and Settings\<user>\Local Settings\Application Data\Android\debug.keystore

에 debug.keystore가 있는지 확인해본다. SDK를 설치해서 실행시켜 본적이 있다면 생성되어 있을 것이다.

$ keytool -list -alias androiddebugkey -keystore
<path_to_debug_keystore>.keystore -storepass android -keypass android

와 같이 실행시키면 MD5 Fingerprint 값이 생성된다. 이것을 복사하여

http://code.google.com/android/maps-api-signup.html

에서 값을 넣으면 Map API KEY가 생성된다(구글계정이 있어야 한다). 그리고 apiKey 값을 넣어주시면 맵타일이 정상적으로 로드되는 것을 볼 수 있다.

MyPositionOverlay.java

```
public class MyPositionOverlay extends Overlay {
    /** Get the position location */
    public Location getLocation() {
        return location
    }
    /** Set the position location */
    public void setLocation(Location location) {
        this.location = location;
    }
    Location location
    private final int mRadius = 5;
    @Override
    public void draw(Canvas canvas, MapView mapView, boolean shadow) {
        Projection projection = mapView.getProjection();
        if (shadow == false) {
        // Get the current location
        Double latitude = location.getLatitude()*1E6;
        Double longitude = location.getLongitude()*1E6;
        GeoPoint geoPoint = new GeoPoint(latitude.intValue(),longitude.intValue());
        // Convert the location to screen pixels
        Point point = new Point();
        projection.toPixels(geoPoint, point);
        RectF oval = new RectF(point.x - mRadius, point.y - mRadius,
        point.x + mRadius, point.y + mRadius);
        // Setup the paint
        Paint paint = new Paint();
        paint.setARGB(255, 255, 0, 0);
        paint.setAntiAlias(true);
        paint.setFakeBoldText(true);
        Paint backPaint = new Paint();
```

```
            backPaint.setARGB(175, 50, 50, 50);
            backPaint.setAntiAlias(true);
            RectF backRect = new RectF(point.x + 2 + mRadius, point.y - 3*mRadius,
            point.x + 65, point.y + mRadius);
            // Draw the marker
            canvas.drawOval(oval, paint);
            canvas.drawRoundRect(backRect, 5, 5, backPaint);
            canvas.drawText("내위치", point.x + 2*mRadius, point.y, paint);
        }
        super.draw(canvas, mapView, shadow);
        }
        @Override
        public boolean onTap(GeoPoint point, MapView mapView) {
            return false
        }
}
```

위 소스는 새로운 오버레이를 만들고 이용하는 클래스이다. 오버레이란 MapView에 주석을 달고 클릭을 처리하는 방법이다. 각각의 오버레이는 텍스트, 선, 이미지, 도형 등을 포함한 2D 프리미티브를 캔버스 위에 직접 그릴 수 있도록 해준다. 위의 소스 코드에서 보게 되면 Overlay를 확장하는 것을 볼 수 있다. draw 메소드를 재정의해 추가하고자 하는 주석을 그리게 된다.

프로젝션은 오버레이 주석을 그리는 데 사용되는 캔버스는 표준 캔버스로서 이는 눈에 보이는 디스플레이 표면을 나타낸다. 실제 위치에 기반을 두어 주석을 추가하려면 지리적 위치와 화면 좌표 간의 변환이 필요한데 위의 소스 코드를 보면 알 수 있을 것이다. 맵의 프로젝션은 그리기 호출들 간에 달라질 수 있으므로, 매번 새로운 인스턴스를 얻는 것이 좋다. 위의 소스 코드에서처럼 getProgection을 호출하여 얻으면 된다.

GeoPoint를 Point로 그리고 Point를 GeoPoint로 바꾸려면 fromPixel과 toPixel 메소드를 이용하는데 성능상의 이유로 인해 toPixel 프로젝션 메소드를 사용할 때는 다음처럼 Point를 전달하여 그 안에 리턴 값이 채워지도록 하는 것이 가장 좋다.

```
Point myPoint = new Point();
projection,toPixels(geoPoint,myPoint); //화면 좌표로
projection.fromPixels(myPoint.x,myPoint.y); //GeoPoint 위치 좌표로
```

오버레이를 캔버스 위에 그리기 위해서 해당 오버레이의 draw 핸들러를 재정의함

으로써 다뤄진다. 전달된 캔버스는 주석을 그릴 표면이다. 스타일과 색상을 정의하기 위해서는 Paint 객체를 이용하면 된다.

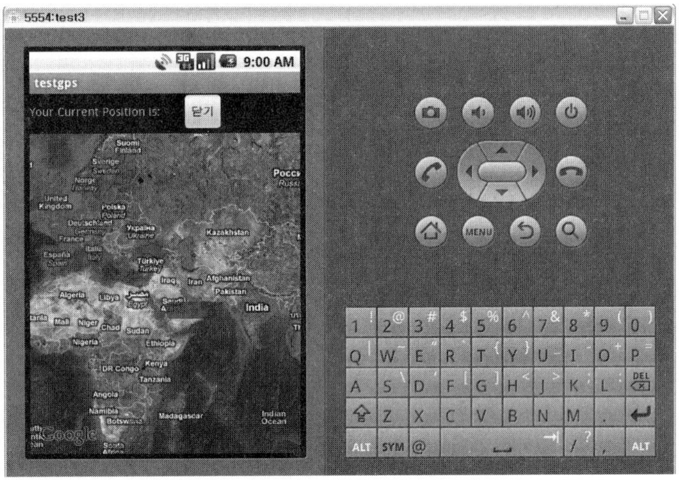

▌그림 15.1▌ testgps 실행 화면

위의 에뮬레이터 화면에서는 나의 위치가 보이지 않지만 실제 핸드폰에 올려보면 나의 위치가 어디인지, 그리고 우편번호까지 확인을 할 수 있다.

15.2.1 좌표 시스템

센서는 X, Y, Z의 좌표에 대해서 각각에 해당하는 값을 배열로 받아와서 처리할 수 있게 되어 있다.

좌표 축 정의

① X축 : 화면에 수평축(portrait 모드에서 짧은 에지를 landscape 모드에서 긴 에지)을 나타내며 오른쪽을 가리킨다.

② Y축 : 화면에 수직축을 나타내며 화면 위쪽을 가리킨다(원점은 왼쪽 밑 코너).

③ Z축 : 단말이 화면을 위로해서 테이블에 놓여 있다고 생각했을 때 하늘을 가리킨다.

※ Orientation(Portrait, Landscape)이 바뀌었을 때 좌표값 역시 바뀐다는 것을 기억해야 한다. 바뀌지 않은 값을 사용하기 위해서는 배열의 3, 4, 5번째 값을 가져올 수 있다.

15.2.2 Orientation

(1) SENSOR_ORIENTATION(방향센서) : 각 배열의 값은 각도를 나타낸다. 단말기 화면이 하늘을 향한 상태로 테이블 위에 수평으로 놓여 있는 상태를 기준으로 각 축을 중심으로 회전시키는 것을 생각하면 된다.

① values[0] : Z축을 중심으로 회전 (0 <= azimuth < 360)
0 = 북, 90 = 동, 180 = 남, 270 = 서

② values[1] : X축을 중심으로 회전 (-180 <= pitch <= 180)
Z축이 Y축 방향으로 향하면 '0'보다 큰 값
화면이 하늘을 향하고 테이블 위에 수평으로 놓여 있는 상태 '0', 화면이 아래를 향하면 -180 or 180, 똑바로 세우면 -90, 거꾸로 세우면 +90

③ values[2] : Y축을 중심으로 회전(-90 <= roll <= 90)
Z축이 X축 방향으로 향하면 '0'보다 큰 값을 가진다.

15.2.3 Accelerometer

(1) SENSOR_ACCELOROMETER(가속도센서) : 각 배열의 값은 (m/s^2) 단위로 되어 있으며, 접촉 힘(Contact Force)을 측정한다.

① values[0] : X축에 적용되는 힘

② values[1] : Y축에 적용되는 힘

③ values[2] : Z축에 적용되는 힘

```
package speed.com;
import android.R.integer
import android.app.Activity;
import android.os.Bundle;
import android.util.Log
import android.widget.TextView;
import android.hardware.SensorManager;
import android.hardware.SensorListener
public class speed extends Activity implements SensorListener {
    final String tag = "speedometer"
    SensorManager sm = null
    TextView xViewA = null
    @Override
```

```
    public void onCreate(Bundle savedInstanceState) {
        super.onCreate(savedInstanceState);
        sm = (SensorManager) getSystemService(SENSOR_SERVICE);
        setContentView(R.layout.main);
        xViewA = (TextView) findViewById(R.id.xbox);
    }
    public void onAccuracyChanged(int sensor, int accuracy) {
    }
    @Override
    protected void onResume() {
        super.onResume();
        sm.registerListener(this, SensorManager.SENSOR_ACCELEROMETER);
    }
    @Override
    protected void onStop() {
        sm.unregisterListener(this);
        super.onStop();
    }
    public void onSensorChanged(int sensor, float[] values) {
        synchronized (this) {
            if (sensor == SensorManager.SENSOR_ACCELEROMETER) {
                double a = Math.sqrt(Math.pow(values[0], 2) + Math.pow(values[1], 2) +
                                Math.pow(values[2], 2) / 1.6 * 3.6);
                int aa = (int) Math.round(a);
                xViewA.setText(aa + "mph");
            }
        }
    }
}
```

센서에 접근하기 위해서는 getSystemService() 메소드를 호출을 해 주어야 한다. 센서 서비스는 값이 변경될 때마다 onSensorChanged()를 호출한다. onSensorChanged는 센서 값의 변화를 알 수 있는 함수이다. sensor는 이벤트가 발생한 센서를 말하고 values는 감지된 값들의 배열을 말하는데 각 값에 1.6 * 3.6으로 나누어 준 이유는 초당 미터를 시간당 마일로 변환해 주기 위해서이다. 속도계는 대부분 화면이 땅과 직각을 이루도록 장치가 수직으로 설치되어 사용될 가능성이 높기 때문에 Z축을 따라 음의 가속도 값을 측정한다.

Chapter 16

SMS 송수신 및 TTS 제어 실습

16.1 TTS 엔진

TTS는 컴퓨터의 텍스트 파일 혹은 문자열(string)을 음성으로 전환해 주는 기능을 의미한다. 이는 마치 컴퓨터가 사람을 대신해서 문장을 "읽어주는" 역할을 함으로 일반 문서나 웹 페이지, 혹은 전자북(eBook)의 내용을 컴퓨터 스피커를 통해 듣고자 하는 용도로 처음 개발되었다. 여기서 텍스트 파일을 받아들여 오디오 파일로 전환하는 핵심적인 기능을 하는 소프트웨어 명령어 및 부속 데이터 파일의 집합체를 "TTS 엔진(engine)"이라고 한다. 사람마다 음성과 음색, 그리고 발음의 명료도와 억양의 차이가 있듯이 TTS 엔진도 그 "성능"에 따라 음성, 음색, 억양, 발음이 큰 차이가 나서 어떤 엔진은 아무리 설정 값을 바꾸며 테스트 해봐도 로봇 같은 느낌을 벗어날 수가 없는 반면, 잘 만들어진 엔진의 경우 실제 사람의 음성에 매우 근접한 퀄리티를 제공하기도 한다.

대부분의 TTS 엔진은 단순히 컴퓨터 스피커로 소리를 출력해 주는 기능 이외에 텍스트 파일을 MP3나 OGG, WAV 등의 오디오 포맷으로 변환해 주는 기능도 제공한다. 그에 따라 일반 문서를 CD나 DVD에 오디오 형태로 담아 CD/DVD 플레이어나 휴대용 MP3 플레이어를 통해 운전 중이나 야외 활동 중에 들을 수 있으며 프레젠테이션에서 응용도 가능하다.

16.1.1 TTS 엔진의 동작과정

TTS 엔진은 로딩(loading), 초기화(initialization), 실행(execution), 닫기(closing), 언로딩(unloading)의 개략적인 동작 수순을 갖는다. 로딩이란 모체가 되는 애플리케이션에서 TTS 라이브러리를 자신의 메모리 영역 내로 불러들이는 과정으로서, 영화 "매트릭스"에 비유하자면 자신의 뇌에 TTS 기능을 전송받는 과정에 해당한다. 초기화는 로딩된 TTS 엔진을 애플리케이션의 용도에 알맞게 설정을 잡아주는 단계로서 사용하게 될 음성(여성, 남성, 성인, 아동 등)의 개수와 문자열의 최대 길이, 언어의 종류(한국어, 영어, 일어, 중국어, etc) 등을 미리 설정함으로써 애플리케이션이 효율적인 메모리 확보와 관리를 할 수 있도록 한다. 또한 오디오 출력에 사용될 사운드 하드웨어의 오디오 포트와 채널을 할당하는 과정도 이 단계에 이루어진다. 실행(execution) 단계는 실제로 음성을 컴퓨터의 스피커를 통해 내보내는 과정으로서 이 단계는 애플리케이션이 종료될 때까지 지속적, 반복적으로 유지된다.

16.1.2 TTS 라이브러리

android.speech

① RecognitionListener
이벤트 관련 인식 사용에 대한 알림을 수신에서 SpeechRecognizer 발생

② RecognitionService
이 클래스는 인식 서비스 구현을 위한 기본 클래스를 제공

③ RecognitionService.Callback
이 클래스는 서비스 음성 받는 call-back에서 인식하여 사용자에게 전달

④ RecognizerIntent RecognizerIntent
Intent 상수의 시작을 인식하여 음성을 지원

⑤ SpeechRecognizer
이 클래스는 음성 인식 서비스에 대한 액세스를 제공

android.speech.tts

① TextToSpeech.OnInitListener
콜백의 인터페이스 정의는 초기화 엔진 TextToSpeech의 호출

② TextToSpeech.OnUtteranceCompletedListener
콜백의 인터페이스 정의들의 집합

③ TextToSpeech
즉각적인 재생을 위해 텍스트에서 합성 음성 또는 사운드 파일 생성

④ TextToSpeech.Engine
TextToSpeech 기능을 위한 내부 상수

16.1.3 간단한 동작원리

① SMS 문자를 수신 받는다.
② SMS의 내용들 중 Message 내용을 가져와 안드로이드 TextView 화면에 출력한다.
③ 화면에 출력한 내용을 음성으로 변환을 하여 문자를 음성으로 변환시킨다.

16.2 Flow Chat

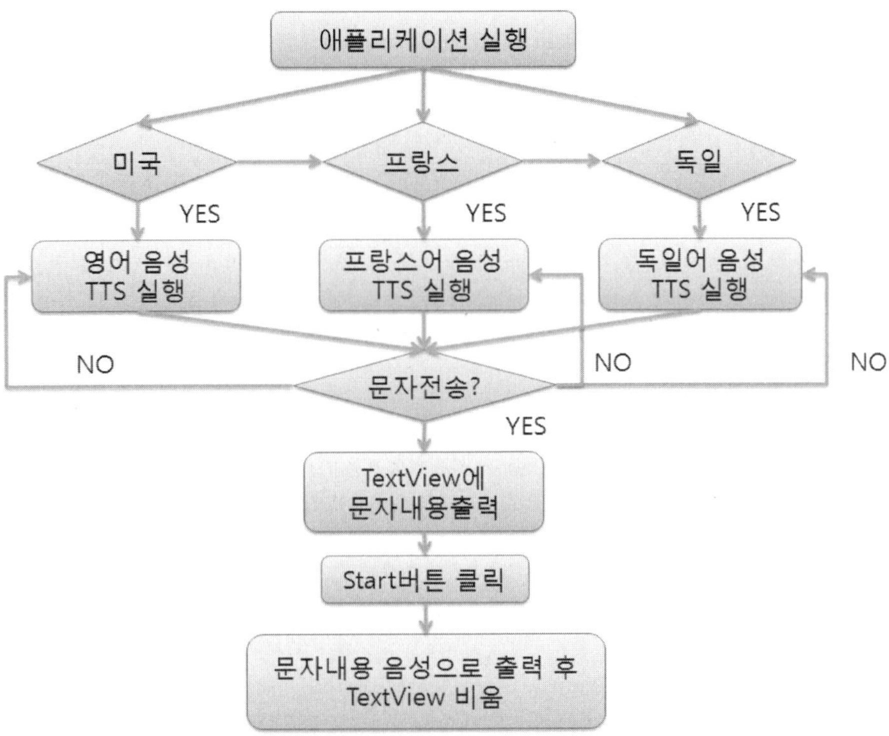

▌그림 16.1▌ 동작 순서도

16.3 프로그래밍

tts.java

```
package lupin.ttv;
import android.app.Activity;
import android.content.Intent;
import android.os.Bundle;
import android.view.View;
import android.view.View.OnClickListener;
import android.widget.Button;
import android.widget.RadioButton;
import android.widget.RadioGroup;
public class tts extends Activity {
    RadioGroup group
    RadioButton us
    RadioButton fr
    RadioButton ge
    Button st
    Button he
    Button ex
    int sel
    /** Called when the activity is first created. */
    @Override
    public void onCreate(Bundle savedInstanceState) {
        super.onCreate(savedInstanceState);
        setContentView(R.layout.main);
        group = (RadioGroup)findViewById(R.id.Group);
        us = (RadioButton)findViewById(R.id.radio1);
        fr = (RadioButton)findViewById(R.id.radio2);
        ge = (RadioButton)findViewById(R.id.radio3);
        group.setOnCheckedChangeListener(new
RadioGroup.OnCheckedChangeListener() {
        @Override
            public void onCheckedChanged(RadioGroup group, int checkedId) {
                if(checkedId == R.id.radio1){
                    sel = 1;
                }
                if(checkedId == R.id.radio2){
                    sel = 2;
                }
```

```
                if(checkedId == R.id.radio3){
                    sel = 3;
                }
            }
        });
        st = (Button)findViewById(R.id.button1);
        st.setOnClickListener(new OnClickListener() {
            public void onClick(View v) {
                if(sel == 1){
                    Intent intent = new Intent(tts.this, usTTS.class);
                    startActivity(intent);
                }else if(sel == 2){
                    Intent intent = new Intent(tts.this, frTTS.class);
                    startActivity(intent);
                }else if(sel == 3){
                    Intent intent = new Intent(tts.this, geTTS.class);
                    startActivity(intent);
                }
            }
        });
        he = (Button)findViewById(R.id.button2);
        he.setOnClickListener(new OnClickListener() {
        @Override
            public void onClick(View v) {
                Intent intent = new Intent(tts.this, Help.class);
                startActivity(intent);
            }
        });
        ex = (Button)findViewById(R.id.button3);
        ex.setOnClickListener(new OnClickListener() {
        @Override
            public void onClick(View v) {
                finish();
            }
        });
    }
}
```

TTS 클래스는 전체 화면구성과 이벤트를 처리해 주는 클래스이다. 보이는 바와 같이 라디오 버튼을 3개 만들고 그에 대한 클릭 이벤트가 생기게 되면 선택한 언어에 대한 클래스를 불러오는 역할을 하는 클래스이다.

Help.java

```
package lupin.ttv;
import android.app.Activity;
import android.os.Bundle;
import android.view.View;
import android.view.View.OnClickListener;
import android.widget.Button;
public class Help extends Activity {
    @Override
    public void onCreate(Bundle savedInstanceState) {
        super.onCreate(savedInstanceState);
        setContentView(R.layout.help);
        Button ex = (Button) findViewById(R.id.back);
        ex.setOnClickListener(new OnClickListener() {
        @Override
            public void onClick(View v) {
                finish();
            }
        });
    }
}
```

Help 클래스는 도움말을 보여주는 역할을 한다.

usTTS.java

```
package lupin.ttv;
import java.util.Locale;
import android.app.Activity;
import android.content.BroadcastReceiver;
import android.content.Context;
import android.content.Intent;
import android.content.IntentFilter;
import android.os.Bundle;
import android.speech.tts.TextToSpeech;
import android.telephony.gsm.SmsManager
import android.telephony.gsm.SmsMessage
import android.util.Log;
import android.view.View;
```

```
import android.widget.Button;
import android.widget.LinearLayout;
import android.widget.TextView;
public class usTTS extends Activity implements TextToSpeech.OnInitListener {
    private static final String TAG = "TextToSpeech"
    private TextToSpeech mTts
    private Button mAgainButton
    private Button exit
    private String str = ""
    private TextView text
    BroadcastReceiver rcvMsgSent = null
    BroadcastReceiver rcvMsgReceipt = null
    BroadcastReceiver rcvIncoming = null
    public void onCreate(Bundle savedInstanceState) {
        super.onCreate(savedInstanceState);
        LinearLayout linearLayout = new LinearLayout(this);
        linearLayout.setOrientation(LinearLayout.VERTICAL);
        setContentView(linearLayout);
        final SmsManager sms = SmsManager.getDefault()
        text = new TextView(this);
        text.setWidth(200);
        linearLayout.addView(text);
        mTts = new TextToSpeech(this, this);
        mAgainButton = new Button(this);
        mAgainButton.setWidth(100);
        mAgainButton.setText("Start");
        exit = new Button(this);
        exit.setWidth(100);
        exit.setText("뒤로");
        rcvIncoming = new BroadcastReceiver() {
            public void onReceive(Context context, Intent intent) {
                Log.i("telephony", "SMS received");
                Bundle data = intent.getExtras();
                if (data != null) {
                    // SMS uses a data format known as a PDU
                    Object pdus[] = (Object[]) data.get("pdus");
                    String message = "New message:\n"
                    String sender = null
                    for (Object pdu : pdus) {
                        SmsMessage part = SmsMessage.createFromPdu((byte[]) pdu);
                        message += part.getDisplayMessageBody()
                        if (sender == null) {
                            sender = part.getDisplayOriginatingAddress()
```

```
                    }
                }
                text.setText(message);
            }
        }
    }
    registerReceiver(rcvIncoming, new IntentFilter(
    "android.provider.Telephony.SMS_RECEIVED"));
    mAgainButton.setOnClickListener(new View.OnClickListener() {
        public void onClick(View v) {
            str = text.getText().toString();
            mTts.speak(str, TextToSpeech.QUEUE_FLUSH, null);
            text.setText("");
        }
    });
    linearLayout.addView(mAgainButton);
    exit.setOnClickListener(new View.OnClickListener() {
    @Override
        public void onClick(View v) {
            finish();
        }
    });
    linearLayout.addView(exit);
}
public void onDestroy() {
    if (mTts != null) {
        mTts.stop();
        mTts.shutdown();
    }
    super.onDestroy();
}
public void onInit(int status) {
    if (status == TextToSpeech.SUCCESS) {
        int result = mTts.setLanguage(Locale.US);
        if (result == TextToSpeech.LANG_MISSING_DATA || result ==
             TextToSpeech.LANG_NOT_SUPPORTED) {
            Log.e(TAG, "Language is not available.");
        } else {
            mAgainButton.setEnabled(true);
            mTts.speak("Welcom to the TTS Service!",
            TextToSpeech.QUEUE_FLUSH, null);
            // 시작할 때 음성 " " 이곳에 문장을 넣으면 실행 시 음성 나옴!
        }
    } else {
```

```
            Log.e(TAG, "Could not initialize TextToSpeech.");
        }
    }
}
```

usTTS 클래스는 메시지가 오면 그 메시지를 TextView에 출력을 하고 start 버튼을 누르면 음성을 텍스트로 바꾸어 주는 역할을 한다. SMS의 정보는 전화번호와 문자메시지를 받아올 수 있는데, 위에서 보다시피 전화번호 오는 부분은 삭제시켰고, 문자 메시지만 받는 것으로 설정을 하였다. 프랑스어나 독일어 등 다른 언어도 위와 같은 프로그램으로 언어만 바꿔주면 손쉽게 만들 수 있다.

```
<uses-permission android:name="android.permission.READ_PHONE_STATE" />
<uses-permission android:name="android.permission.RECEIVE_SMS" />
```

SMS 기능을 사용하려면 AndroidManifest.xml에 위와 같은 문장을 삽입해 주어야 한다.

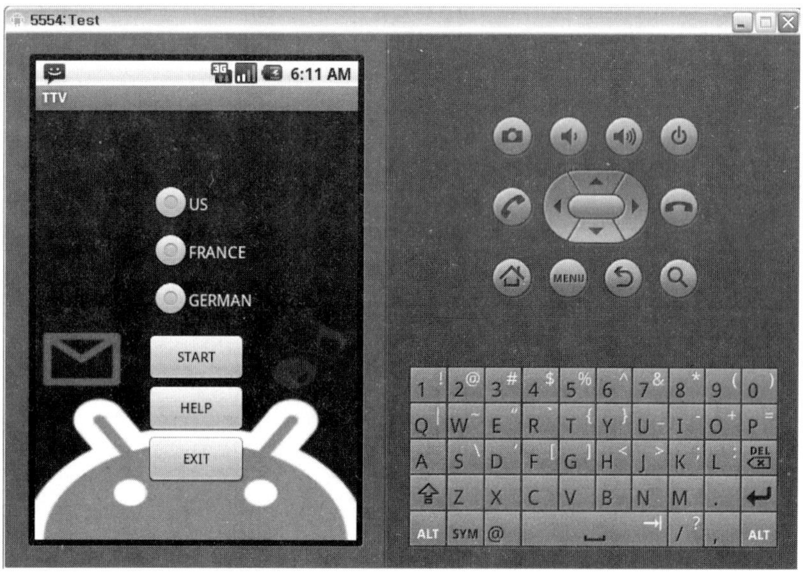

그림 16.2 에뮬레이터 실행 화면 – 메인 화면

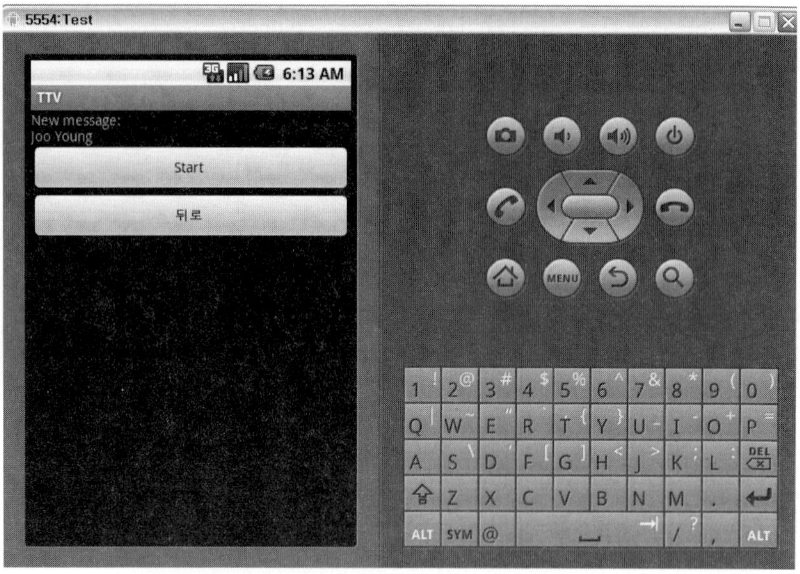

▌그림 16.3▐ 에뮬레이터 실행 화면 – 문자 수신

Chapter 17

Web 연동 프로그래밍

17.1 XML의 정의 및 개념

17.1.1 XML 개요

XML은 웹 브라우저로 볼 수 있는 일종의 웹 문서이다. XML은 eXtensible Markup Language의 약자로 "확장성 생성 언어"라 한다.

HTML 문서는 정규규약의 태그를 사용하여 문서를 구성하는 반면 XML은 확장성 생성 언어라는 말과 같이 태그에 사용되는 문자열을 작성자가 임의로 지정한다. HTML은 웹 브라우저(익스플로러, 파이어폭스, 사파리)마다 조금씩 다른 태그를 사용하여 비표준화된 문서이기도 하다.

XML은 1996년 W3C(World Wide Web Consortium)에서 제안되었으며, 모든 웹 브라우저 혹은 프로그램마다의 문서 규칙이 표준화되어 HTML보다 홈페이지 구축기능, 검색기능 등이 향상되었고 클라이언트 시스템의 복잡한 데이터 처리를 쉽게 처리할 수 있도록 구성되어 데이터베이스에 직접 접속하여 처리하지 못하는 프로그램에서도 쉽게 접근처리 가능하다.

이밖에 HTML 문서는 데이터를 지원하는 문서로는 방대한 태그와 복잡성을 가지고 있어서, 데이터베이스 방식으로는 사용하기 어려움이 있지만, XML 문서는 사용자가 구조화된 데이터베이스를 뜻대로 조작할 수 있는 데이터 교환 방식으로 접근하기 쉽다. 근래 웹 브라우저들은 모드 XML 문서를 해석할 수 있도록 제작되어 XML 문서가 웹에 있어서 범용으로 사용할 수 있다.

17.1.2 XML의 기본 구조

XML 데이터는 일반 텍스트 형식으로 작성되며, 정보를 구조화된 형식으로 구성하는 특수 구문이 사용된다. 일반적으로 하나의 XML 데이터 집합을 XML 문서라고 한다. XML 형식에서 데이터는 계층구조에 따라 요소로 구성된다. 요소는 하나의 데이터 항목이거나 다른 여러 요소의 컨테이너일 수 있다. 모든 XML 문서는 최상위 수준(기본 항목)에 하나의 요소를 갖고 있다. 대부분 여러 중첩 요소로 구성되는 경우가 많지만 이 루트 요소 내에는 단일 정보가 포함된다. 한 예로, 음악 앨범 정보가 포함된 다음 XML 문서를 살펴보겠다.

```
<song tracknumber="1" length="4:05">
<title>What do you know?</title>
<artist>Steve and the flubberblubs</artist>
<mood>Happy</mood>
<lastplayed>2006-10-17-08:31</lastplayed>
<lengh size="30"/>
</song>
```

일반적으로 각 요소는 작성자가 임의로 지정한 요소 이름으로 시작된 태그와 내용 <값>, 그리고 <닫는 태그>로 구성된다. 위의 예에서 <song>, <title> 등이 시작 태그에 해당하고 </song>, </title> 등이 각 태그의 닫는 태그이다. <title>과 </title> 사이의 'what do you know?'가 실제 요소의 값이다.

위의 예에서 <length> 태그는 내용이 없다. 이런 경우엔 닫는 태그를 사용하지 않고 시작 태그에 내용 없음을 포함하여 <length/>로 표기할 수 있다. 태그, 즉 각괄호(보다 작음 및 보다 큼 기호)로 둘러싸인 요소 이름으로 구분된다. 요소의 이름을 작성자가 임의로 지정하여 사용할 수 있다. 요소의 시작을 나타내는 여는 태그의 이름은 다음과 같다.

<title>

요소의 끝을 나타내는 닫는 태그에는 다음과 같이 요소 이름 앞에 슬래시(/)가 사용된다.

</title>

요소에 내용이 없는 경우에는 빈 요소(자체 닫기 요소라고도 함)로 작성될 수 있다. XML에서 <lastplayed/>은 다음 요소와 동일하다.

<lastplayed></lastplayed>

여는 태그와 닫는 태그 사이에 포함된 내용 외에도 요소에는 여는 태그로 정의된 특성이라는 다른 값이 포함될 수 있다. 예를 들어, 다음 XML 요소는 값이 "4:19"인 한 개의 특성(length)을 정의한다.

<song length="4:19"></song>

각 XML 요소에는 단일 값 또는 하나 이상의 XML 요소가 있거나 빈 요소의 경우 내용이 없다.

17.1.3 XML의 중요 개념 및 용어

- **요소** : XML 문서에 있는 단일 항목으로, 시작 태그 및 닫는 태그, 그리고 그 사이의 내용으로 구성된다. 내용 부분은 텍스트 데이터 또는 기타 요소로 구성되거나 비어 있을 수 있다.
- **비어 있는 요소** : 자식 요소가 없는 XML 요소이다. 비어 있는 요소는 자체 닫는 태그(예: <element/>)라고도 한다.
- **문서** : 하나의 XML 구조를 나타낸다. XML 문서는 여러 개의 요소 또는 비어 있는 요소들로 구성될 수 있지만, 문서의 모든 요소를 포함하는 최상위 수준 요소가 반드시 하나 있어야 한다.
- **노드** : XML 요소를 지칭하는 다른 이름이다.
- **특성** : 요소와 관련이 있는 속성들을 이름 ="값"의 형식으로 시작 태그 내에 지정한다.

17.1.4 XML 라이브러리

org.xmlpull.v1

① XmlPullParser
XMLPULL의 v1에서 API를 제공하는(파싱을 정의하는 인터페이스)이다.

② XmlPullParserFactory
XML Pull Parser의 구현을 XMPULL의 v1에 정의된 API를 만드는데 사용된다.

17.1.5 파서(Parser)

파서(Parser)란 확장성 생성 언어인 XML 문서를 분석해서 응용 프로그램이 이용하기 쉬운 형태로 변환 처리해주는 역할을 하는 프로그램입니다. 변환 시에 XML 문서가 문법에 비추어 정확하게 기술되고 있는지를 동시에 검증한다. XML 문서는 텍스트 파일의 형태로 존재하기 때문에 그대로 소프트웨어에서 이용할 수 없다. 개개의 소프트웨어 안에 XML 문서를 해석하는 프로그램을 갖게 하는 방법도 있지만 XML은 일정한 형식이 정해져 있기 때문에 범용적인 해석 프로그램인 XML 파서에 의해 변환한 데이터를 소프트웨어가 사용하도록 하는 것이 효율적이다. 응용 프로그램이 XML 문서를 취급하는 경우에는 직접 XML 문서를 읽는 것이 아니라 XML 파서를 개입시키는 것이 일반적이다. 이처럼 XML 문서를 처리하는 형식에 따라 크게 둘로 나눠지는데 파일로 되어 있는 XML 문서를 읽어서 이벤트를 발생해주는 형식의 파서를 SAX 파서라 하고, 파일로 되어 있는 XML 문서를 읽어서 메모리에 객체 형식으로 로딩하는 파서를 DOM 파서라고 한다.

17.2 동작원리

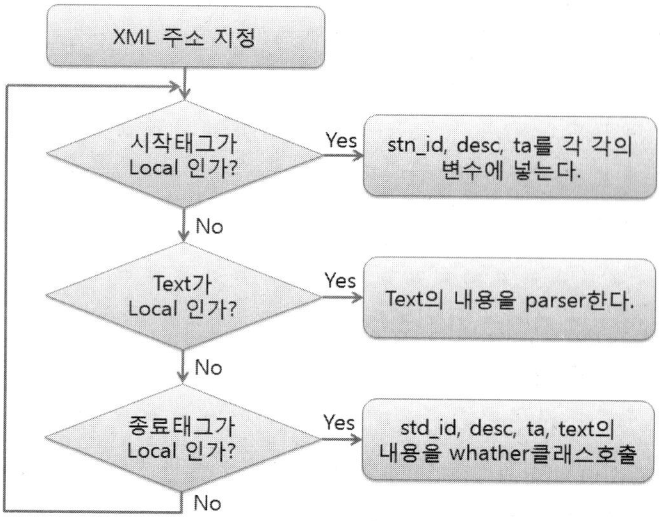

그림 17.1 XML 동작 순서도

17.3 XML 및 Parser 응용

위에서 언급한 XML 및 Parser를 이용한 애플리케이션을 만들어 보겠다. 이 애플리케이션은 기상청의 XML 홈페이지(http://www.kma.go.kr/XML/weather/sfc_web_map.xml)에 접속하여 기상청의 XML 홈페이지 중에서 필요한 정보만 Parser를 이용해서 가져오는 날씨 출력 애플리케이션이다. 기상청 XML 홈페이지를 접속해서 XML의 구조를 파악하고 애플리케이션을 작성해 보는 것도 하나의 좋은 방법이다.

PullParserActivity.java

```
package octacomm.pullparse;
import java.net.URL;
import java.util.ArrayList;
import org.xmlpull.v1.XmlPullParser;
import org.xmlpull.v1.XmlPullParserFactory;
import android.app.Activity;
import android.app.ListActivity;
import android.graphics.drawable.Drawable;
import android.os.Bundle;
import android.util.Log;
import android.view.LayoutInflater;
import android.view.View;
import android.view.ViewGroup;
import android.widget.ArrayAdapter;
import android.widget.ImageView;
import android.widget.TextView;
public class PullParserActivity extends ListActivity {
    ImageView conditionImage
    TextView regionTextView
    TextView conditionTextView
    ArrayList<Weather> weather = new ArrayList<Weather>();
    /** Called when the activity is first created. */
    @Override
    public void onCreate(Bundle savedInstanceState) {
        super.onCreate(savedInstanceState);
        setContentView(R.layout.main);
        // ///////////////////////////////////////////////
        try {
```

```
// URL 지정
URL url = new URL(
    "http://www.kma.go.kr/XML/weather/sfc_web_map.xml");
XmlPullParserFactory parserFactory = XmlPullParserFactory.newInstance();
XmlPullParser parser = parserFactory.newPullParser();
parser.setInput(url.openStream(), "utf-8");
// /////////////////////////////////////////////////////////////////////
int parserEvent = parser.getEventType();
String tag = "ready..!"
String stnid = ""
String desc = ""
String ta = ""
String region = ""
int i = 0;
while (parserEvent != XmlPullParser.END_DOCUMENT) {
    switch (parserEvent) {
        case XmlPullParser.START_DOCUMENT: // XML 문서의 시작
            Log.d("parserTest", "Parser Start..!");
            break
        case XmlPullParser.START_TAG: // 시작 이벤트일 시
            tag = parser.getName();
            if (tag.equals("local")) {
                stnid = parser.getAttributeValue(null, "stn_id");
                desc = parser.getAttributeValue(null, "desc");
                ta = parser.getAttributeValue(null, "ta");
            }
            break
        case XmlPullParser.TEXT: // Text를 만났을 때
            if (tag.equals("local")) {
                region = parser.getText();
            }
            break
        case XmlPullParser.END_TAG: // End 태그를 만났을 때
            if (tag.equals("local")) {
                Weather imsi = new Weather(region, desc, ta, stnid);
                weather.add(imsi);
            }
            tag = "nothing"
            break
    }
    parserEvent = parser.next(); // 다음 이벤트 시작, 문서가 끝날 때까지
    // 시작 태그와 End 태그를 반복한다.
}
```

```
            } catch (Exception e) {
                // TODO Auto-generated catch block
                e.printStackTrace();
                Log.d("parserTest", "error");
            }
            Log.d("parserTest", weather.get(2).stnid);
            Log.d("parserTest", weather.get(3).stnid);
            Log.d("parserTest", weather.get(4).stnid);
            setListAdapter(new CustomRow(this));
    }
    class CustomRow extends ArrayAdapter<Weather> {
            Activity context
            public CustomRow(Activity c) {
                super(c, R.layout.customcell, weather);
            this.context = c;
            }
            @Override
            public View getView(int position, View convertView, ViewGroup parent) {
                LayoutInflater inf = context.getLayoutInflater();
                View customcell = inf.inflate(R.layout.customcell, null);
                conditionImage = (ImageView)
customcell.findViewById(R.id.conditionImage);
                regionTextView = (TextView) customcell.findViewById(R.id.TextView03);
                conditionTextView = (TextView)
customcell.findViewById(R.id.TextView05);
                regionTextView.setText(weather.get(position).region);
                conditionTextView.setText(weather.get(position).desc);
                Drawable sunnyImage = getResources().getDrawable(R.drawable.sunny);
                Drawable cloudImage = getResources().getDrawable(R.drawable.cloud);
                Drawable rainImage = getResources().getDrawable(R.drawable.rain);
                if (weather.get(position).desc.equals("")) {
                    conditionImage.setImageDrawable(sunnyImage);
                } else if (weather.get(position).desc.equals("")) {
                    conditionImage.setImageDrawable(rainImage);
                }
                if (weather.get(position).desc.equals("") ||
weather.get(position).desc.equals("")) {
                    conditionImage.setImageDrawable(cloudImage);
                }
                return customcell;
            }
    }
}
```

이 프로그램은 기상청 XML 홈페이지를 직접 접속하여 XML 문서를 해석해서 원하는 정보만을 빼 오는 프로그램이다.

Weather.java

```
package octacomm.pullparse;
public class Weather {
    String region
    String desc
    String ta
    String stnid
    public Weather(String region, String desc, String ta, String stnid) {
        super();
        this.region = region;
        this.desc = desc;
        this.ta = ta;
        this.stnid = stnid;
    }
}
```

이 프로그램은 PullParserActivity.java의 내용 중 필요한 내용을 담아서 출력하는 함수로 받은 내용을 regin, desc, ta, stnid에 저장을 한다.

이 애플리케이션을 실행하기 위해서는 인터넷을 사용한다는 접근권한을 선언해야 된다. 이 선언은 AndroidManifest.xml에서 하는 것으로 internet의 접근권한을 선언해 주면 된다.

Manifest.java

```
<?xml version="1.0" encoding="utf-8"?>
    <manifest xmlns:android="http://schemas.android.com/apk/res/android"
            package="octacomm.pullparse" android:versionCode="1"
android:versionName="1.0">
    <application android:icon="@drawable/icon" android:label="@string/app_name">
        <activity android:name=".PullParserActivity"
android:label="@string/app_name">
            <intent-filter>
                <action android:name="android.intent.action.MAIN" />
                <category android:name="android.intent.category.LAUNCHER" />
```

```
            </intent-filter>
        </activity>
    </application>
    <uses-sdk android:minSdkVersion="4" />
    <uses-permission android:name="android.permission.INTERNET" />
</manifest>

package octacomm.pullparse;
public class Weather {
    String region
    String desc
    String ta
    String stnid
    public Weather(String region, String desc, String ta, String stnid) {
        super();
        this.region = region;
        this.desc = desc;
        this.ta = ta;
        this.stnid = stnid;
    }
}
```

Chapter 18

웹 서버 실습

18.1 JSP 개요

JSP는 Java Server Pages의 약자로 자바 언어를 기반으로 하는 스크립트 언어로서 자바가 제공하는 기능을 그대로 사용할 수 있다. 프로토콜에 따라 클라이언트의 요청을 처리하고 응답하며 html, xml 등 클라이언트가 요청한 문서를 생성하는데 사용된다. 서블릿/EJB 등의 엔터프라이즈 기술들과 잘 융합되며, 표현 언어, 표현식, 스트립트릿 등 다양한 스크립트 요소와 액션 태그 등을 제공함으로써 보다 쉽게 웹 애플리케이션 프로그래밍을 할 수 있게 도와준다.

18.1.1 JSP의 특징

1) 자바 언어의 특징 중 하나인 플랫폼 독립적

자바와 마찬가지로 한번 작성된 JSP 프로그램은 어떠한 웹 서버(JSP 엔진)에서도 실행된다. JSP 엔진에 있는 JVM에 의해서 페이지가 컴파일되고 실행되어지기 때문에 가능하다.

2) 자동 메모리 관리

자바에서 Garbege Collector에 의해서 사용되지 않는 객체들을 수집하게 된다. 그래서 개발자는 메모리 부분을 신경 쓰지 않고 개발할 수 있다.

3) 서블릿의 단점을 극복

서블릿은 자바 프로그램 내에 HTML이나 클라이언트 측 스크립트를 기술하므로 웹 디자인을 변경하기 어렵다. 하지만 JSP는 HTML 태그 안에 자바를 기술하므로 코드 작성이나 수정이 쉽다.

JSP는 웹 페이지에 자바코드를 직접 넣음으로써 동적인 콘텐츠 표현을 가능하게 한다. 또한 HTML과 유사한 태그를 포함시켜 서버 쪽에 존재하는 자바 객체와의 대화를 가능하게 한다.

4) 자바 빈즈의 활용

자바로 작성한 자바 클래스 중에 자바 빈스 규약에 맞게 작성된 클래스를 JSP에서 사용 가능하다. 이를 통해서 프레젠테이션 부분과 비즈니스 로직 부분을 분리하여 개발할 수 있다. 프레젠테이션은 웹 페이지 쪽, 다시 말해 웹 디자이너의 임무이고, 비즈니스 로직은 데이터베이스와 연동하거나 하는 등의 작업을 빈즈를 통해서 구현하는 프로그래머 임무이다. 이렇게 되면 반드시는 아니지만 웹 디자이너의 역할과 프로그래머 역할을 분리할 수 있어 개발 및 유지보수가 쉽다. 프레젠테이션 디자이너는 HTML과 그리고 비슷한 태그로 자바 빈즈를 액세스할 수 있기 때문에 어려운 자바 코드 없이 JSP 페이지를 작성할 수 있고 프로그래머는 웹 표현을 신경쓰지 않고 동적인 웹 페이지 제작에만 집중할 수 있기 때문이다.

5) 태그 라이브러리

사용자가 만들어 사용할 수 있는 커스텀 태그 라이브러리를 제공한다.

6) 수행 성능

CGI 프로그램은 사용자로부터의 요청이 있을 때 각 요청에 대해 하나의 프로세스를 생성해 이용하지만 JSP에서는 스레드를 발생시켜 서버가 갖게 되는 부하를 줄인다.

18.2 MySQL 개요

MySQL은 600만 사용자를 확보하고 있는 다중 스레드, 다중 사용자 형식의 구조 질의어 형식의 데이터베이스 관리 시스템(SQL DBMS)이다. MySQL은 MySQL AB가 라이센스에 의한 판매 지원과 서비스 계약 등을 관리 지원하는데, 두 가지 옵션의 라이센스 정책이 적용된다. 하나의 옵션은 GPL(Gnu General Public License)이며, GPL 이외의 라이센스로 적용하려는 경우 전통적인 지적재산권 라이센스의 적용을 받는다.

18.2.1 MySQL의 특징

1) MySQL은 데이터베이스 관리 시스템이다.

데이터베이스란 구조화된 데이터 집합이다. 이러한 데이터 집합에는 간단한 쇼핑 리스트에서부터 기업의 전사적인 데이터까지 포함이 된다. 컴퓨터 데이터베이스에 저장되어 있는 데이터 집합을 추가, 접속, 처리하기 위해서는 MySQL과 같은 데이터베이스 관리 시스템을 사용해야 한다.

2) MySQL은 관계형 데이터베이스 관리 시스템이다.

관계형 데이터베이스는 데이터를 하나의 커다란 저장공간에 저장하지 않고 서로 별개의 테이블에 나누어서 저장을 하는 시스템이다. 이를 통해 처리 속도와 유연성이 확보된다. SQL은 "Structured Query language"의 약자이며, SQL은 ANSI/ISO 표준에서 정의한 데이터베이스 접속을 위한 가장 일반적인 표준 언어이다. 이 매뉴얼에서 언급하는 "SQL 표준"은 각 시점에서 발표된 SQL 표준을 의미하는 것이다.

3) MySQL 소프트웨어는 오픈 소스이다.

MySQL 데이터베이스는 GPL(GNU Public License)를 준수하는 오픈 소스 데이터베이스이며, GPL을 준수해서 사용하는 모든 사용자에게 무료로 배포되고 있다.

4) MySQL 서버는 클라이언트/서버 또는 임베디드 시스템에서 사용할 수 있다.

MySQL 데이터베이스 소프트웨어는 멀티스레드 SQL 서버로 구성된 클라이언트/서버 시스템이다.

18.3 C# 개요

C++(시플러스플러스)에 기본을 두고, 비주얼베이직(visual basic)의 편의성을 결합하여 만든 객체지향 프로그래밍언어이다. 모든 것을 객체로 취급하는 컴포넌트 프로그래밍 언어로, 시샵(C-sharp)이라고 발음한다. 2000년 6월 마이크로소프트가 닷넷(.NET) 플랫폼를 위해 개발하였다. C++ 언어에 기본을 둔 언어로, 비주얼베이직이나 자바(Java)와도 비슷하다. 따라서 비주얼베이직과 자바·C++ 등의 장점을 지닌다. 비주얼 언어가 가진 사용자 친화성, C++이 객체지향성, 자바의 분산환경 처리에 적합한 다중성 등을 모두 지니는 컴포넌트 기반의 소프트웨어 개발 패러다임을 반영한다.

웹을 통해 정보와 서비스를 교환하고, 개발자들이 이식성(portability) 높은 응용 프로그램들을 만들어 낼 수 있게 고안되었다. 즉, 이 프로그래밍 언어를 사용하면 대대적인 개정 없이도 하나 이상의 OS(운영체제)에서 사용될 수 있는 응용 프로그램들을 만들어낼 수가 있다. 따라서 프로그래머가 별도의 코드를 만들지 않고서도 새로운 제품이나 서비스를 빠르고 값싸게 시장에 내놓을 수 있게 된다.

18.4 동작원리

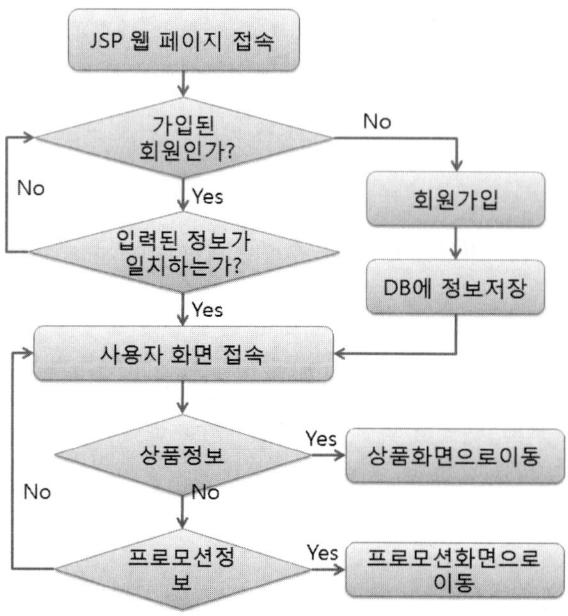

▌그림 18.1▐ 웹 서버 동작 순서도

18.5 웹 서버 구축

18.5.1 MySQL 설치

MySQL 홈페이지(http://dev.mysql.com/downloads/mysql/)에서 자신의 컴퓨터 사양에 맞는 버전을 다운받아서 실행시키면 된다. 설치과정은 아래와 같다.

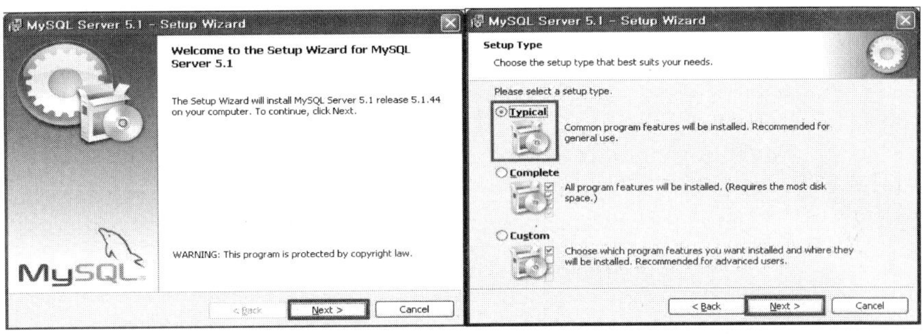

▌그림 18.2▐ typical : 기본 설치

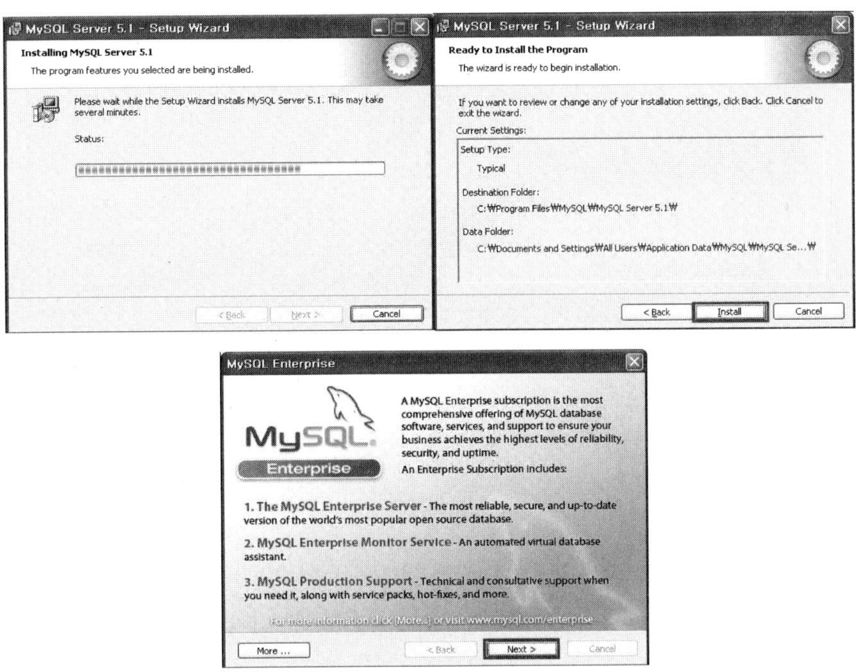

▌그림 18.3▐ complete : 전체 설치, custom : 선택적 설치

위 내용은 MySQL의 설치 내용이다. 아래 내용은 MySQL의 설정을 잡는 화면이다. 이 설정은 MySQL에 접속을 할 때 비밀번호와 내부사항 설정 및 MySQL에서 사용 할 문자를 지정하는 설정이다.

18.5.2 MySQL-Connector 다운로드와 설치

JSP를 기반으로 한 MySQL의 데이터베이스를 원격으로 접속해서 데이터베이스에 저장되어 있는 데이터를 불러오는 형식으로 만들어졌다. 응용 프로그램을 통하여 먼저 데이터베이스에 접속을 한 다음 일정한 시간마다 데이터베이스에 저장되어 있는 데이터들을 읽어오는 시스템은 C# 기반으로 설정이 되어 있다.

MySQL-Connector의 다운로드 주소는 다음과 같다.

http://dev.mysql.com/get/Downloads/Connector-Net/mysql-connector-net-6.0.3.zip/from/pick#mirrors

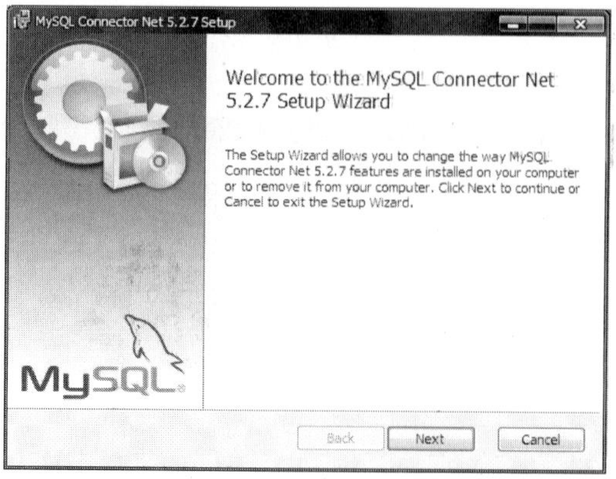

▮그림 18.4▮ MySQL-connect 드라이버의 실행 화면

설치가 끝나면 C#과 MySQL 연동의 기본적인 설치는 완료가 된다. C#에서 MySQL 연동을 하려면 이 드라이버를 설치 후 참조부분에서 추가를 해야 연동이 가능해진다.

18.5.3 데이터베이스의 데이터 전송

MySQL의 데이터베이스에서 데이터를 주기적으로 읽어오면 데이터를 마이크로게이트웨이에 보내야 한다. 데이터를 보내는 방식도 일정 시간마다 데이터를 보내주는 것이다. 응용 프로그램에서 마이크로게이트웨이와 접속하는 방식의 프로그램에서 추가적으로 MySQL과 연동하는 작업과 데이터를 불러오는 작업과 데이터를 보내주는 방식을 모두 처리하였다. 데이터를 수신하는 주기와 데이터를 송신하는 주기를 조절할 수 있으며, 저장되어 있는 데이터베이스의 테이블명을 변경시키면 그 테이블에 해당되는 데이터를 읽어올 수 있고 보내줄 수도 있다.

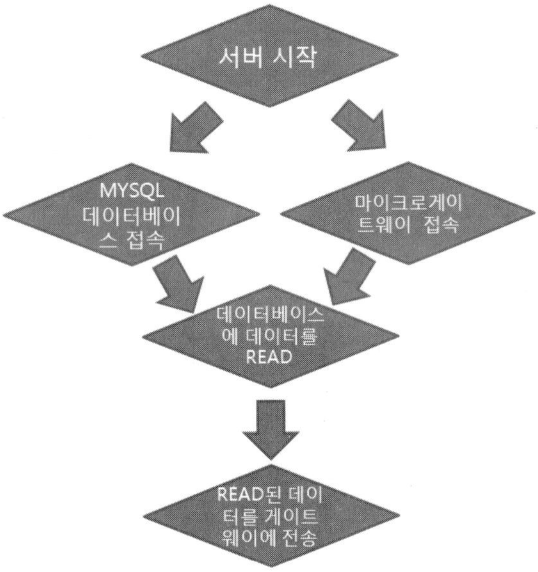

▌그림 18.5▐ 데이터 전송 순서도

18.5.4 C#과 MySQL의 연동 응용

C#에서 MySQL을 연동시키기 위해서는 참조부분에 MySQL.data를 추가시켜 줘야 한다.

참조하는 방법은 다음 그림과 같다.

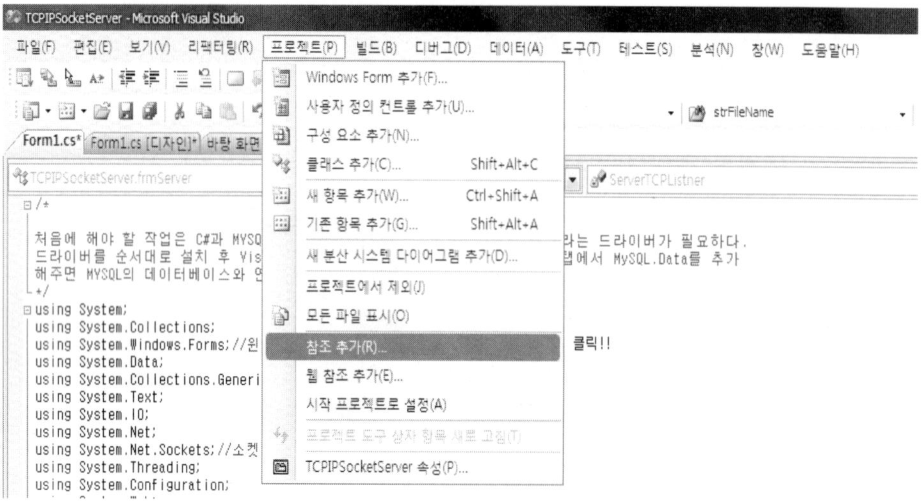

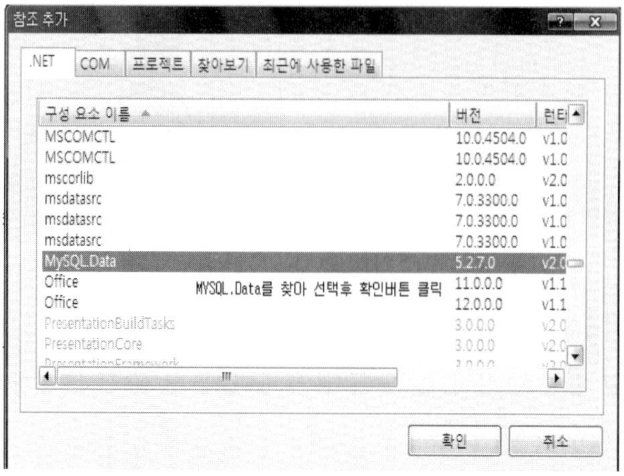

▌그림 18.6▐ MySQL 연동을 위한 참조 추가

```
/*
처음에 해야 할 작업은 C#과 MySQL의 연동을 위해서는 먼저 MySQL-connector라는
드라이버가 필요하다.
드라이버를 순서대로 설치 후 Visual studio2008의 프로젝트 탭의 참조 추가 탭에서
MySQL.Data를 추가해주면 MySQL의 데이터베이스와 연동이 가능하다.
*/
using System;
using System.Collections;
using System.Windows.Forms;//윈도우 폼을 쓰기 위한 참조부분
using System.Data;
using System.Collections.Generic;
using System.Text;
using System.IO;
using System.Net;
using System.Net.Sockets;//소켓통신을 위한 참조부분
using System.Threading;
using System.Configuration;
using System.Web;
using MySql.Data;//MySQL연동을 하기위해 추가
using MySql.Data.MySqlClient;//MySQL 연동을 하기 위해 추가
using System.Data.Odbc;
using System.Data.SqlClient;//MySQL 연동을 하기 위해 추가
using System.ComponentModel;
using System.Drawing;
using System.Threading;

namespace TCPIPSocketServer//프로젝트 이름
{
        /// <summary>
        /// Form1에 대한 요약 설명이다.
        /// </summary>
    public class frmServer : System.Windows.Forms.Form
    {
        private TcpListener ServerTCPListner;//TCP 서버를 생성해주는 부분이다.
        private static long ConnectedSockedCount = 10000;
        private Hashtable HTSocketHolder = new Hashtable();
        private Hashtable HTThreadHolder = new Hashtable();

        private int MaximumConnected = 5000;
        private Socket TCPListnerAcceptSocket;
        private int PORT;
        private int timerSendGw = 3;
        private int timerReadDb = 2;
```

```
        private int timeSendGwCount = 0;
        private int timerReadCount = 0;
        private int check_Client = 1;
        private int check_count = 0;
        private int sendCount = 0;

#region
        //폼에 쓰이는 컨트롤을 선언해주는 부분이다.
        private System.Windows.Forms.Label lab1;
        private System.Windows.Forms.TextBox txtPNumber;
        private System.Windows.Forms.Button btnSStart;
        private System.Windows.Forms.Button btnSStop;
        private System.Windows.Forms.Timer timer1;
        private ListView listView1;
        private TextBox txtMsg;
    //  private Label label1;
        private Label label2;
        private IContainer components;
#endregion

        public frmServer()
        {
            //
            // Windows Form 디자이너 지원에 필요하다.
            //
            InitializeComponent();

            //
            // TODO: InitializeComponent를 호출한 다음 생성자 코드를 추가한다.
            //
        }

        /// <summary>
        /// 사용 중인 모든 리소스를 정리한다.
        /// </summary>
        protected override void Dispose(bool disposing)
        {
        if (disposing)
         {
                if (components != null)
                {
                    components.Dispose();
                }
         }
            base.Dispose(disposing);
```

```
    }

    #region Windows Form 디자이너에서 생성한 코드
    /// <summary>
    /// 디자이너 지원에 필요한 메소드이다.
    /// 이 메소드의 내용을 코드 편집기로 수정하지 마시오.
    /// </summary>

    //폼에 있는 모든 컨트롤의 이름, 위치 크기를 지정해주는 부분이다.
    private void InitializeComponent()
    {
        this.components = new System.ComponentModel.Container();
        this.lab1 = new System.Windows.Forms.Label();
        this.txtPNumber = new System.Windows.Forms.TextBox();
        this.btnSStart = new System.Windows.Forms.Button();
        this.btnSStop = new System.Windows.Forms.Button();
        this.timer1 = new System.Windows.Forms.Timer(this.components);
        this.listView1 = new System.Windows.Forms.ListView();
        this.txtMsg = new System.Windows.Forms.TextBox();
    //      this.label1 = new System.Windows.Forms.Label();
        this.label2 = new System.Windows.Forms.Label();
        this.SuspendLayout();
        //
        // lab1
        //
        this.lab1.AutoSize = true;
        this.lab1.Location = new System.Drawing.Point(16, 29);
        this.lab1.Name = "lab1";
        this.lab1.Size = new System.Drawing.Size(65, 12);
        this.lab1.TabIndex = 0;
        this.lab1.Text = "포트번호 : ";
        //
        // txtPNumber
        //
        this.txtPNumber.Location = new System.Drawing.Point(81, 23);
        this.txtPNumber.Name = "txtPNumber";
        this.txtPNumber.Size = new System.Drawing.Size(100, 21);
        this.txtPNumber.TabIndex = 1;
        this.txtPNumber.Text = "10000";
        this.txtPNumber.TextChanged += new System.EventHandler
          (this.txtPNumber_TextChanged);
        //
        // btnSStart
        //
        this.btnSStart.Location = new System.Drawing.Point(212, 21);
```

```
this.btnSStart.Name = "btnSStart";
this.btnSStart.Size = new System.Drawing.Size(96, 23);
this.btnSStart.TabIndex = 2;
this.btnSStart.Text = "서버 시작";
this.btnSStart.Click += new System.EventHandler(this.btnSStart_Click);
//
// btnSStop
//
this.btnSStop.Location = new System.Drawing.Point(268, 267);
this.btnSStop.Name = "btnSStop";
this.btnSStop.Size = new System.Drawing.Size(75, 23);
this.btnSStop.TabIndex = 3;
this.btnSStop.Text = "서버 종료";
this.btnSStop.Click += new System.EventHandler(this.btnSStop_Click);
//
// timer1
//
this.timer1.Enabled = true;
this.timer1.Interval = 1000;
this.timer1.Tick += new System.EventHandler(this.tick);
//
// listView1
//
this.listView1.Activation = System.Windows.Forms.ItemActivation.
  OneClick;
this.listView1.HoverSelection = true;
this.listView1.Location = new System.Drawing.Point(12, 103);
this.listView1.Name = "listView1";
this.listView1.Size = new System.Drawing.Size(331, 151);
this.listView1.TabIndex = 31;
this.listView1.UseCompatibleStateImageBehavior = false;
this.listView1.SelectedIndexChanged += new System.EventHandler
  (this.listView1_SelectedIndexChanged);
//
// txtMsg
//
this.txtMsg.Location = new System.Drawing.Point(12, 61);
this.txtMsg.Multiline = true;
this.txtMsg.Name = "txtMsg";
this.txtMsg.Size = new System.Drawing.Size(331, 25);
this.txtMsg.TabIndex = 5;
//
// label2
//
this.label2.AutoSize = true;
```

```
        this.label2.Location = new System.Drawing.Point(79, 272);
        this.label2.Name = "label2";
        this.label2.Size = new System.Drawing.Size(38, 12);
        this.label2.TabIndex = 33;
        this.label2.Text = "label2";
        //
        // frmServer
        //
        this.AutoScaleBaseSize = new System.Drawing.Size(6, 14);
        this.ClientSize = new System.Drawing.Size(355, 302);
        this.Controls.Add(this.label2);
        //this.Controls.Add(this.label1);
        this.Controls.Add(this.listView1);
        this.Controls.Add(this.txtMsg);
        this.Controls.Add(this.btnSStop);
        this.Controls.Add(this.btnSStart);
        this.Controls.Add(this.txtPNumber);
        this.Controls.Add(this.lab1);
        this.Name = "frmServer";
        this.Text = "Professional";
        this.Load += new System.EventHandler(this.frmServer_Load);
        this.ResumeLayout(false);
        this.PerformLayout();
    }
    #endregion

    /// <summary>
    /// 해당 응용 프로그램의 주 진입점이다.
    /// </summary>
    [STAThread]
    static void Main()
    {
        Application.Run(new frmServer());
    }

    public void WaitingFromClientConnect()
    {
        while (true)
        {
            TCPListnerAcceptSocket = ServerTCPListner.AcceptSocket();
            check_Client= 0;
            btnSStart.BackColor = Color.Blue;//접속되면 버튼의 색을 바꿔주는
              부분이다.

            if (ConnectedSockedCount < 5000)
```

```
            {
                Interlocked.Increment(ref ConnectedSockedCount);
            }
            else
            {
                ConnectedSockedCount = 1;
            }

            if (HTSocketHolder.Count < MaximumConnected)
            {
                while (HTSocketHolder.Contains(ConnectedSockedCount))
                {
                    Interlocked.Increment(ref ConnectedSockedCount);
                }

                Thread myServerThread = new Thread(new ThreadStart
                  (ReadingServerSocket));

                lock (this)
                {
                    HTSocketHolder.Add(ConnectedSockedCount,
                      TCPListnerAcceptSocket);
                    HTThreadHolder.Add(ConnectedSockedCount, myServerThread);
                }
                myServerThread.Start();
            }
        }
    }

    public void ReadingServerSocket()
    {
        long RealConnectedSocket = ConnectedSockedCount;
        Socket ReadServerSocket = (Socket)HTSocketHolder[RealConnectedSocket];

        while (true)
        {
            if (ReadServerSocket.Connected)
            {
                Byte[] ReceiveByte = new Byte[1024];

                try
                {
                    int nVlaue = ReadServerSocket.Receive(ReceiveByte,
                      ReceiveByte.Length, 0);
```

```
                    if (nVlaue > 0)
                    {
                        string ReceiveData = null;
                        Socket[] sock = new Socket[10];
                        ReceiveData = System.Text.Encoding.Unicode.
                          GetString(ReceiveByte);
                        txtMsg.Text = ReceiveData;
                    }
                    else
                    {
                        break;
                    }
                }
                catch (Exception ex)//예외 : 클라이언트가 종료하면
                  메시지박스가 출력된다.
                {
                    if (!ReadServerSocket.Connected)
                    {
                        txtMsg.Text = "클라이언트가 종료했군요!!";
                        break;
                    }
                }
            }
        }

    StopTheThread(RealConnectedSocket);
    }

    private void StopTheThread(long RealConnectedSocket)
    {
        Thread RemoveThread = (Thread)HTThreadHolder[RealConnectedSocket];

        lock (this)
        {
            HTSocketHolder.Remove(RealConnectedSocket);
            HTThreadHolder.Remove(RealConnectedSocket);
        }
        RemoveThread.Abort();
    }

    private void btnSStart_Click(object sender, System.EventArgs e)//서버를
      연결시키는 버튼 컨트롤 부분
    {
        if (txtPNumber.Text.Trim() == "")
        {
```

```
            MessageBox.Show("사용할 서버 포트 번호를 입력하세요!!");
            txtPNumber.Focus();
            return;
        }
        timer1.Start();//버튼을 클릭하면 타이머가 시작되면서 주기적으로
         데이터를 불러오고 데이터를 전송한다.

        PORT = Int32.Parse(txtPNumber.Text.Trim());
        ServerTCPListner = new TcpListener(10000);
        ServerTCPListner.Start();

        txtMsg.Text = "소켓 서버가 시작되었습니다...";

        Thread TCPServerThread = new Thread(new ThreadStart(WaitingFrom
           ClientConnect));
        HTThreadHolder.Add(ConnectedSockedCount, TCPServerThread);

        TCPServerThread.Start();

       // this.btnSend.Enabled = false;
        //this.btnSend.Enabled = true;
    }

    private void btnSStop_Click(object sender, System.EventArgs e)//서버연결을
      종료하는 부분
    {
        if (ServerTCPListner != null)
        {
            ServerTCPListner.Stop();
        }

        MessageBox.Show("서버가 종료되었습니다.!!");

        foreach (Socket SocketStart in HTSocketHolder.Values)
        {
            if (SocketStart.Connected)
            {
                SocketStart.Close();
            }
        }

        foreach (Thread ThreadStart in HTThreadHolder.Values)
        {
            if (ThreadStart.IsAlive)
            {
```

```
                ThreadStart.Abort();
            }
        }

        Application.Exit();
    }
    private void frmServer_Load(object sender, EventArgs e)
    {

        listView1.View = View.Details;
                    listView1.GridLines = true;
                    listView1.FullRowSelect = true;
        //리스트뷰에 출력되는 테이블의 데이터와 길이를 설정해주는 부분
                    listView1.Columns.Add("index", 50);
                    listView1.Columns.Add("title", 100);
                    listView1.Columns.Add("URL", 150);
    }

    private void tick(object sender, EventArgs e)//데이터베이스에서 읽어오는
      시간과 마이크로게이트에 데이터를 보내주는 시간을 설정해주는 부분
    {
            timeSendGwCount++;
            timerReadCount++;

            label2.Text = "DB:" + timerReadCount.ToString() + "/" +
              timerReadDb.ToString()   +"   send:" + timeSendGwCount.ToString() +
            "/" + timerSendGw.ToString();//데이터베이스에서 데이터를
               불러오는 시간과 보내는 주기를 라벨에서 출력해주는 부분

        if ((timeSendGwCount >= timerSendGw) && (check_Client == 0)) //10초
        {
            timeSendGwCount = 0;
            // GW로 보내는 루틴

            if (TCPListnerAcceptSocket.Connected)
            {
                int iItemNum = listView1.Items.Count;
                if (sendCount < listView1.Items.Count)
                    {
                        Byte[] SendBuffer;
                        string strBuffer;
                        string tempData = listView1.Items[sendCount].
                          SubItems[0].Text + "/" + "http://192.168.0.13:8080/
                          User/coupon.jsp?idx="
                        + listView1.Items[sendCount].SubItems[1].Text;
```

```
                strBuffer = String.Format("{0}", tempData.Trim());
                 //공백을 제거하여 스트링으로 만들어준다.
                SendBuffer = System.Text.Encoding.ASCII.GetBytes
                  (strBuffer);//
                TCPListnerAcceptSocket.Send(SendBuffer, 0,
                   SendBuffer.Length, 0);
                txtMsg.Text = "클라이언트로 데이터를 보냈습니다...";

                listView1.Items.Remove(listView1.Items[sendCount]);
                sendCount++;
            }
            else sendCount = 0;
    }
    else
    {
        txtMsg.Text = "연결에러";
    }
}//send

if ((timerReadCount >= timerReadDb) && (check_Client == 0))
    {
        timerReadDb = 23;//데이터베이스를 읽어오는 주기
        timerReadCount = 0;
        //데이터를 불러올 데이터베이스명과 사용자 이름, 비밀번호를
         지정해준다.
        string connStr = "Data Source = 192.168.0.13;Database =
         pww_edu;User Id = root; Password = 1234";
        string query = "select * from promotion_info";//데이터베이스의
         테이블명을 지정
        MySqlConnection conn = new MySqlConnection(connStr);
        MySqlCommand cmd = new MySqlCommand(query);
        cmd.Connection = conn;
        conn.Open();//MYSQL의 데이터베이스 연결을 시작한다.

  MySqlDataReader reader = cmd.ExecuteReader();

    try
    {
        while (reader.Read())//데이터베이스의 테이블에서 읽어 올
         아이템들을 지정해주는 부분
        {
            ListViewItem a = new ListViewItem(reader.GetString("idx"));
            a.SubItems.Add(reader.GetString("idx"));
            a.SubItems.Add(reader.GetString("user_id"));
```

```
                    a.SubItems.Add(reader.GetString("title"));
                    listView1.Items.Add(a);

                }
            }

            catch
            {
            }
            conn.Close();//MYSQL 데이터베이스 연결 종료.
            }
            //DB에서 읽어오는 루틴
        }

    private void txtPNumber_TextChanged(object sender, EventArgs e)
    {
    }

    private void listView1_SelectedIndexChanged(object sender, EventArgs e)
    {
    }

    }//timer tick end
}
```

Chapter 19

u-Link Browser 프로그래밍 실습

19.1 순서도

19.1 순서도

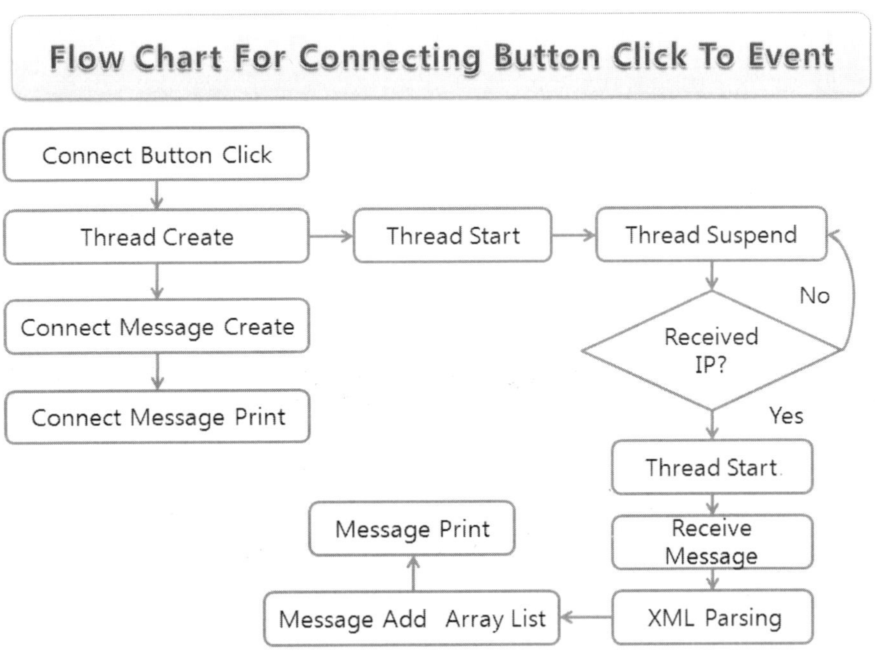

그림 19.1 u-Link Browser의 실행 순서도

19.2 주요 함수 및 클래스

PushProtocol.java

주요 클래스	설명
PerformanceTester()	시작시간과 종료시간을 기록하여 응답시간을 계산하는 클래스
MgntMessageSender()	연결 상태에 따라 Message를 만들어주는 클래스
PushMessageReceiver()	Message를 수신하는 클래스
PushMessageParsingHandler()	XML String 형태의 Push Message parsing 결과에 대한 핸들러 클래스
PushMessage()	Parsing한 결과를 ArrayList에 기록하는 클래스

주요 클래스	설명
setUiController()	객체 연결 함수
startPushClient()	PushProtocol 시작 함수
stopPushClient()	PushProtocol 종료 함수
sendManagementMessage()	서버에 연결 및 종료 Message를 전달하는 함수
storePushMessage()	XML 문서를 Parsing하는 함수
makeConnectMessage()	자신의 IP를 넘겨주는 함수

PWWClientActivity.java

주요 함수 및 클래스	설명
onCreate()	GUI 구성요소 초기화 및 내부 객체 생성 및 프로토콜 구동 시작하는 함수
updatePushMessageListView()	Message에 의한 ListView를 제어하는 함수
PushMessageItemAdapter()	U-Link 선택 정보를 제어하는 함수
MessageItemClickListener()	ListView 선택에 대한 UI를 제어하는 클래스

19.3 주요 함수 및 클래스 설명

PushProtoco.java

```
private boolean sendManagementMessage(String serverIpAddress,
int serverPort, String mgntMessage) {
String aa = uiController.testip();
boolean result = true
bb = aa.toCharArray();
char[] cc = new char[bb.length - 3];
int j = 0;
for (int i = 0; i < bb.length i++) {
if (i > 2) {
cc[j] = bb[i];
j++;
}
}
String tt = ""
for (int i = 0; i < cc.length i++) {
tt = tt + Character.toString(cc[i]);
}
try {
InetSocketAddress pushServerSocketAddress = new InetSocketAddress(
tt, serverPort);
Socket socket = new Socket();
socket.setReuseAddress(true);
socket.connect(pushServerSocketAddress, 9998);
uiController.printLogMessage(tt);
try {
OutputStream os = null
os = socket.getOutputStream();
InputStream inputStream = socket.getInputStream();
InetAddress ip_inet = socket.getLocalAddress();
byte ip[] = ip_inet.getAddress();
os.write(ip, 0, 4);
Thread.sleep(1000);
os.close();
inputStream.close();
socket.close();
} catch (Exception e) {
this.uiController.printStatusMessage(e.toString());
```

```
result = false
} finally {
}
} catch (Exception e) {
this.uiController.printStatusMessage(e.toString());
this.uiController.printLogMessage(e.toString());
result = false
}
return result;
}
```

sendManagementMessage

sendManagementMessage는 클라이언트 즉, 스마트폰이 서버에 연결되거나 종료가 되면 서버에게 메시지를 전달하는 함수이다. PwwclientActivity에서 서버의 AP의 정보를 가져오고 AP의 이름을 뺀 AP의 IP를 얻어온다. 이 IP를 이용하여 서버에 접속을 할 수 있다. 그리고 스마트폰의 IP 정보를 얻어와 소켓을 생성하고 소켓을 연결하여 메시지를 서버에 보내는 역할을 한다.

flush() 함수는 메시지를 해당 아웃풋 스트림에 버퍼링되어 남아 있는 데이터를 실제 스트림으로 내려 보낸다는 의미이다. 일반적으로 소켓 스트림이나 STDOUT/STDERR에 대해 사용되는 함수이다. 버퍼가 사용된 아웃풋 스트림은 쓰기 작업을 하더라도 즉시 반영되지 않고 버퍼가 차거나 flush() 함수를 호출해야 반영이 된다.

```
private class MgntMessageSender implements Runnable {
    static final int CONNECT_TYPE = 1;
    static final int CLOSE_TYPE = 2;
    private int type
    private String message
    public MgntMessageSender(int type, String message) {
        super();
        pushMessageReceiverThread.resume();
        this.type = type;
        this.message = message;
    }
    public void run() {
        if (this.type == MgntMessageSender.CONNECT_TYPE) // CONNECT 메시지 전송
        {
```

```
            if (sendManagementMessage(pushServerIp, pushServerMgntPort,
              this.message)) {
                String outputMessage = "Connected to the PUSH sever ("+
                  pushServerIp + ")"
                // uiController.printStatusMessage(outputMessage);
                isActive = true
                pushMessageReceiverThread.resume();
                // resume : /스레드 상태 변화. 스레드를 다시 시작한다.
                // 위에서 suspend 시켜놨기 때문에 커넥트가 되면서 스레드를
                  활성화한다.
            } else {
                String outputMessage = "Failed to connect to the PUSH sever ("+
                  pushServerIp + ")"
            }
        } else if (this.type == MgntMessageSender.CLOSE_TYPE) {
            // CLOSE 메시지 전송
            if (sendManagementMessage(pushServerIp, pushServerMgntPort,
              this.message)) {
                String outputMessage = "Disconnected to the PUSH server (" +
                  pushServerIp + ")"
            } else {
                String outputMessage = "The Push server did not response (" +
                  pushServerIp + ")"
            }
            isActive = false
            pushMessageReceiverThread.suspend();
            String outputMessage = "W for connection ver 0.0..."
        }
    }
}
private class MgntMessageSender implements Runnable {
    static final int CONNECT_TYPE = 1;
    static final int CLOSE_TYPE = 2;
    private int type;
    private String message;
        public MgntMessageSender(int type, String message) {
            super();
            this.type = type;
            this.message = message;
        }
        public void run() {
            if (this.type == MgntMessageSender.CONNECT_TYPE
            {
```

```
                if (sendManagementMessage(pushServerIp, pushServerMgntPort,
                    this.message))
                {
                    String outputMessage = "Connected to the PUSH sever (" +
                      pushServerIp + ")";
                    uiController.printStatusMessage(outputMessage);
                    isActive = true;
                    pushMessageReceiverThread.resume();
                } else {
                    String outputMessage = "Failed to connect to the PUSH sever ("
                      + pushServerIp + ")";
                    uiController.printStatusMessage(outputMessage);
                }
            } else if (this.type == MgntMessageSender.CLOSE_TYPE) {
                if (sendManagementMessage(pushServerIp, pushServerMgntPort,
                    this.message)) {
                    String outputMessage = "Disconnected to the PUSH server (" +
                      pushServerIp + ")";
                    uiController.printStatusMessage(outputMessage);
                } else {
                    String outputMessage = "The Push server did not response (" +
                      pushServerIp + ")";
                    uiController.printStatusMessage(outputMessage);
                }
                    isActive = false;
            pushMessageReceiverThread.suspend();
            String outputMessage = "Waiting for connection ...";
            uiController.printStatusMessage(outputMessage);
        }
    }
}
```

MgntMessageSender

MgntMessageSender 클래스는 안드로이드 화면의 제일 하단에 있는 TextView의 변화를 준다. CONNECT_TYPE이 '1'인 경우는 서버에 연결이 되었다는 뜻이므로, 첫 번째 if 문에서 보는 바와 같이 this.type과 CONNECT_TYPE이 같으면 서버와 스마트폰 간 연결이 되어 있다는 것이다. 그 안의 if 문을 보면 sendManagementMessage에서 받아온 데이터가 있으면 서버와 스마트폰 간의 연결이 되었다는 뜻으로 해석하고 연결이 되었다는 메시지를 위에서 말한 화면 제일 하단에 있는 TextView에서 보여주게 된다. 만약 이 if 문을 만족하지 못한다면 서버에 연결을 실패한 것이므로 서버와 연결을 실패했다는 메시지를 보여주게 되는 것이다.

else if 문은 보게 되면 MgntMessageSender.CLOSE_TYPE 즉, 사용자가 연결을 끊을 때의 상황이다. GUI 환경에서 사용자가 Close 버튼을 누를 경우 연결이 끊어졌다는 메시지를 TextView를 통해 보여주게 된다.

```
private class PushMessageReceiver implements Runnable { // 수신루틴
    private final int BUFFER_SIZE = 65536
    // 수신해야 되기 때문에 버퍼의 크기가 크다.
    public void run() {
        try {//
            ServerSocket serverSocket = new ServerSocket(9999);
            uiController.printLogMessage("hi");
            // 소켓을 여는 부분.
            while (true) {
                Socket clientSocket2 = serverSocket.accept();
                uiController.printLogMessage("Connect");
                byte[] buffer = new byte[BUFFER_SIZE];
                uiController.printStatusMessage("in data");
                String header = "<?xml version = \"1.0\" encoding = \"euc-en\"?>\n"
                    + "<PUSH-MESSAGE>\n"
                    + "<TYPE-CODE>"
                    + "F-1"
                    + "</TYPE-CODE>\n"
                    + "<TIME-STAMP>"
                    + "2010-07-19 14:50:15"
                    + "</TIME-STAMP>\n"
                    + "<HASH-STRING>0000111100001111</HASH-STRING>\n"
                    + "<BODY>\n" + "<CONTENT>" + "<![CDATA[\n"
                String center = "]]>\n" + "</CONTENT>\n" + "<URL>"
                String last = "</URL>\n" + "</BODY>\n" + "</PUSH-MESSAGE>\n"
                String finalxml = null
                PrintWriter out = null
                try {
                    InputStream inputStream = clientSocket2.getInputStream();
                    OutputStream outputStream = clientSocket2.getOutputStream();
                    OutputStreamWriter outputStreamWriter = new
                      OutputStreamWriter(outputStream);
                    out = new PrintWriter(outputStreamWriter, true);
                    inputStream.read(buffer);
                    receivedMessage = new String(buffer, "utf-8");
                    receivedMessage = receivedMessage.trim();
```

```
                    char[] recv = receivedMessage.toCharArray();
                    String TITLE = ""
                    String URL = ""
                    int j = 0;
                    for (int i = 0; i < recv.length i++) {
                        if (recv[i] == '/') {
                            j = i;
                            break
                        }
                        TITLE = TITLE + Character.toString(recv[i]);
                    }
                    for (int i = j + 1; i < recv.length i++) {
                        URL = URL + Character.toString(recv[i]);
                    }
                    finalxml = header + TITLE + center + URL + last;
                    String outputMessage = receivedMessage
                    storePushMessage(finalxml.trim());
                    // parser호출
                    uiController.printLogMessage("recv mesaage");
                } catch (Exception e) {
                    String outputMessage = e.toString();
                } finally {
                    // 여기서 잘 받았다고 응답을 보낸다.
                    uiController.printStatusMessage("wait for data");
                    out.flush();
                    clientSocket2.close();
                }
            }
        } catch (Exception e) {
            String outputMessage = e.toString();
        }
    }
}
```

PushMessageReceiver

PushMessageReceiver 클래스는 메시지를 수신하는 클래스이다. 일단 소켓을 열고 clientSocket.getInputStream();을 통하여 메시지를 받는다. 메시지를 클라이언트 측에서 넘겨줄 때 "naver/http://www.naver.com"과 같은 String 형태로 메시지를 받기 때문에 앞의 헤더 부분과 헤더를 끝내는 부분, 그리고 중간에 콘텐츠와 URL 부분까지 XML 형식으로 만들어 준 다음 storePushMessage 함수로 파싱한다.

```
private void storePushMessage(String receivedMessage) { // SAX 파서
    PushMessageParsingHandler parsingHandler = new PushMessageParsingHandler();
    String LEXICAL_HANDLER_URI = "http://xml.org/sax/properties/lexical-handler"
    try {
        SAXParserFactory saxFactory = SAXParserFactory.newInstance();
        SAXParser saxParser = saxFactory.newSAXParser();
        StringReader reader = new StringReader(receivedMessage);
        saxParser.setProperty(LEXICAL_HANDLER_URI, parsingHandler);
        InputSource is = new InputSource(reader);
        saxParser.parse(is, parsingHandler);
    } catch (Exception e) {
        this.uiController.printStatusMessage(e.toString());
    }
    PushMessage newPushMessage = parsingHandler.makePushMessage();
    this.pushMessageList.add(0, newPushMessage);
    Date now = new Date();
    SimpleDateFormat dateFormat = new SimpleDateFormat(
    "yyyy-MM-dd hh:mm:ss");
    String nowDate = dateFormat.format(now);
    this.uiController.updatePushMessageListView(newPushMessage.typeCode,
    newPushMessage.content, nowDate, newPushMessage.url);// 파서된 것
    // ui로
    // 올려줌
}
```

storePushMessage

storePushMessage 함수의 역할은 서버에서 받은 XML 메시지를 파싱하는 일이다. 파싱은 XML 문서의 내용을 추출하는 일을 한다. 파싱의 종류에는 DOM과 SAX가 있다. DOM Parser는 xml 텍스트와 스트림을 파싱할 때 사용되는 것으로서 XML을 파싱하면서 트리구조를 만들고 이 트리구조 전체를 메모리상에 로드시킨다. 장점으로는 사용법이 간단하고, 트리구조 전체를 볼 수 있다는 것이다. 단점은 메모리를 많이 먹고, 조금 느리다는 점이다. SAX 파서는 JAVA API에서 제공을 한다. 기본적으로 SAX 파서는 정보들이 들어올 때마다 이벤트가 발생하면서 순차적으로 파싱을 한다. 장점으로는 순차적으로 파싱을 하기 때문에 속도가 빠르고 메모리는 적게 차지한다. 여기서 SAX 파서를 쓰는 이유도 이러한 장점을 가지고 있기 때문이다.

PWWActivity.java

```
private class MessageItemClickListener implements OnClickListener {
    private PushMessageItem item = null;
    public MessageItemClickListener(PushMessageItem item) {
        this.item = item;
    }
    @Override
    public void onClick(View view) {
        if (prevSelectedView != null) {
        TextView typeView = (TextView) prevSelectedView.findViewById(R.id.type);
        TextView titleView = (TextView) prevSelectedView.findViewById(R.id.title);
        TextView date1View = (TextView) prevSelectedView.findViewById(R.id.date1);
        TextView date2View = (TextView) prevSelectedView.findViewById(R.id.date2);
        typeView.setBackgroundColor(Color.WHITE);
        titleView.setBackgroundColor(Color.WHITE);
        date1View.setBackgroundColor(Color.WHITE);
        date2View.setBackgroundColor(Color.WHITE);
    }
    TextView typeView = (TextView) view.findViewById(R.id.type);
    TextView titleView = (TextView) view.findViewById(R.id.title);
    TextView date1View = (TextView) view.findViewById(R.id.date1);
    TextView date2View = (TextView) view.findViewById(R.id.date2);
    typeView.setBackgroundColor(0xffffffe0);
    titleView.setBackgroundColor(0xffffffe0);
    date1View.setBackgroundColor(0xffffffe0);
    date2View.setBackgroundColor(0xffffffe0);
        updateUpperChildView(item.getDate(), item.getTitle(), item.getUrl());
        updateTabChildView2(item.getUrl());
        // 웹뷰 호출
        prevSelectedView = view;
        statusTextView.setText("Selecting message!!");
        }
    }
}
```

MessggeItemClicListener

MessageItemClickListener 클래스는 PushMessageItemAdapter 클래스의 내부클래스로 리스트 뷰에 삽입되어 있는 메시지를 클릭했을 때의 이벤트를 구현한 클래스다. 위 클래스는 리스트 뷰에 삽입된 메시지를 클릭하면 Background의 색상을 바꿔주는 것이다. 맨 처음 리스트 뷰의 색상은 흰색이나 클릭 이벤트가 발생했을 때 짙은 회색으로 색상이 바뀌고 원래 클릭했던 메시지는 다시 흰색으로 바뀌게 된다.

<uses-permission android:name="android.permission.INTERNET"></uses-permission> 웹 뷰를 사용하려면 AndroidManifest.xml 파일에 위의 내용을 추가한다. 웹 뷰를 사용하기 위해서는 인터넷에 대한 접근권한이 필요하다. 이 부분이 추가되지 않으면 웹 뷰를 추가하여도 인터넷이 연결 안 된 것처럼 페이지 표시할 수 없음으로 나타나게 된다.

PushMessageItemAdapter

```
private class PushMessageItemAdapter extends ArrayAdapter<PushMessageItem> {
    private ArrayList<PushMessageItem> items
    private View prevSelectedView
    public PushMessageItemAdapter(Context context, int viewResourceId,
                                  ArrayList<PushMessageItem> items) {
        super(context, viewResourceId, items);
        this.items = items;
        this.prevSelectedView = null
    }
    @Override
    public View getView(int position, View convertView, ViewGroup parent) {
        View view = convertView;
        if (view == null) {
            LayoutInflater inflater
              (LayoutInflater).getSystemService(Context.LAYOUT_INFLATER_SERVICE);
            view = inflater.inflate(R.layout.push_message_list_view_row, null);
        }
        PushMessageItem item = this.items.get(position);
        if (item != null) {
            TextView typeTextView = (TextView) view.findViewById(R.id.type);
            TextView titleTextView = (TextView) view.findViewById(R.id.title);
            TextView date1TextView = (TextView) view.findViewById(R.id.date1);
            TextView date2TextView = (TextView) view.findViewById(R.id.date2);
            typeTextView.setText(item.getType());
            titleTextView.setText(item.getTitle());
            date1TextView.setText(item.getDate().substring(0, 10));
            date2TextView.setText(item.getDate().substring(11, 19));
        }
        view.setOnClickListener(new MessageItemClickListener(item));
    // 뷰 색깔과 웹뷰 바꿔주는 함수 호출
    return view;
}
```

PushMessageItemAdapter 클래스는 메시지가 들어오면 첫 번째 탭의 ListView를 업데이트를 시켜주는 기능을 한다. ListView가 비어 있으면 첫 번째 List에 메시지를 업데이트시키고, 만약 리스트에 정보가 있다면 다음 리스트에 삽입을 시켜준다. ListView는 두 가지로 구현을 할 수 있는데, 여기서는 ArrayAdapter를 사용했는데, ArrayAdapter를 사용한 이유는 목록의 형태로 데이터를 보여주기 위해서이다.

updatePushMessageListView

```
public void updatePushMessageListView(String type, String title,
String date, String url) {
PushMessageItem newItem = new PushMessageItem(type, title, date, url);
this.pushMessageItemAdapter.insert(newItem, 0);
}
```

updatePushMessageListView 클래스는 MessageItemClickListener 이벤트가 발생하면 맨 위의 Listview에 PushMessageItemAdapter의 정보를 가져오는 역할을 하는 함수이다. 이 함수는 PWWActivity에서 호출된 것이 아니라 UiController에서 처리되어 오는 아이템을 업데이트시켜주는 역할을 한다.

UiController.java

PushMessageListViewHandler

```
private class PushMessageListViewHandler extends Handler {
    private String type
    private String title
    private String date
    private String url
    public void setPushMessageItem(String type, String title, String date, String url) {
        this.type = type;
        this.title = title;
        this.date = date;
        this.url = url;
    }
    public void handleMessage(Message message) {
        pwwClientActivity.updatePushMessageListView(this.type, this.title, this.date,
          this.url);
    }
```

```
}

    public void updatePushMessageListView(String type, String title,
    String date, String url) {
    PushMessageItem newItem = new PushMessageItem(type, title, date, url);
    this.pushMessageItemAdapter.insert(newItem, 0);
    }
```

PushMessageListViewHandler 클래스는 updatePushMessageListView의 핸들러 클래스다. 여기서 핸들러의 역할이 궁금할 수 있는데 핸들러는 내부적으로 스레드를 생성해 메시지 큐의 데이터의 입출력을 처리하는 역할을 하는 것이다. 메시지 큐에 메시지를 전송하거나 해당 메시지를 얻어올 수 있다. 핸들러를 쓰는 이유는 안드로이드는 스레드에서 UI를 직접 컨트롤하지 못하게 만들어놨기 때문에 스레드 사용 시에는 무조건 핸들러를 사용해야 한다.

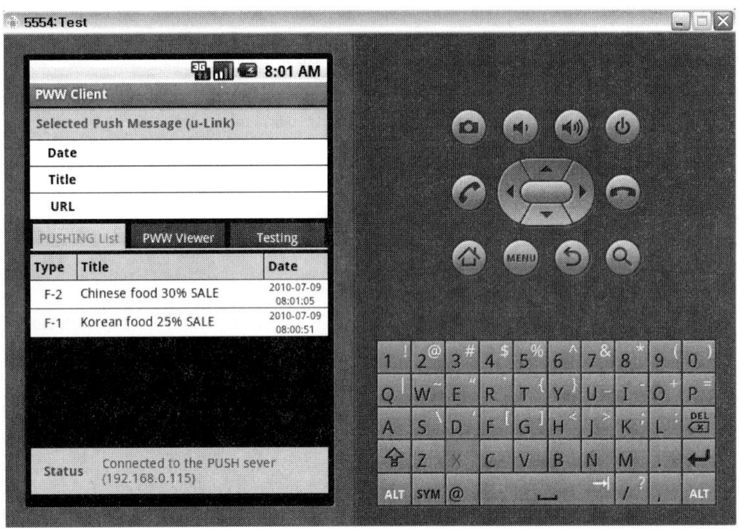

▌그림 19.2▐ 에뮬레이터 실행 화면 1 – 메시지 수신

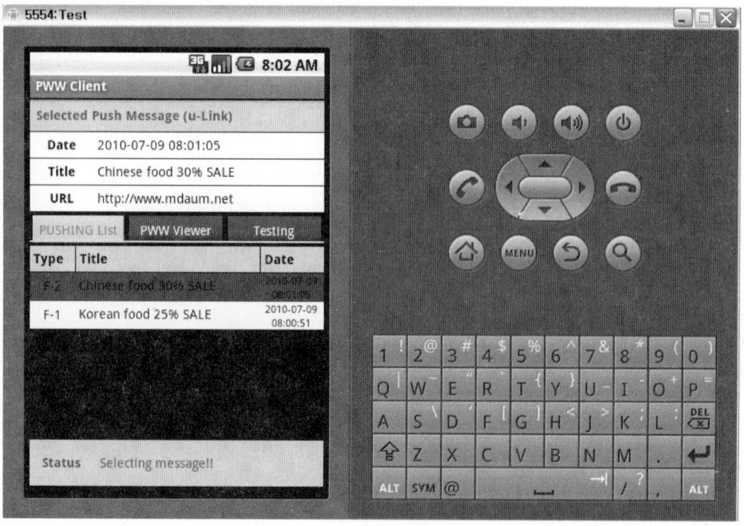

▌그림 19.3▐ 에뮬레이터 실행 화면 2 – 리스트뷰 클릭

▌그림 19.4▐ 에뮬레이터 실행 화면 3 – 웹 뷰

[저자약력]

은 성 배

1985년 서울대학교 전산학과(학사)
1987년 KAIST 전산학과(석사)
1995년 KAIST 전산학과(박사)
1995년~현재 한남대학교 정보통신공학과 교수
관심분야는 유비쿼터스 센서네트워크, 현장중심형 모바일 시스템
sbeun@hnu.kr

소 선 섭

1986년 이화여자대학교 전산학과(학사)
1998년 KAIST 전산학과(석사)
2001년 KAIST 전산학과(박사)
1988년~1995년 국방과학연구소 연구원
1995년~현재 공주대학교 컴퓨터공학부 부교수
관심분야: 소프트웨어 테스팅, 임베디드 소프트웨어, 센서네트워크
triples@kongju.ac.kr

김 병 호

1990년 연세대학교 전산과학과(학사)
1992년 KAIST 전산학과(석사)
1997년 KAIST 전산학과(박사)
1997년~1998년 포스데이타 과장
1998년~2005년 브레인21 대표이사
2007년~현재 경성대학교 컴퓨터공학과 전임강사
관심분야는 센서네트워크
bkim@ksu.ac.kr

전 정 호

2004년 경희대학교 법학부(학사)
2007년 경희대학교 경영컨설팅학과(석사)
2009년 인하대학교 전자공학과(석사)
2009년 경희대학교 경영학과 박사과정 수료
2010-현재 (주)옥타컴 모바일 서비스 개발팀장
관심 분야는 유비쿼터스 컴퓨팅, 비즈니스 모델
aura@octacomm.net

정가 19,000원

유비쿼터스 컴퓨팅과 모바일 프로그래밍

2011년 4월 15일 초판 인쇄
2011년 4월 25일 초판 발행

저 자 : 은성배 · 소선섭 · 김병호 · 전정호
발행자 : 우명찬 · 송 준
발행처 : 홍릉과학출판사
주 소 : ㊄ 142-885 서울시 강북구 인수동 455-60
등 록 : 1976년 10월 21일 제5-66호
전 화 : 999－2274~5, 996－8341, 903－7037
팩 스 : 905-6729
ISBN : 978-89-7283-914-9

hongpub@hongpub.co.kr
www.hongpub.co.kr

저자와의 협의하에 인지생략